建设工程识图精讲 100 例系列

建筑工程识图精讲 100 例

郭　闯　主编

中国计划出版社

图书在版编目（CIP）数据

建筑工程识图精讲100例/郭闯主编. —北京：中国计划出版社，2016.1

（建设工程识图精讲100例系列）

ISBN 978-7-5182-0319-2

Ⅰ.①建… Ⅱ.①郭… Ⅲ.①建筑制图-识别 Ⅳ.①TU2

中国版本图书馆CIP数据核字（2015）第273610号

建设工程识图精讲100例系列

建筑工程识图精讲100例

郭 闯 主编

中国计划出版社出版

网址：www.jhpress.com

地址：北京市西城区木樨地北里甲11号国宏大厦C座3层

邮政编码：100038 电话：（010）63906433（发行部）

新华书店北京发行所发行

北京天宇星印刷厂印刷

787mm×1092mm 1/16 11印张 264千字

2016年1月第1版 2016年1月第1次印刷

印数1—3000册

ISBN 978-7-5182-0319-2

定价：30.00元

建筑工程识图精讲100例
编写组

主　编　郭　闯

参　编　蒋传龙　王　帅　张　进　褚丽丽
　　　　周　默　杨　柳　孙德弟　崔玉辉
　　　　宋立音　刘美玲　张红金　赵子仪
　　　　许　洁　徐书婧　左丹丹　李　杨

前　言

建筑施工图主要用来表示房屋的规划位置、外部造型、内部布置、内外装修、细部构造、固定设施及施工要求等。建筑施工图的识读是建筑工程施工的基础，也是建筑工程施工的依据。随着我国建筑业的蓬勃发展，对建筑行业设计人员、施工人员以及工程管理人员的识读要求也越来越高。如何提高建筑行业从业人员的专业素质，是我们迫切需要解决的问题。因此，我们组织编写了这本书。

本书根据《房屋建筑制图统一标准》GB/T 50001—2010、《总图制图标准》GB/T 50103—2010、《建筑制图标准》GB/T 50104—2010 等标准编写，主要内容包括建筑制图基本规定、建筑施工图识读以及建筑识图实例。本书采取先基础知识、后实例讲解的方法，具有逻辑性、系统性强、内容简明实用、重点突出等特点。本书可供建筑工程设计、施工等相关技术及管理人员使用，也可供建筑工程相关专业的大中专院校师生学习参考使用。

本书在编写过程中参阅和借鉴了许多优秀书籍、专著和有关文献资料，并得到了有关领导和专家的帮助，在此一并致谢。由于作者的学识和经验所限，虽然编者尽心尽力，但是书中仍难免存在疏漏或未尽之处，敬请有关专家和读者予以批评指正。

编　者

2015 年 10 月

目　　录

1　建筑制图基本规定

1.1　基本规定

1.1.1　图线

1）图线的宽度 b，宜从 1.4mm、1.0mm、0.7mm、0.5mm、0.35mm、0.25mm、0.18mm、0.13mm 线宽系列中选取。图线宽度不应小于 0.1mm。每个图样，应根据复杂程序与比例大小，先选定基本线宽 b，再选用表 1－1 中相应的线宽组。

表 1－1　线　宽　组　　（单位：mm）

线宽比	线　宽　组			
b	1.4	1.0	0.7	0.5
$0.7b$	1.0	0.7	0.5	0.35
$0.5b$	0.7	0.5	0.35	0.25
$0.25b$	0.35	0.25	0.18	0.13

注：1. 需要缩微的图纸，不宜采用 0.18mm 及更细的线宽。
　　2. 同一张图纸内，各不同线宽中的细线，可统一采用较细的线宽组的细线。

2）工程建设制图应当选用的图线，见表 1－2。

表 1－2　工程建设制图应选用的图线

名称		线型	线宽	一 般 用 途
实线	粗		b	主要可见轮廓线
	中粗		$0.7b$	可见轮廓线
	中		$0.5b$	可见轮廓线、尺寸线、变更云线
	细		$0.25b$	图例填充线、家具线
虚线	粗		b	见各有关专业制图标准
	中粗		$0.7b$	不可见轮廓线
	中		$0.5b$	不可见轮廓线、图例线
	细		$0.25b$	图例填充线、家具线
单点长画线	粗		b	见各有关专业制图标准
	中		$0.5b$	见各有关专业制图标准
	细		$0.25b$	中心线、对称线、轴线等
双点长画线	粗		b	见各有关专业制图标准
	中		$0.5b$	见各有关专业制图标准
	细		$0.25b$	假象轮廓线、成型前原始轮廓线

续表 1－2

名称	线型	线宽	一 般 用 途
折断线	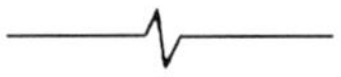	0.25b	断开界线
波浪线		0.25b	断开界线

3）同一张图纸内，相同比例的各图样，应选用相同的线宽组。

4）图纸的图框和标题栏线可采用表 1－3 的线宽。

表 1－3　图框和标题栏线的宽度　（单位：mm）

幅面代号	图框线	标题栏外框线	标题栏分格线
A0、A1	b	0.5b	0.25b
A2、A3、A4	b	0.7b	0.35b

5）相互平行的图例线，其净间隙或线中间隙不宜小于 0.2mm。

6）虚线、单点长画线或双点长画线的线段长度和间隔，宜各自相等。

7）单点长画线或双点长画线，当在较小图形中绘制有困难时，可用实线代替。

8）单点长画线或双点长画线的两端，不应是点。点画线与点画线交接点或点画线与其他图线交接时，应是线段交接。

9）虚线与虚线交接或虚线与其他图线交接时，应是线段交接。虚线为实线的延长线时，不得与实线相接。

10）图线不得与文字、数字或符号重叠、混淆，不可避免时，应首先保证文字的清晰。

1.1.2　比例

1）图样的比例，应为图形与实物相对应的线性尺寸之比。

2）比例的符号应为"："，比例应以阿拉伯数字表示。

3）比例宜注写在图名的右侧，字的基准线应取平；比例的字高宜比图名的字高小一号或小二号（图 1－1）。

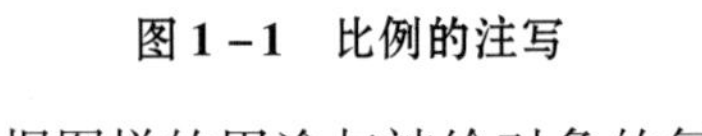

平面图 1：100　　⑥ 1：20

图 1－1　比例的注写

4）绘图所用的比例应根据图样的用途与被绘对象的复杂程度，从表 1－4 中选用，并应优先采用表中常用比例。

表 1－4　绘图所用的比例

常用比例	1:1、1:2、1:5、1:10、1:20、1:30、1:50、1:100、1:150、1:200、1:500、1:1000、1:2000
可用比例	1:3、1:4、1:6、1:15、1:25、1:40、1:60、1:80、1:250、1:300、1:400、1:600、1:5000、1:10000、1:20000、1:50000、1:100000、1:200000

5）一般情况下，一个图样应选用一种比例。根据专业制图需要，同一图样可选用两种比例。

6）特殊情况下也可自选比例，这时除应注出绘图比例外，还应在适当位置绘制出相应的比例尺。

1.1.3　符号

1. 剖切符号

1）剖视的剖切符号应由剖切位置线及剖视方向线组成，均应以粗实线绘制。剖视的剖切符号应符合下列规定：

①剖切位置线的长度宜为 6 ~ 10mm；剖视方向线应垂直于剖切位置线，长度应短于剖切位置线，宜为 4 ~ 6mm（图 1 – 2），也可采用国际统一和常用的剖视方法，如图 1 – 3。绘制时，剖视剖切符号不应与其他图线相接触。

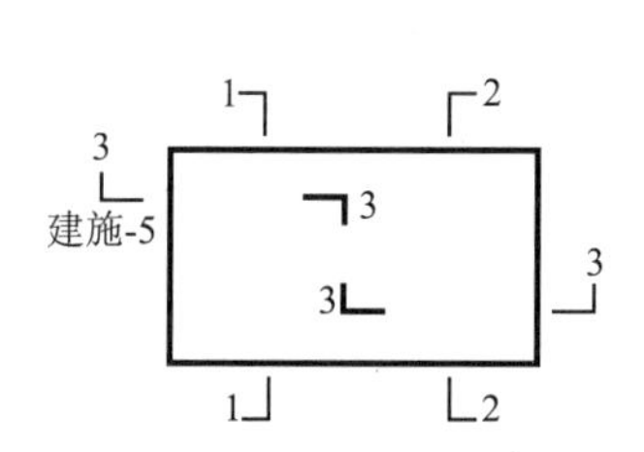

图 1 – 2　剖视的剖切符号（一）

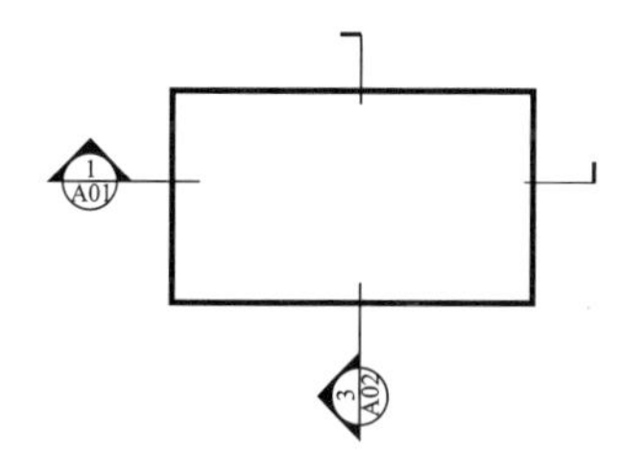

图 1 – 3　剖视的剖切符号（二）

②剖视剖切符号的编号宜采用粗阿拉伯数字，按剖切顺序由左至右、由下向上连续编排，并应注写在剖视方向线的端部。

③需要转折的剖切位置线，应在转角的外侧加注与该符号相同的编号。

④建（构）筑物剖面图的剖切符号应注在 ±0. 000 标高的平面图或首层平面图上。

⑤局部剖面图（不含首层）的剖切符号应注在包含剖切部位的最下面一层的平面图上。

2）断面的剖切符号应符合下列规定：

①断面的剖切符号应只用剖切位置线表示，并应以粗实线绘制，长度宜为 6 ~ 10mm。

②断面剖切符号的编号宜采用阿拉伯数字，按顺序连续编排，并应注写在剖切位置线的一侧；编号所在的一侧应为该断面的剖视方向（图 1 – 4）。

3）剖面图或断面图，当与被剖切图样不在同一张图内，应在剖切位置线的另一侧注明其所在图纸的编号，也可以在图上集中说明。

2. 索引符号与详图符号

1）图样中的某一局部或构件，如需另见详图，应以索引符号索引，如图 1 – 5（a）所示。索引符号是由直径为 8 ~ 10mm 的圆和水平直径组成，圆及水平直径应以细实线绘制。索引符号应按下列规定编写：

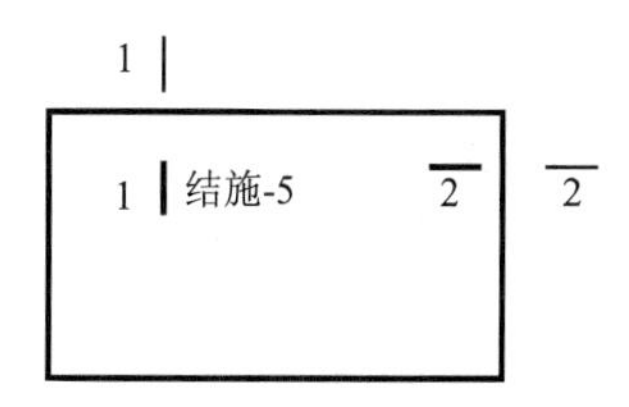

图 1 – 4　断面的剖切符号

①索引出的详图，如与被索引的详图同在一张图纸内，

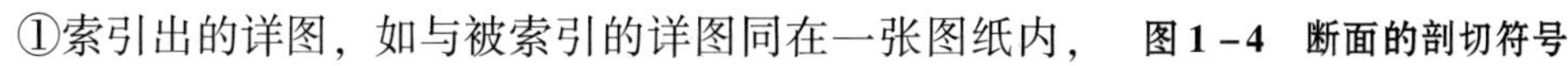

应在索引符号的上半圆中用阿拉伯数字注明该详图的编号，并在下半圆中间画一段水平细实线，如图1-5（b）所示。

②索引出的详图，如与被索引的详图不在同一张图纸内，应在索引符号的上半圆中用阿拉伯数字注明该详图的编号，在索引符号的下半圆用阿拉伯数字注明该详图所在图纸的编号，如图1-5（c）所示。数字较多时，可加文字标注。

③索引出的详图，如采用标准图，应在索引符号水平直径的延长线上加注该标准图集的编号，如图1-5（d）所示。需要标注比例时，文字在索引符合右侧或延长线下方，与符号下对齐。

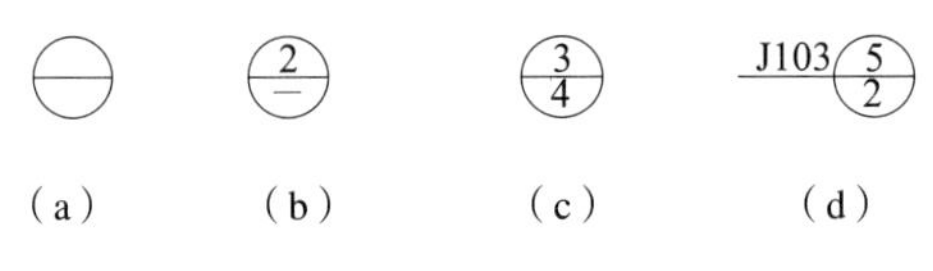

图1-5　索引符号

2）索引符号当用于索引剖视详图，应在被剖切的部位绘制剖切位置线，并以引出线引出索引符号，引出线所在的一侧应为剖视方向，索引符号的编号同上，如图1-6所示。

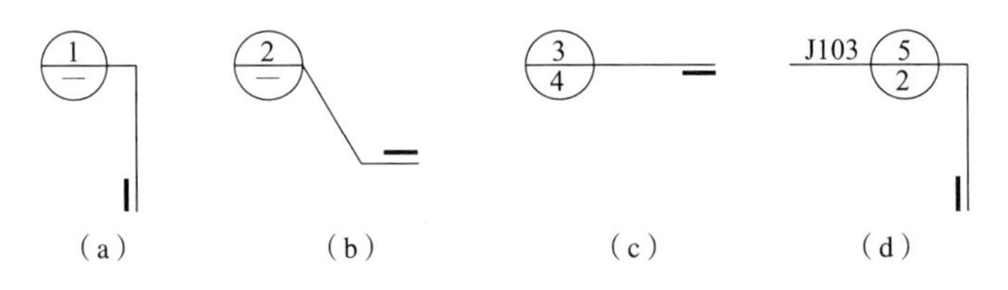

图1-6　用于索引剖面详图的索引符号

3）零件、钢筋、杆件、设备等的编号宜以直径为5~6mm的细实线圆表示，同一图样应保持一致，其编号应用阿拉伯数字按顺序编写，如图1-7所示。消火栓、配电箱、管井等的索引符号，直径宜为4~6mm。

4）详图的位置和编号应以详图符号表示。详图符号的圆应以直径为14mm的粗实线绘制。详图编号应符合下列规定：

①详图与被索引的图样同在一张图纸内时，应在详图符号内用阿拉伯数字注明该详图的编号，如图1-8所示。

②详图与被索引的图样不在同一张图纸内时，应用细实线在详图符号内画一水平直径，在上半圆中注明详图编号，在下半圆中注明被索引的图纸的编号，如图1-9所示。

图1-7　零件、钢筋等的编号

图1-8　与被索引图样同在一张图纸内的详图符号

图1-9　与被索引图样不在同一张图纸内的详图符号

3. 引出线

1）引出线应以细实线绘制，宜采用水平方向的直线、与水平方向成30°、45°、

60°、90°的直线，或经上述角度再折为水平线。文字说明宜注写在水平线的上方，如图1－10（a）所示，也可注写在水平线的端部，如图1－10（b）所示。索引详图的引出线，应与水平直径线相连接，如图1－10（c）所示。

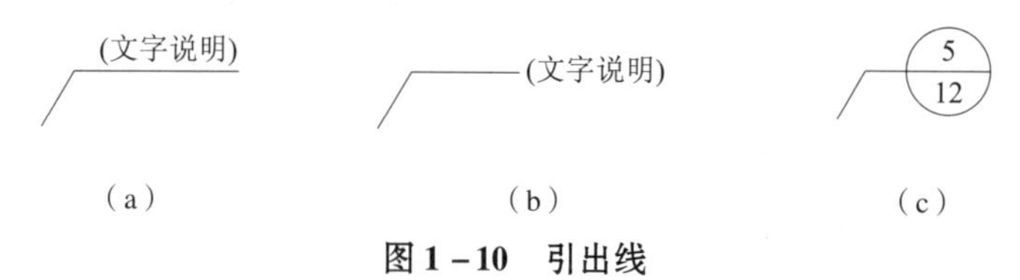

图1－10　引出线

2）同时引出的几个相同部分的引出线，宜互相平行，如图1－11（a）所示，也可画成集中于一点的放射线，如图1－11（b）所示。

图1－11　共用引出线

3）多层构造或多层管道共用引出线，应通过被引出的各层，并用圆点示意对应各层次。文字说明宜注写在水平线的上方，或注写在水平线的端部，说明的顺序应由上至下，并应与被说明的层次对应一致；如层次为横向排序，则由上至下的说明顺序应与由左至右的层次对应一致，如图1－12所示。

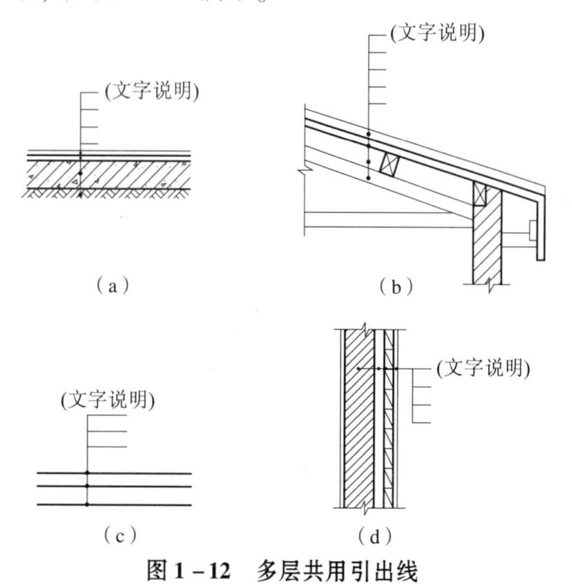

图1－12　多层共用引出线

4．其他符号

1）对称符号由对称线和两端的两对平行线组成。对称线用细单点长画线绘制；平行线用细实线绘制，其长度宜为6～10mm，每对的间距宜为2～3mm；对称线垂直平分于两对平行线，两端超出平行线宜为2～3mm，如图1－13所示。

2）连接符号应以折断线表示需连接的部位。两部位相距过远时，折断线两端靠图样一侧应标注大写拉丁字母表示连接编号。两个被连接的图样应用相同的字母编号，如图1－14所示。

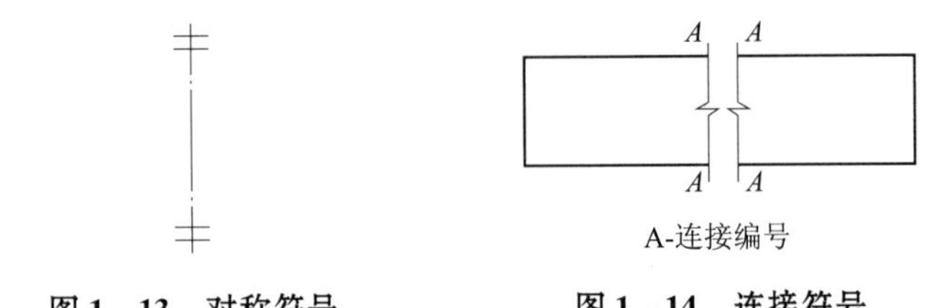

图 1－13　对称符号　　　**图 1－14　连接符号**

3）指北针的形状应符合图 1－15 的规定，其圆的直径宜为 24mm，用细实线绘制；指针尾部的宽度宜为 3mm，指针头部应注“北”或“N”字。需用较大直径绘制指北针时，指针尾部的宽度宜为直径的 1/8。

4）对图纸中局部变更部分宜采用云线，并宜注明修改版次，如图 1－16 所示。

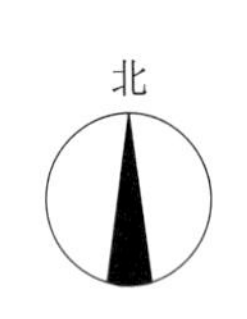

图 1－15　指北针

图 1－16　变更云线

注：1 为修改次数。

1.1.4　定位轴线

1）定位轴线应用细单点长画线绘制。

2）定位轴线应编号，编号应注写在轴线端部的圆内。圆应用细实线绘制，直径为 8～10mm。定位轴线圆的圆心应在定位轴线的延长线上或延长线的折线上。

3）除较复杂需采用分区编号或圆形、折线形外，平面图上定位轴线的编号，宜标注在图样的下方或左侧。横向编号应用阿拉伯数字，从左至右顺序编写；竖向编号应用大写拉丁字母，从下至上顺序编写，如图 1－17 所示。

4）拉丁字母作为轴线号时，应全部采用大写字母，不应用同一个字母的大小写来区分轴线号。拉丁字母的 I、O、Z 不得用做轴线编号。当字母数量不够使用，可增用双字母或单字母加数字注脚。

5）组合较复杂的平面图中定位轴线也可采用分区编号（图 1－18）。编号的注写形式应为“分区号——该分区编号”。“分区号——该分区编号”采用阿拉伯数字或大写拉丁字母表示。

6）附加定位轴线的编号，应以分数形式表示，并应符合下列规定：

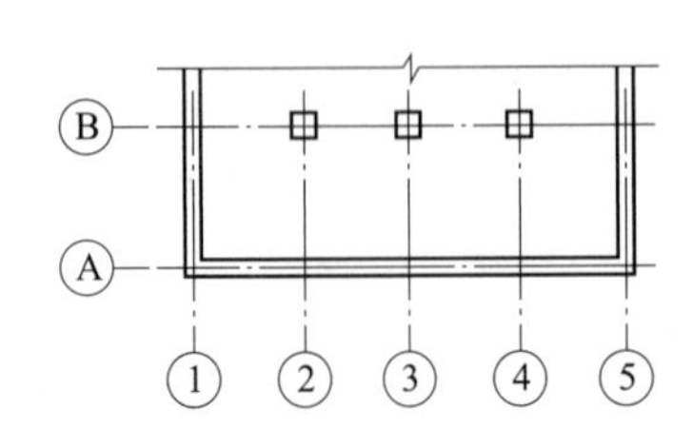

图 1－17　定位轴线的编号顺序

①两根轴线的附加轴线，应以分母表示前一轴线的编号，分子表示附加轴线的编号。编号宜用阿拉伯数字顺序编写；

②1 号轴线或 A 号轴线之前的附加轴线的分母应以 01 或 0A 表示。

7）一个详图适用于几根轴线时，应同时注明各有关轴线的编号，如图 1－19 所示。

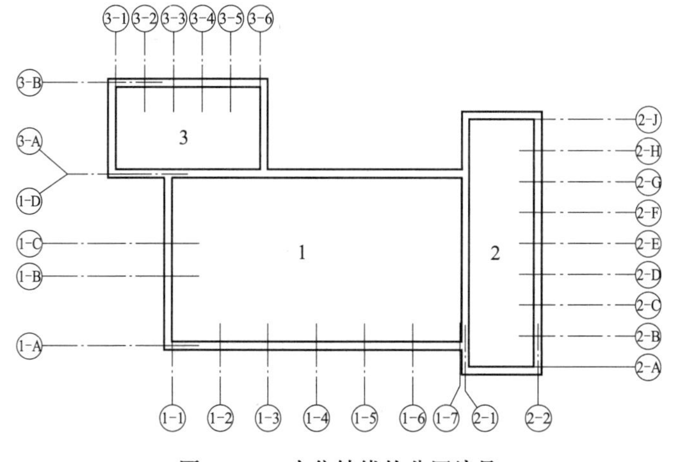

图 1－18　定位轴线的分区编号

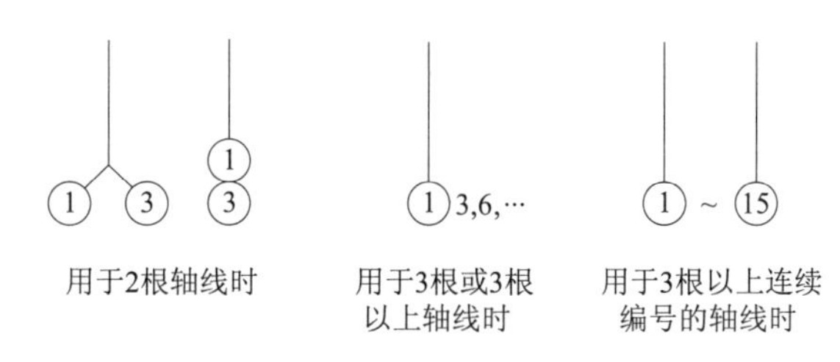

图 1－19　详图的轴线编号

8）通用详图中的定位轴线，应只画圆，不注写轴线编号。

9）圆形与弧形平面图中的定位轴线，其径向轴线应以角度进行定位，其编号宜用阿拉伯数字表示，从左下角或－90°（若径向轴线很密，角度间隔很小）开始，按逆时针顺序编写；其环向轴线宜用大写阿拉伯字母表示，从外向内顺序编写（图 1－20、图 1－21）。

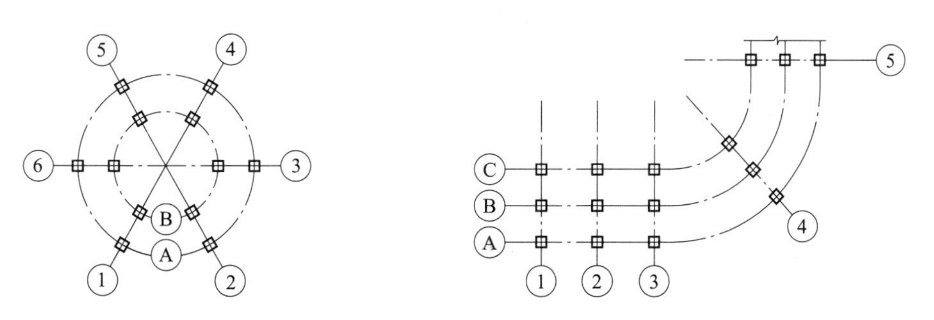

图 1－20　圆形平面定位轴线的编号　　**图 1－21　弧形平面定位轴线的编号**

10）折线形平面图中定位轴线的编号可按图 1－22 的形式编写。

1.1.5　尺寸标注

1. 尺寸界线、尺寸线及尺寸起止符号

1）图样上的尺寸，应包括尺寸界线、尺寸线、尺寸起止符号和尺寸数字（图 1－23）。

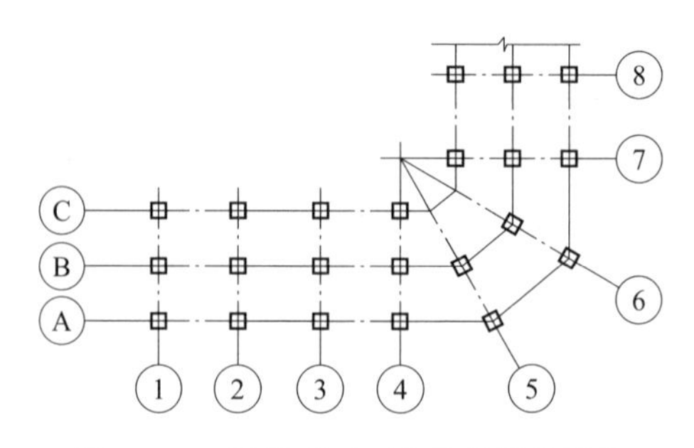

图1－22　折线形平面定位轴线的编号

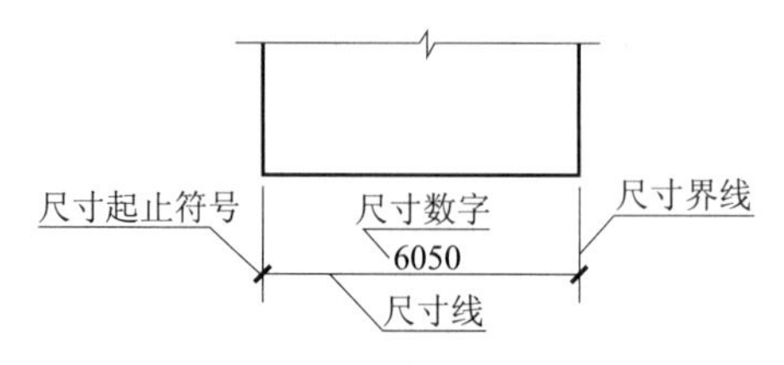

图1－23　尺寸的组成

2）尺寸界线应用细实线绘制，应与被注长度垂直，其一端应离开图样轮廓线不应小于2mm，另一端宜超出尺寸线2～3mm。图样轮廓线可用作尺寸界线（图1－24）。

3）尺寸线应用细实线绘制，应与被注长度平行。图样本身的任何图线均不得用作尺寸线。

4）尺寸起止符号用中粗斜短线绘制，其倾斜方向应与尺寸界线成顺时针45°角，长度宜为2～3mm。半径、直径、角度与弧长的尺寸起止符号，宜用箭头表示（图1－25）。

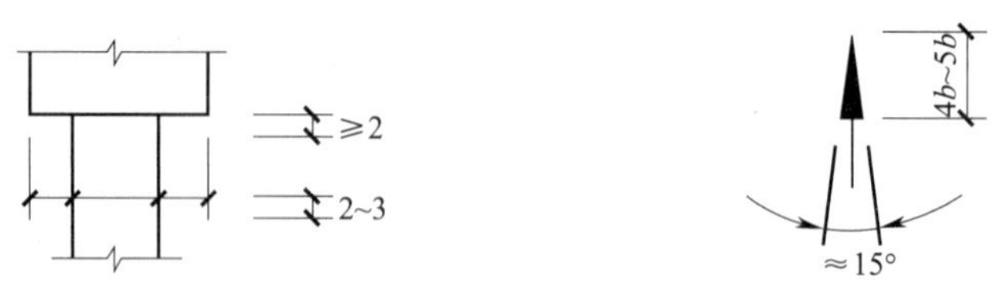

图1－24　尺寸界限　　　图1－25　箭头尺寸起止符号

2. 尺寸数字

1）图样上的尺寸，应以尺寸数字为准，不得从图上直接量取。

2）图样上的尺寸单位，除标高及总平面以米（m）为单位外，其他必须以毫米（mm）为单位。

3）尺寸数字的方向，应按图1－26（a）的规定注写。若尺寸数字在30°斜线区内，也可按图1－26（b）的形式注写。

4）尺寸数字应依据其方向注写在靠近尺寸线的上方中部。如没有足够的注写位置，最外边的尺寸数字可注写在尺寸界线的外侧，中间相邻的尺寸数字可上下错开注写，引出线端部用圆点表示标注尺寸的位置（图1－27）。

3. 尺寸的排列与布置

1）尺寸宜标注在图样轮廓以外，不宜与图线、文字及符号等相交（图1－28）。

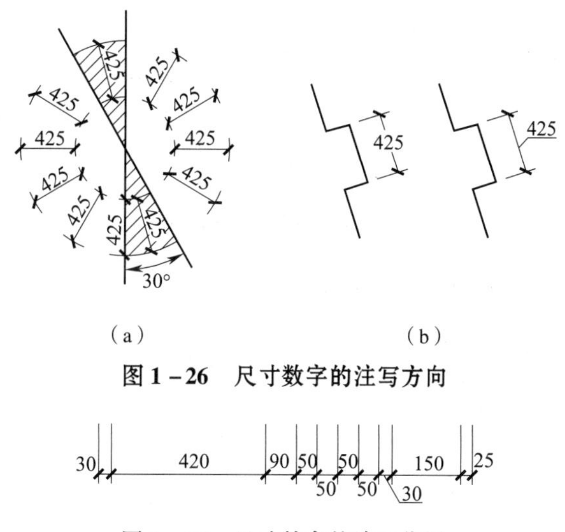

图1－26　尺寸数字的注写方向

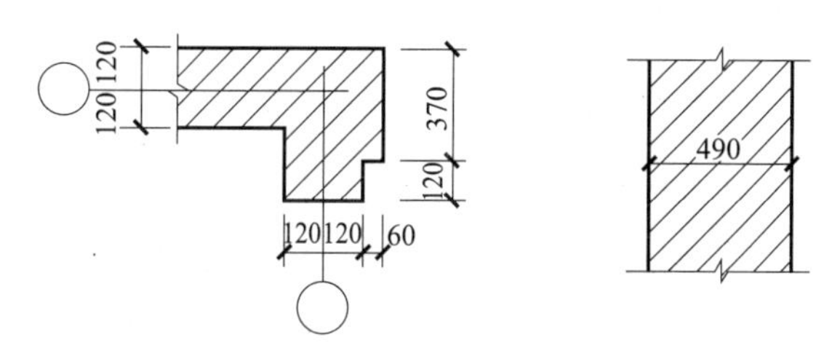

图1－27　尺寸数字的注写位置

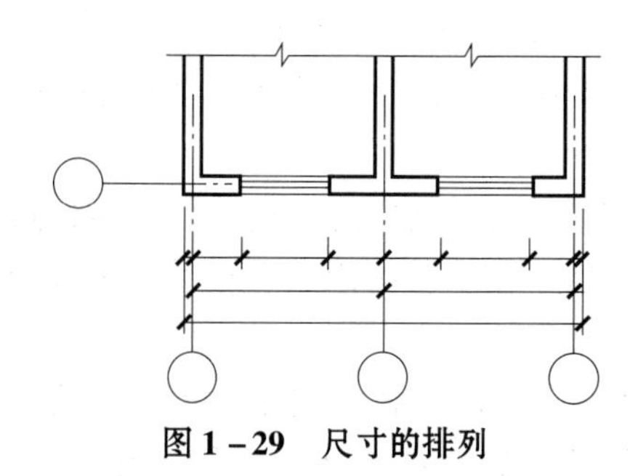

图1－28　尺寸数字的注写

2）互相平行的尺寸线，应从被注写的图样轮廓线由近向远整齐排列，较小尺寸应离轮廓线较近，较大尺寸应离轮廓线较远（图1－29）。

3）图样轮廓线以外的尺寸界线，距图样最外轮廓之间的距离，不宜小于10mm。平行排列的尺寸线的间距，宜为7～10mm，并应保持一致（图1－29）。

4）总尺寸的尺寸界线应靠近所指部位，中间的分尺寸的尺寸界线可稍短，但其长度应相等（图1－29）。

4．半径、直径、球的尺寸标注

1）半径的尺寸线应一端从圆心开始，另一端画箭头指向圆弧。半径数字前应加注半径符号“*R*”（图1－30）。

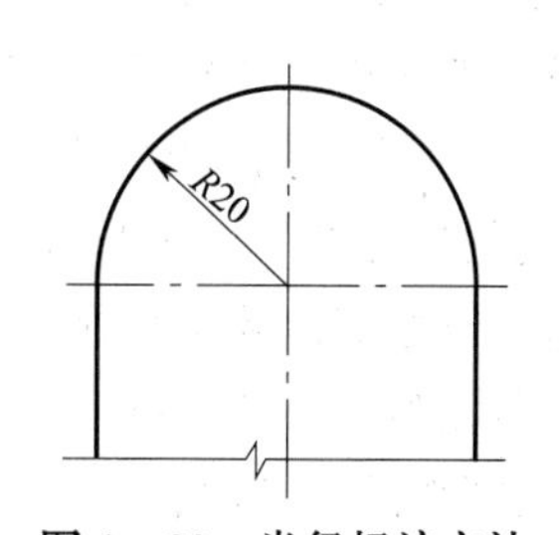

图1－29　尺寸的排列

图1－30　半径标注方法

2）较小圆弧的半径，可按图1－31形式标注。

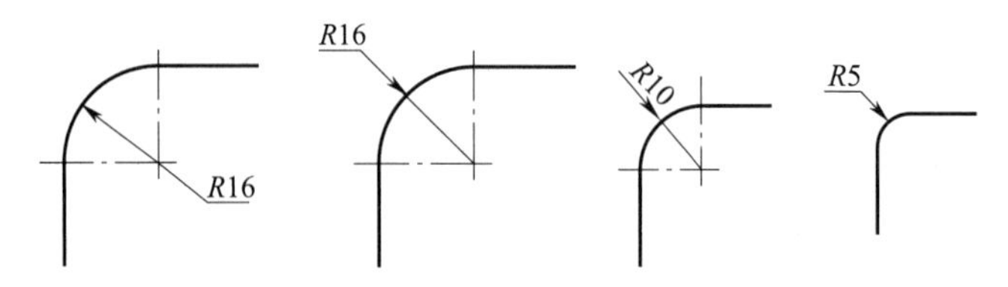

图1－31　小圆弧半径的标注方法

3）较大圆弧的半径，可按图1－32形式标注。

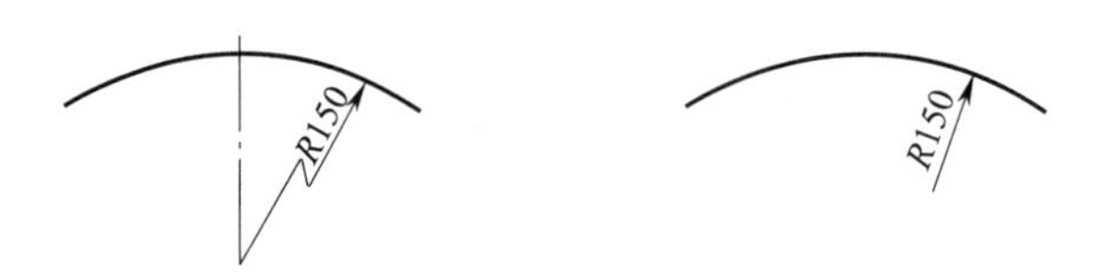

图1－32　大圆弧半径的标注方法

4）标注圆的直径尺寸时，直径数字前应加直径符号“ϕ”。在圆内标注的尺寸线应通过圆心，两端画箭头指至圆弧（图1－33）。

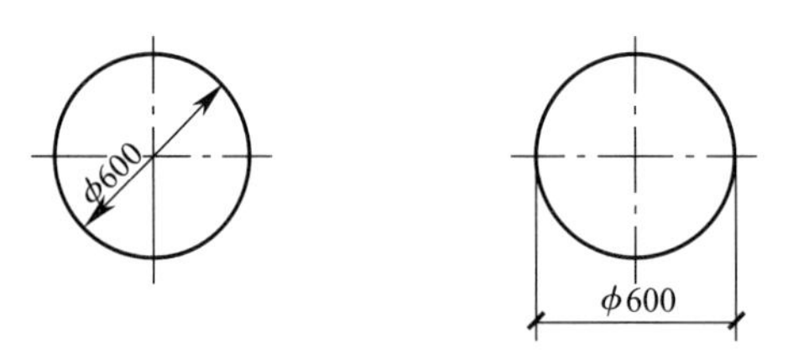

图1－33　圆直径的标注方法

5）较小圆的直径尺寸，可标注在圆外（图1－34）。

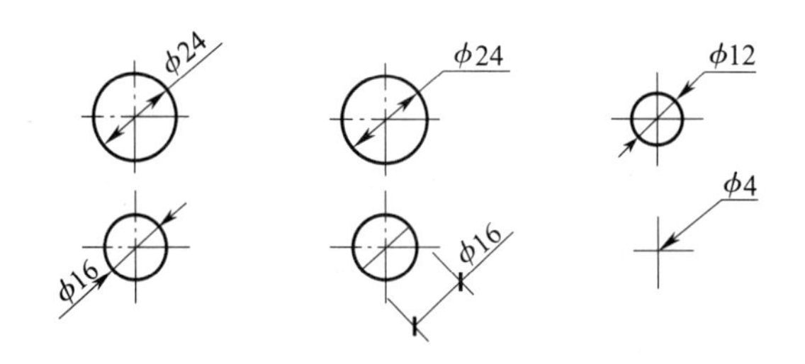

图1－34　小圆直径的标注方法

6）标注球的半径尺寸时，应在尺寸前加注符号“*SR*”。标注球的直径尺寸时，应在尺寸数字前加注符号“$S\phi$”。注写方法与圆弧半径和圆直径的尺寸标注方法相同。

5．角度、弧度、弧长的标注

1）角度的尺寸线应以圆弧表示。该圆弧的圆心应是该角的顶点，角的两条边为尺寸界线。起止符号应以箭头表示，如没有足够位置画箭头，可用圆点代替，角度数字应沿尺寸线方向注写（图1－35）。

2）标注圆弧的弧长时，尺寸线应以与该圆弧同心的圆弧线表示，尺寸界线应指向圆心，起止符号用箭头表示，弧长数字上方应加注圆弧符号“⌒”（图1－36）。

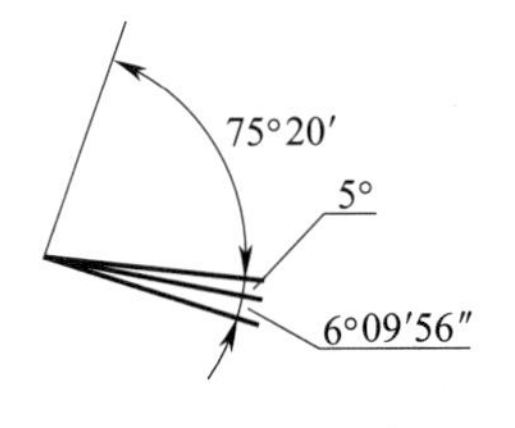

图 1－35 角度标注方法

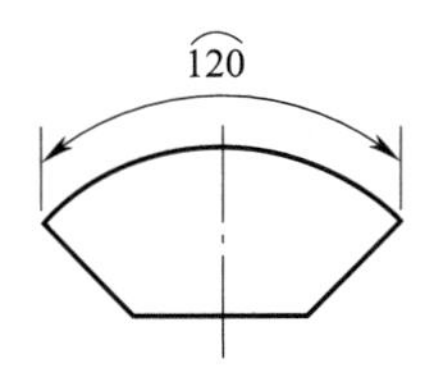

图 1－36 弧长标注方法

3）标注圆弧的弦长时，尺寸线应以平行于该弦的直线表示，尺寸界线应垂直于该弦，起止符号用中粗斜短线表示（图 1－37）。

6. 薄板厚度、正方形、坡度、非圆曲线等尺寸标注

1）在薄板板面标注板厚尺寸时，应在厚度数字前加厚度符号“*t*”（图 1－38）。

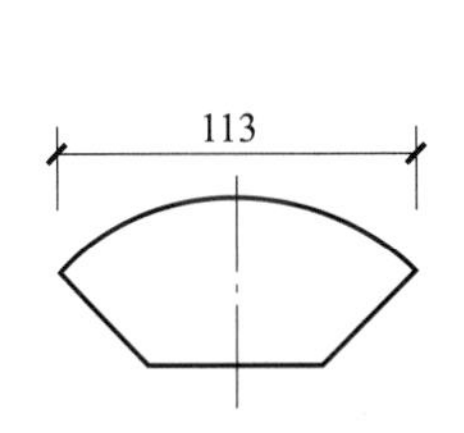

图 1－37 弦长标注方法

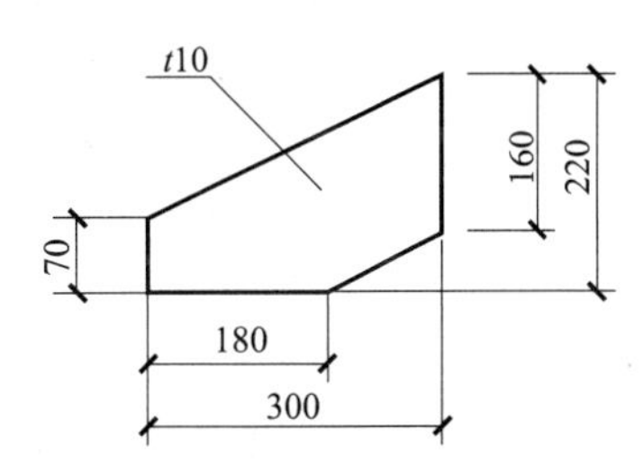

图 1－38 薄板厚度标注方法

2）标注正方形的尺寸，可用“边长 × 边长”的形式，也可在边长数字前加正方形符号“□”（图 1－39）。

3）标注坡度时，应加注坡度符号“←”［图 1－40（a）、图 1－40（b）］，该符号为单面箭头，箭头应指向下坡方向。坡度也可用直角三角形形式标注［图 1－40（c）］。

4）外形为非圆曲线的构件，可用坐标形式标注尺寸（图 1－41）。

5）复杂的图形，可用网格形式标注尺寸（图 1－42）。

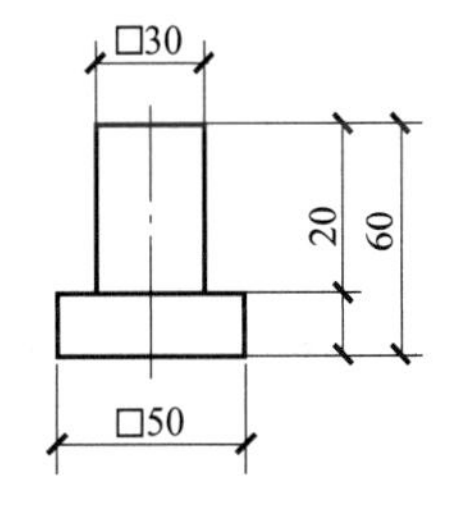

图 1－39 标注正方形尺寸

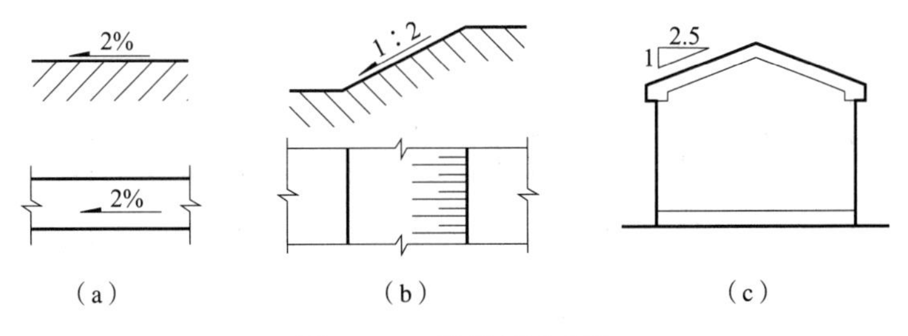

图 1－40 坡度标注方法

7. 尺寸的简化标注

1）杆件或管线的长度，在单线图（桁架简图、钢筋简图、管线简图）上，可直接将尺寸数字沿杆件或管线的一侧注写（图 1－43）。

2）连续排列的等长尺寸，可用“等长尺寸 × 个数 = 总长”［图 1－44（a）］或“等分 × 个数 = 总长”［图 1－44（b）］的形式标注。

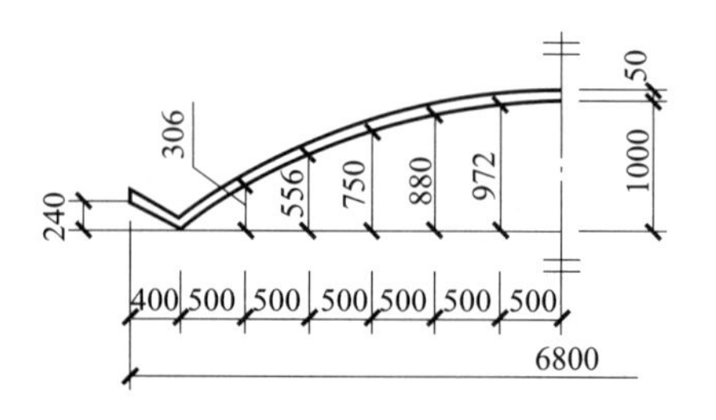

图1－41　坐标形式标注曲线尺寸

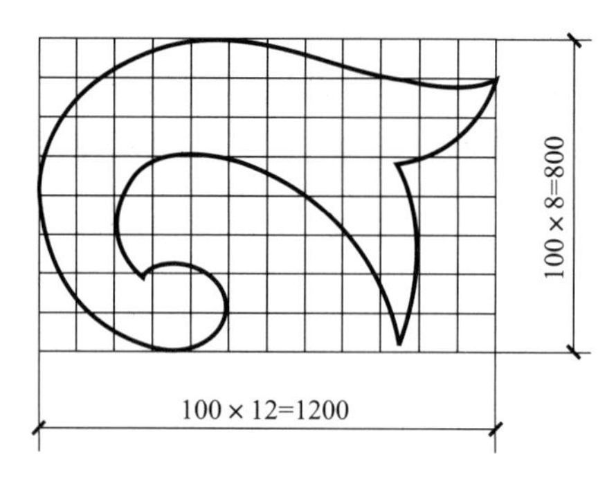

图1－42　网格形式标注曲线尺寸

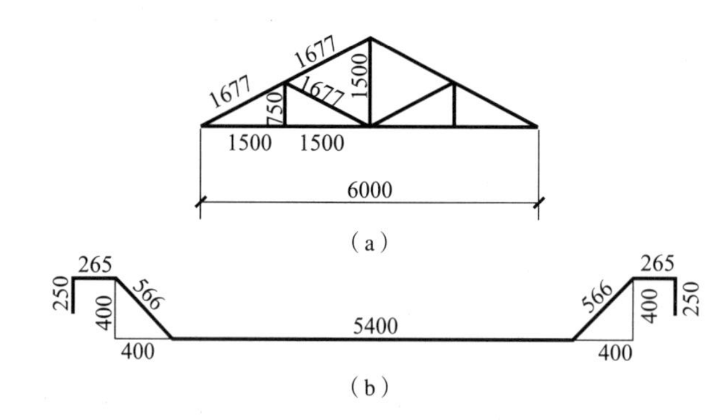

图1－43　单线图尺寸标注方法

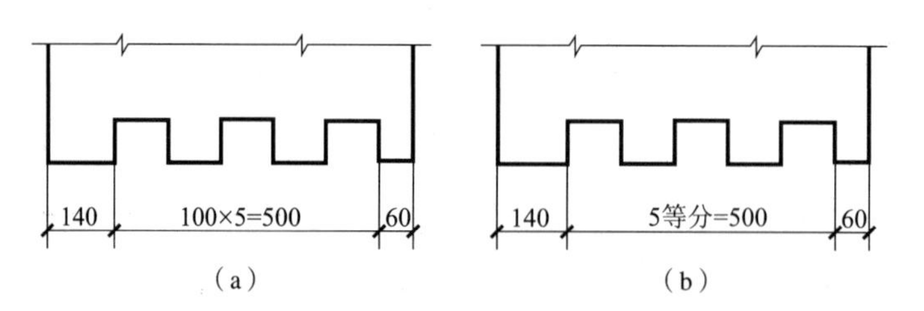

图1－44　等长尺寸简化标注方法

3）构配件内的构造因素（如孔、槽等）如相同，可仅标注其中一个要素的尺寸（图1－45）。

4）对称构配件采用对称省略画法时，该对称构配件的尺寸线应略超过对称符号，仅在尺寸线的一端画尺寸起止符号，尺寸数字应按整体全尺寸注写，其注写位置宜与对称符号对齐（图1－46）。

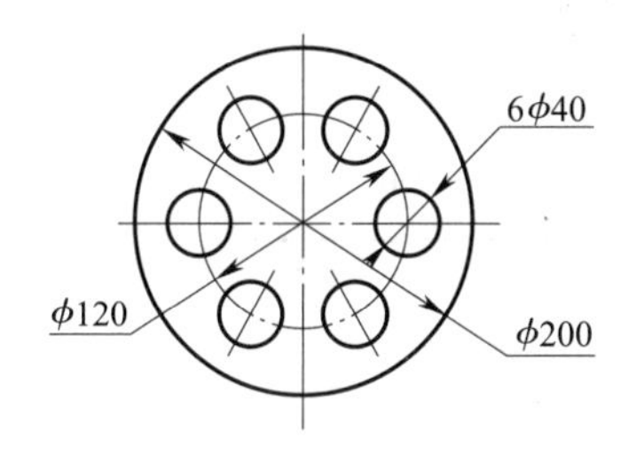

图 1－45　相同要素尺寸标注方法

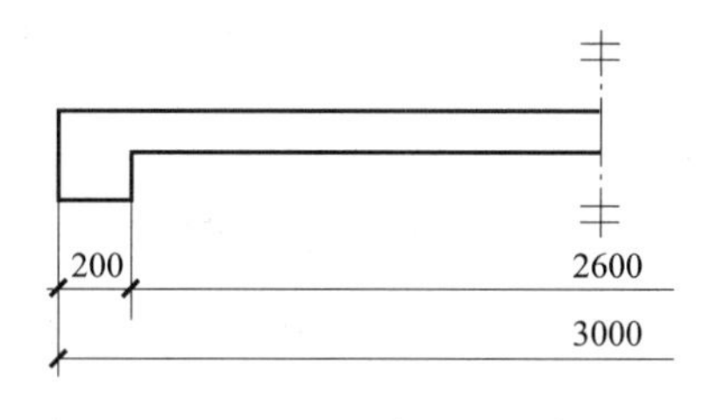

图 1－46　对称构件尺寸标注方法

5）两个构配件，如个别尺寸数字不同，可在同一图样中将其中一个构配件的不同尺寸数字注写在括号内，该构配件的名称也应注写在相应的括号内（图 1－47）。

6）数个构配件，如仅某些尺寸不同，这些有变化的尺寸数字，可用拉丁字母注写在同一图样中，另列表格写明其具体尺寸（图 1－48）。

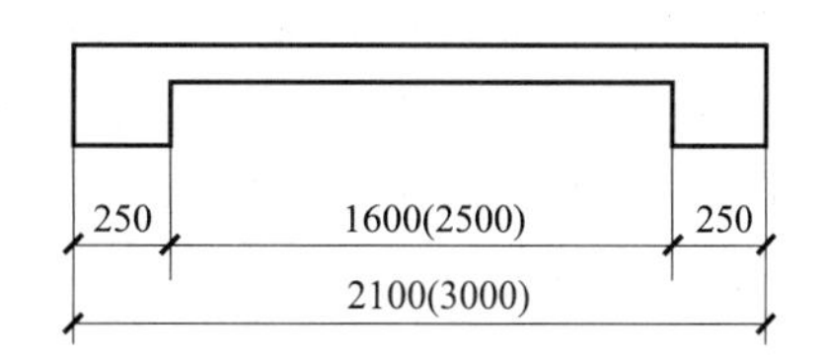

图 1－47　相似构件尺寸标注方法

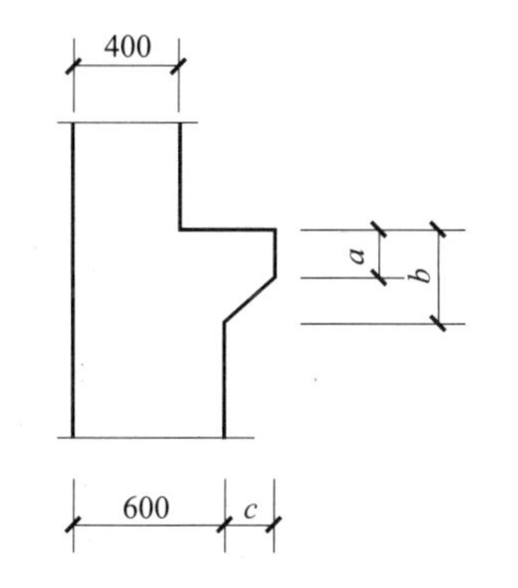

构件编号	*a*	*b*	*c*
Z-1	200	200	200
Z-2	250	450	200
Z-3	200	450	250

图 1－48　相似构配件尺寸表格式标注方法

8．标高

1）标高符号应以直角等腰三角形表示，按图 1－49（a）所示形式用细实线绘制，当标注位置不够，也可按图 1－49（b）所示形式绘制。标高符号的具体画法应符合图 1－49（c）、图 1－49（d）的规定。

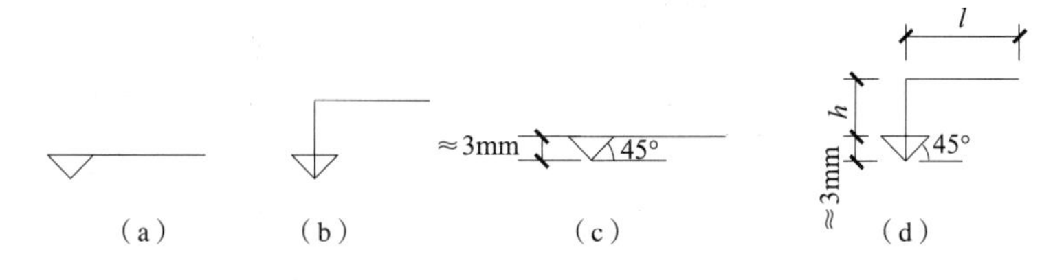

图 1－49　标高符号

l—取适当长度注写标高数字；*h*—根据需要取适当高度

2）总平面图室外地坪标高符号，宜用涂黑的三角形表示，具体画法应符合图 1－50 的规定。

3）标高符号的尖端应指至被注高度的位置。尖端宜向下，也可向上。标高数字应注写在标高符号的上侧或下侧，如图1－51所示。

图1－50　总平面图室外地坪标高符号　　**图1－51　标高的指向**

4）标高数字应以米（m）为单位，注写到小数点以后第三位。在总平面图中，可注写到小数字点以后第二位。

5）零点标高应注写成±0.000，正数标高不注“+”，负数标高应注“－”，例如3.000、－0.600。

6）在图样的同一位置需表示几个不同标高时，标高数字可按图1－52的形式注写。

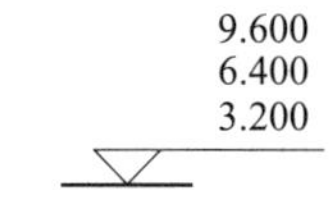

图1－52　同一位置注写多个标高数字

1.2　常用建筑识图图例及代号

1.2.1　总平面图例

总平面图例见表1－5。

表1－5　总平面图例

序号	名称	图　　例	备　　注
1	新建建筑物	X= Y= ① 12F/2D H=59.00m	新建建筑物以粗实线表示与室外地坪相接处±0.00外墙定位轮廓线； 建筑物一般以±0.00高度处的外墙定位轴线交叉点坐标定位。轴线用细实线表示，并标明轴线号； 根据不同设计阶段标注建筑编号，地上、地下层数，建筑高度，建筑出入口位置（两种表示方法均可，但同一图纸采用一种表示方法）； 地下建筑物以粗虚线表示其轮廓； 建筑上部（±0.00以上）外挑建筑用细实线表示； 建筑物上部连廊用细虚线表示并标注位置
2	原有建筑物		用细实线表示
3	计划扩建的预留地或建筑物		用中粗虚线表示

续表 1－5

序号	名称	图　例	备　注
4	拆除的建筑物	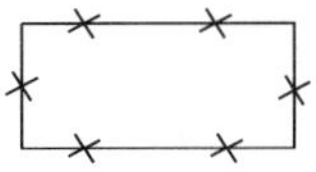	用细实线表示
5	建筑物 下面的通道	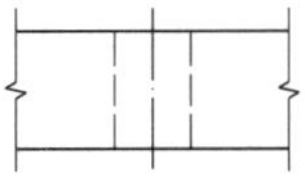	—
6	散状材料 露天堆场	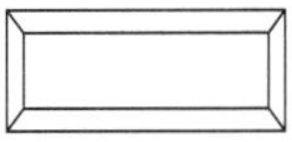	需要时可注明材料名称
7	其他材料 露天堆场 或露天作业场	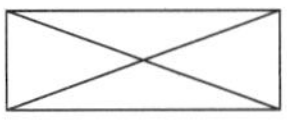	需要时可注明材料名称
8	铺砌场地	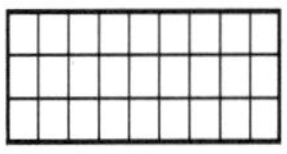	—
9	敞棚或敞廊	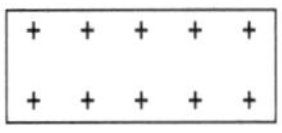	—
10	高架式料仓	 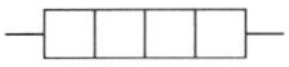	—
11	漏斗式贮仓		左、右图为底卸式 中图为侧卸式
12	冷却塔（池）	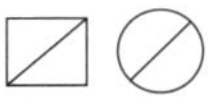	应注明冷却塔或冷却池
13	水塔、贮罐	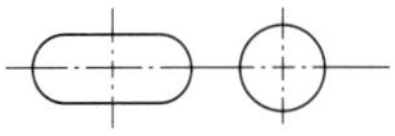	左图为卧式贮罐 右图为水塔或立式贮罐
14	水池、坑槽		也可以不涂黑
15	明溜矿槽（井）	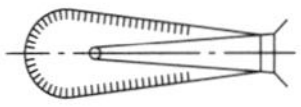	—

续表 1-5

序号	名称	图　　例	备　　注
16	斜井或平硐		—
17	烟囱		实线为烟囱下部直径，虚线为基础，必要时可注写烟囱高度和上、下口直径
18	围墙及大门		—
19	挡土墙	5.00 1.50	挡土墙根据不同设计阶段的需要标注 墙顶标高 墙底标高
20	挡土墙上设围墙		—
21	台阶及 无障碍坡道	1. 2.	1. 表示台阶（级数仅为示意）； 2. 表示无障碍坡道
22	露天桥式起重机	G_n= (t)	起重机起重量 G_n，以吨计算； “＋”为柱子位置
23	露天电动葫芦	G_n= (t)	起重机起重量 G_n，以吨计算； “＋”为支架位置
24	门式起重机	G_n= (t) G_n= (t)	起重机起重量 G_n，以吨计算； 上图表示有外伸臂； 下图表示无外伸臂
25	架空索道		“I”为支架位置

续表 1－5

序号	名称	图 例	备 注
26	斜坡卷扬机道		—
27	斜坡栈桥 （皮带廊等）		细实线表示支架中心线位置
28	坐标	1. X=105.00 Y=425.00 2. A=105.00 B=425.00	1. 表示地形测量坐标系； 2. 表示自设坐标系； 坐标数字平行于建筑标注
29	方格网 交叉点标高	−0.50 77.85 78.35	“78.35”为原地面标高； “77.85”为设计标高； “－0.50”为施工高度； “－”表示挖方（“＋”表示填方）
30	填方区、 挖方区、 未整平区及零线	+ − + −	“＋”表示填方区； “－”表示挖方区； 中间为未整平区； 点划线为零点线
31	填挖边坡		—
32	分水脊线与谷线		上图表示脊线 下图表示谷线
33	洪水淹没线		洪水最高水位以文字标注
34	地表排水方向		—
35	截水沟	1 40.00	“1”表示1%的沟底纵向坡度，“40.00”表示变坡点间距离，箭头表示水流方向

续表1－5

序号	名称	图　例	备　注
36	排水明沟	107.50 + 1 40.00 107.50 1 40.00	上图用于比例较大的图面； 下图用于比例较小的图面； “1”表示1%的沟底纵向坡度，“40.00”表示变坡点间距离，箭头表示水流方向； “107.50”表示沟底变坡点标高（变坡点以“+”表示）
37	有盖板的排水沟	1 40.00 1 40.00	—
38	雨水口	1. 2. 3.	1. 雨水口； 2. 原有雨水口； 3. 双落式雨水口
39	消火栓井		—
40	急流槽		箭头表示水流方向
41	跌水		
42	拦水（闸）坝		—
43	透水路堤		边坡较长时，可在一端或两端局部表示
44	过水路面		—
45	室内地坪标高	151.00 (±0.00)	数字平行于建筑物书写
46	室外地坪标高	143.00	室外标高也可采用等高线

续表 1－5

序号	名称	图 例	备 注
47	盲道		—
48	地下车库入口		机动车停车场
49	地面露天停车场		—
50	露天机械停车场		露天机械停车场

1.2.2 常用建筑材料图例

常用建筑材料图例见表 1－6。

表 1－6 常用建筑材料图例

序号	名称	图 例	备 注
1	自然土壤		包括各种自然土壤
2	夯实土壤		—
3	砂、灰土		—
4	砂砾石、碎砖三合土		—
5	石材		—
6	毛石		—
7	普通砖		包括实心砖、多孔砖、砌块等砌体。断面较窄不易绘出图例线时，可涂红，并在图纸备注中加注说明，画出该材料图例
8	耐火砖		包括耐酸砖等砌体

续表1－6

序号	名称	图　例	备　注
9	空心砖		指非承重砖砌体
10	饰面砖		包括铺地砖、马赛克、陶瓷锦砖、人造大理石等
11	焦渣、矿渣		包括与水泥、石灰等混合而成的材料
12	混凝土		1. 本图例指能承重的混凝土及钢筋混凝土； 2. 包括各种强度等级、骨料、添加剂的混凝土； 3. 在剖面图上画出钢筋时，不画图例线； 4. 断面图形小，不易画出图例线时，可涂黑
13	钢筋混凝土		
14	多孔材料		包括水泥珍珠岩、沥青珍珠岩、泡沫混凝土、非承重加气混凝土、软木、蛭石制品等
15	纤维材料		包括矿棉、岩棉、玻璃棉、麻丝、木丝板、纤维板等
16	泡沫塑料材料		包括聚苯乙烯、聚乙烯、聚氨酯等多孔聚合物类材料
17	木材		1. 上图为横断面，左上图为垫木、木砖或木龙骨； 2. 下图为纵断面
18	胶合板		应注明为×层胶合板
19	石膏板		包括圆孔、方孔石膏板、防水石膏板、硅钙板、防火板等
20	金属		1. 包括各种金属； 2. 图形小时，可涂黑
21	网状材料		1. 包括金属、塑料网状材料； 2. 应注明具体材料名称

续表 1－6

序号	名称	图　　例	备　　注
22	液体		应注明具体液体名称
23	玻璃		包括平板玻璃、磨砂玻璃、夹丝玻璃、钢化玻璃、中空玻璃、夹层玻璃、镀膜玻璃等
24	橡胶		—
25	塑料		包括各种软、硬塑料及有机玻璃等
26	防水材料		构造层次多或比例大时，采用上图例
27	粉刷		本图例采用较稀的点

注：序号 1、2、5、7、8、13、14、16、17、18 图例中的斜线、短斜线、交叉斜线等均为 45°。

1.2.3　常用建筑构造图例

常用建筑构造及配件图例见表 1－7。

表 1－7　建筑构造及配件图例

序号	名称	图　　例	备　　注
1	墙体		1. 上图为外墙，下图为内墙； 2. 外墙细线表示有保温层或有幕墙； 3. 应加注文字或涂色或图案填充表示各种材料的墙体； 4. 在各层平面图中防火墙宜着重以特殊图案填充表示
2	隔断		1. 加注文字或涂色或图案填充表示各种材料的轻质隔断； 2. 适用于到顶与不到顶隔断
3	玻璃幕墙		幕墙龙骨是否表示由项目设计决定

续表 1－7

序号	名称	图　　例	备　　注
4	栏杆		—
5	楼梯	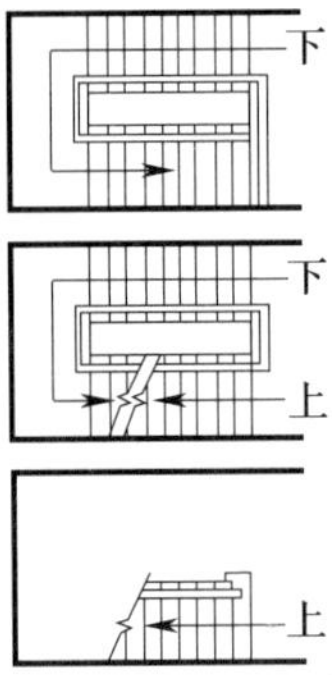 下 下 上 上	1．上图为顶层楼梯平面，中图为中间层楼梯平面，下图为底层楼梯平面； 2．需设置靠墙扶手或中间扶手时，应在图中表示
6	坡道	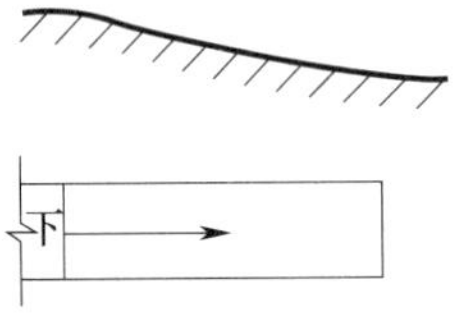 下	长坡道
		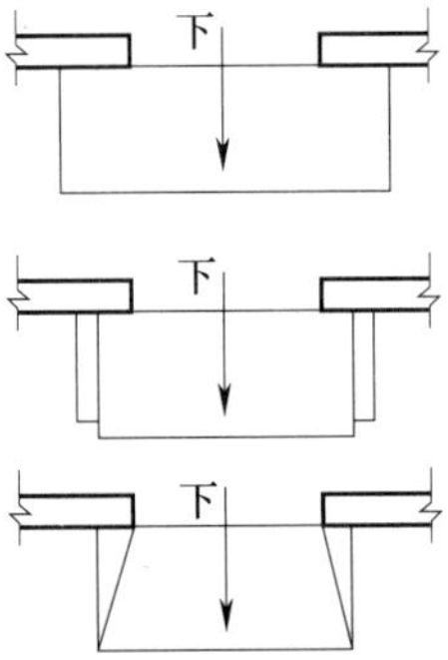 下 下 下	上图为两侧垂直的门口坡道，中图为有挡墙的门口坡道，下图为两侧找坡的门口坡道
7	台阶	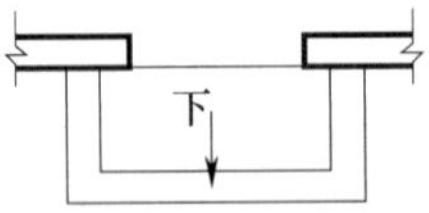 下	—
8	平面高差	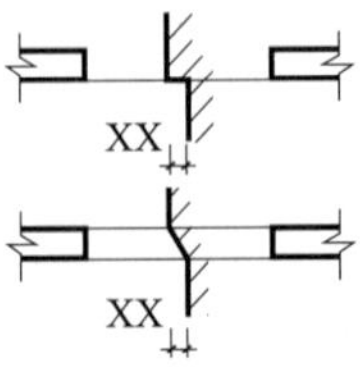 XX XX	用于高差小的地面或楼面交接处，并应与门的开启方向协调

续表 1－7

序号	名称	图　　例	备　　注
9	检查口		左图为可见检查口，右图为不可见检查口
10	孔洞		阴影部分亦可填充灰度或涂色代替
11	坑槽		—
12	墙预留洞、槽	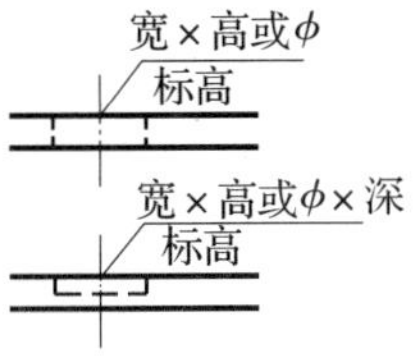 宽×高或ϕ 标高 宽×高或ϕ×深 标高	1. 上图为预留洞，下图为预留槽； 2. 平面以洞（槽）中心定位； 3. 标高以洞（槽）底或中心定位； 4. 宜以涂色区别墙体和预留洞（槽）
13	地沟	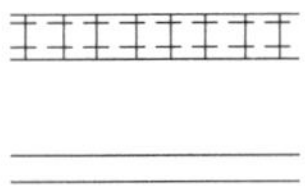	上图为有盖板地沟，下图为无盖板明沟
14	烟道	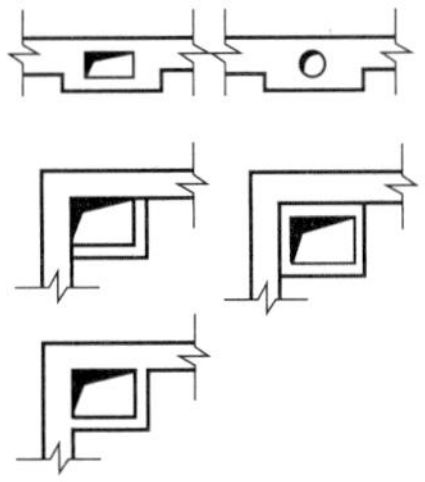	1. 阴影部分亦可填充灰度或涂色代替； 2. 烟道、风道与墙体为相同材料，其相接处墙身线应连通； 3. 烟道、风道根据需要增加不同材料的内衬
15	风道	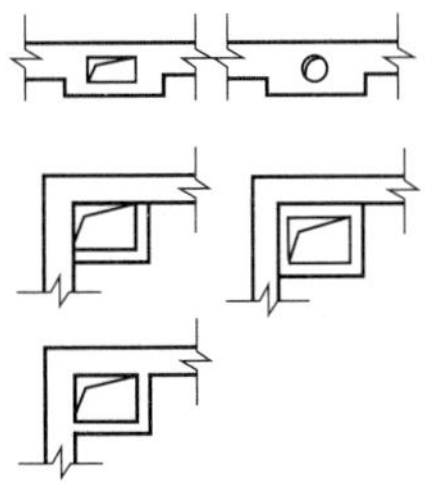	
16	新建的墙和窗	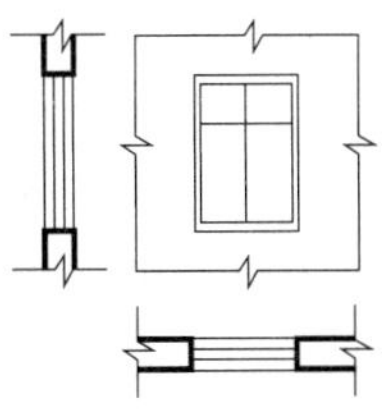	—

续表 1－7

序号	名称	图　例	备　注
17	改建时保留的墙和窗	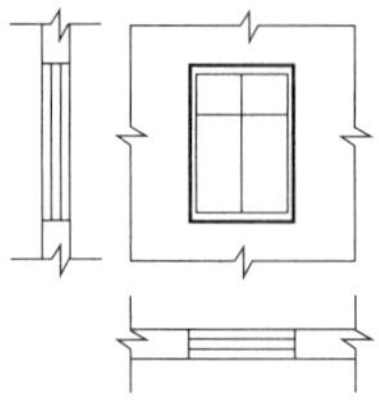	只更换窗，应加粗窗的轮廓线
18	拆除的墙	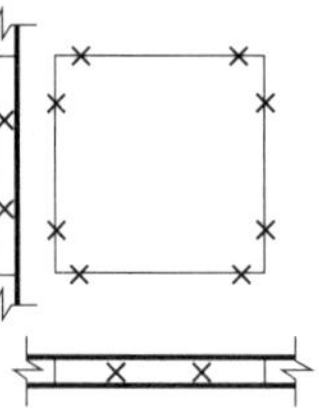	—
19	改建时在原有墙或楼板新开的洞	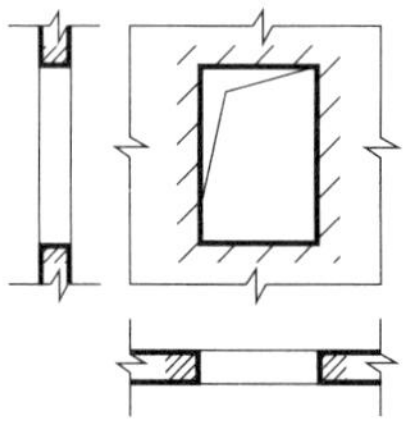	—
20	在原有墙或楼板洞旁扩大的洞	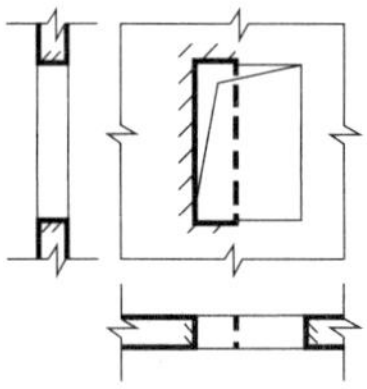	图示为洞口向左边扩大
21	在原有墙或楼板上全部填塞的洞	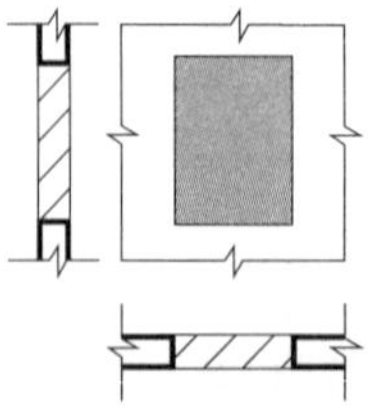	全部填塞的洞； 图中立面填充灰度或涂色
22	在原有墙或楼板上局部填塞的洞	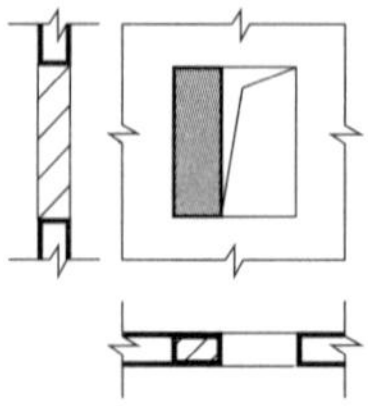	左侧为局部填塞的洞； 图中立面填充灰度或涂色

续表 1－7

序号	名称	图　　例	备　　注
23	空门洞	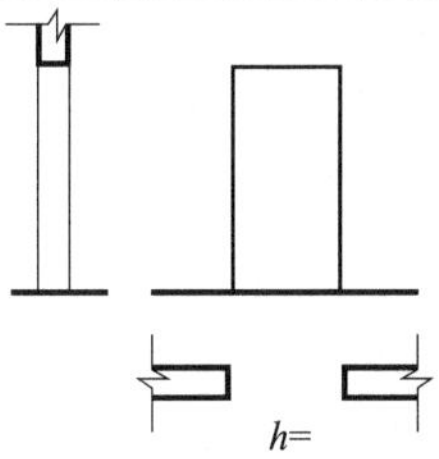 h=	*h* 为门洞高度
24	单面开启单扇门（包括平开或单面弹簧）	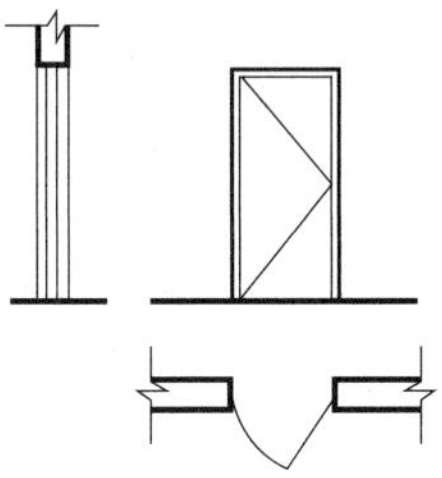	1. 门的名称代号用 M 表示； 2. 平面图中，下为外，上为内，门开启线为 90°、60°或 45°，开启弧线宜绘出； 3. 立面图中，开启线实线为外开，虚线为内开，开启线交角的一侧为安装合页一侧；开启线在建筑立面图中可不表示，在立面大样图中可根据需要绘出； 4. 剖面图中，左为外，右为内； 5. 附加纱扇应以文字说明，在平、立、剖面图中均不表示； 6. 立面形式应按实际情况绘制
	双面开启单扇门（包括双面平开或双面弹簧）	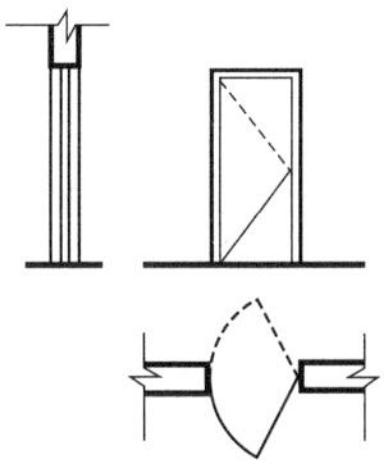	
	双层单扇平开门	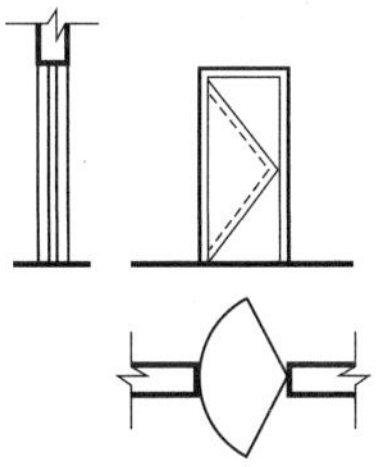	
25	单面开启双扇门（包括平开或单面弹簧）	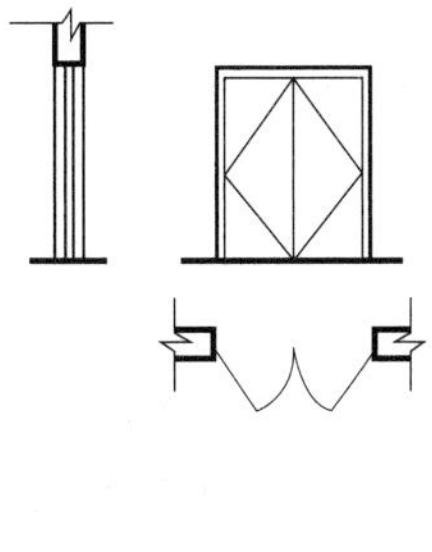	1. 门的名称代号用 M 表示； 2. 平面图中，下为外，上为内，门开启线为 90°、60°或 45°，开启弧线宜绘出； 3. 立面图中，开启线实线为外开，虚线为内开，开启线交角的一侧为安装合页一侧；开启线在建筑立面图中可不表示，在立面大样图中可根据需要绘出； 4. 剖面图中，左为外，右为内； 5. 附加纱扇应以文字说明，在平、立、剖面图中均不表示； 6. 立面形式应按实际情况绘制

续表 1－7

序号	名称	图　　例	备　　注
25	双面开启双扇门（包括双面平开或双面弹簧）	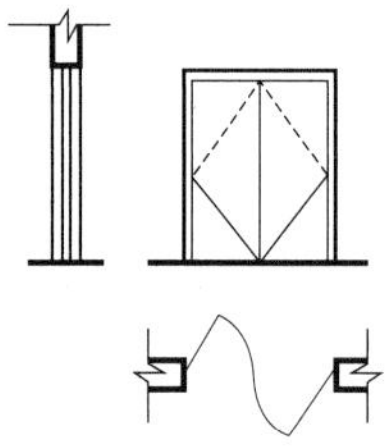	1. 门的名称代号用M表示； 2. 平面图中，下为外，上为内，门开启线为90°、60°或45°，开启弧线宜绘出； 3. 立面图中，开启线实线为外开，虚线为内开，开启线交角的一侧为安装合页一侧；开启线在建筑立面图中可不表示，在立面大样图中可根据需要绘出； 4. 剖面图中，左为外，右为内； 5. 附加纱扇应以文字说明，在平、立、剖面图中均不表示； 6. 立面形式应按实际情况绘制
	双层双扇平开门	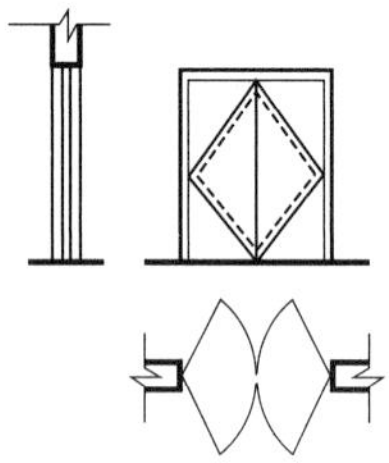	
26	折叠门	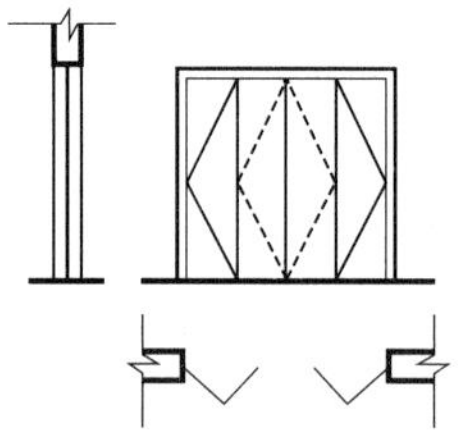	1. 门的名称代号用M表示； 2. 平面图中，下为外，上为内； 3. 立面图中，开启线实线为外开，虚线为内开，开启线交角的一侧为安装合页一侧； 4. 剖面图中，左为外，右为内； 5. 立面形式应按实际情况绘制
	推拉折叠门	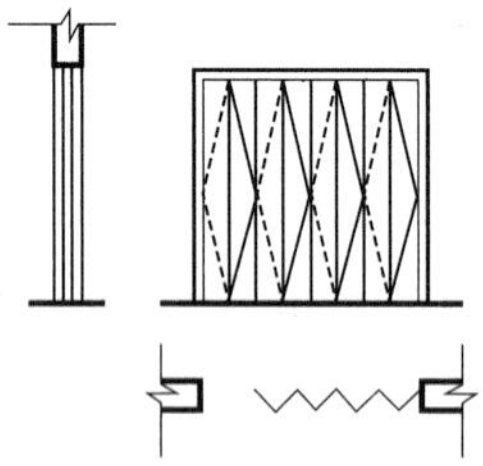	
27	墙洞外单扇推拉门	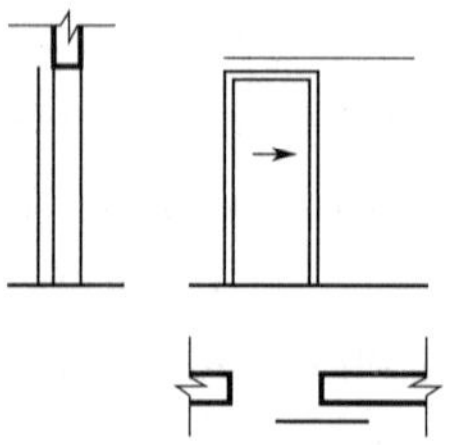	1. 门的名称代号用M表示； 2. 平面图中，下为外，上为内； 3. 剖面图中，左为外，右为内； 4. 立面形式应按实际情况绘制

续表 1－7

序号	名称	图　　例	备　　注
27	墙洞外双扇推拉门	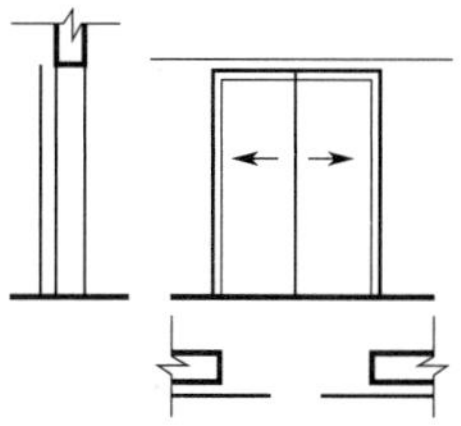	1. 门的名称代号用 M 表示； 2. 平面图中，下为外，上为内； 3. 剖面图中，左为外，右为内； 4. 立面形式应按实际情况绘制
	墙中单扇推拉门	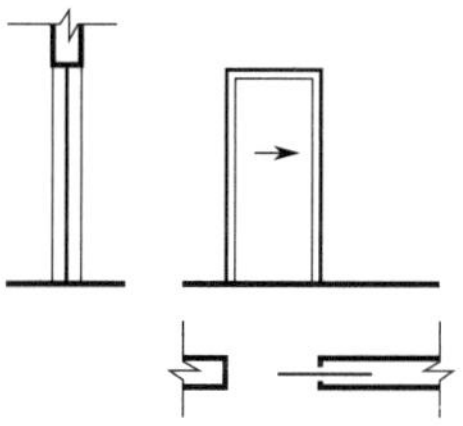	1. 门的名称代号用 M 表示； 2. 立面形式应按实际情况绘制
	墙中双扇推拉门	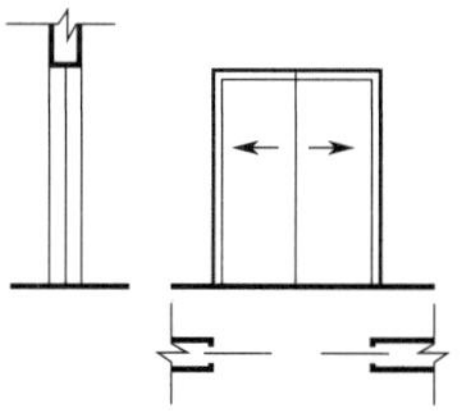	
28	推杠门	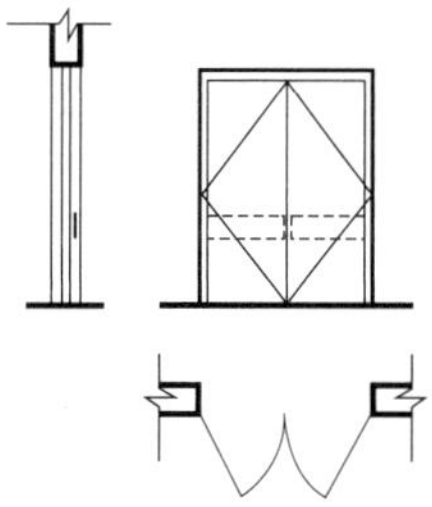	1. 门的名称代号用 M 表示； 2. 平面图中，下为外，上为内，门开启线为 90°、60°或 45°； 3. 立面图中，开启线实线为外开，虚线为内开，开启线交角的一侧为安装合页一侧；开启线在建筑立面图中可不表示，在室内设计门窗立面大样图中需绘出； 4. 剖面图中，左为外，右为内； 5. 立面形式应按实际情况绘制
29	门连窗	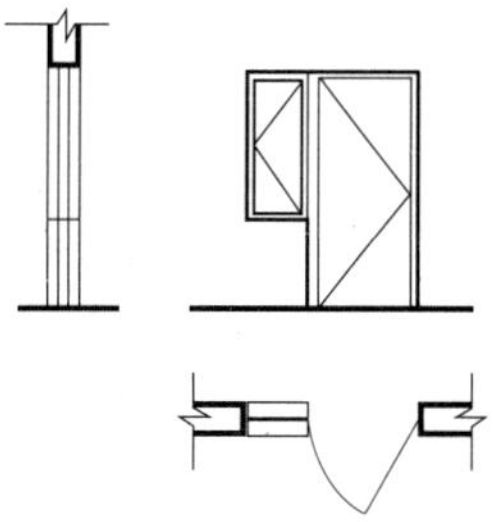	

续表 1－7

序号	名称	图　　例	备　　注
30	旋转门	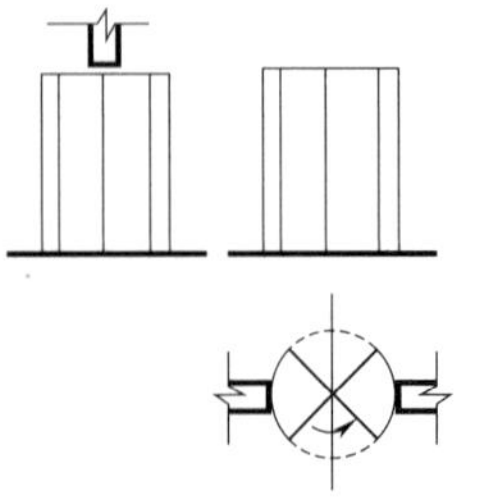	1. 门的名称代号用 M 表示； 2. 立面形式应按实际情况绘制
	两翼智能旋转门	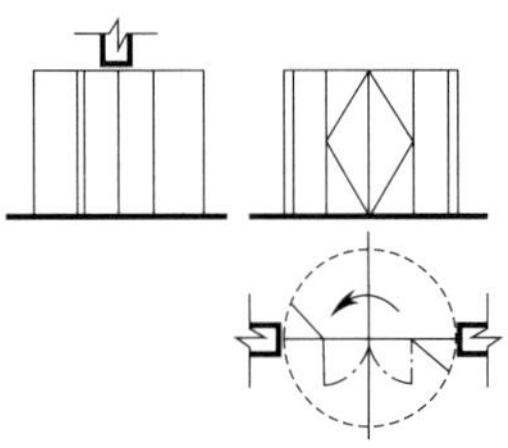	
31	自动门	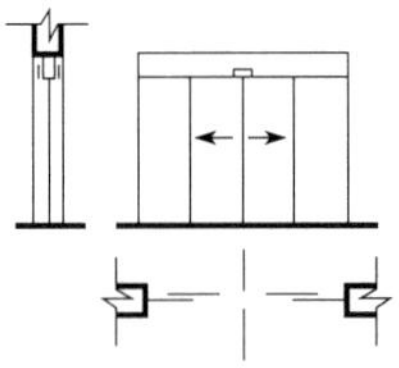	
32	折叠上翻门	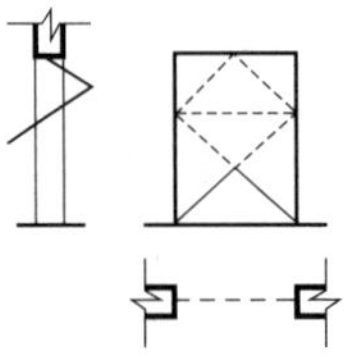	1. 门的名称代号用 M 表示； 2. 平面图中，下为外，上为内； 3. 剖面图中，左为外，右为内； 4. 立面形式应按实际情况绘制
33	提升门	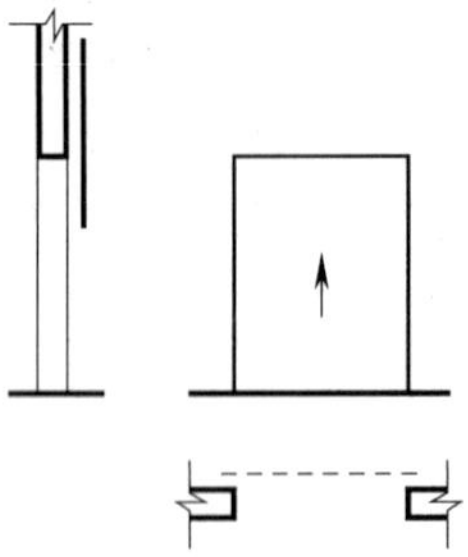	1. 门的名称代号用 M 表示； 2. 立面形式应按实际情况绘制

续表 1 – 7

序号	名称	图　　例	备　　注
34	分节提升门	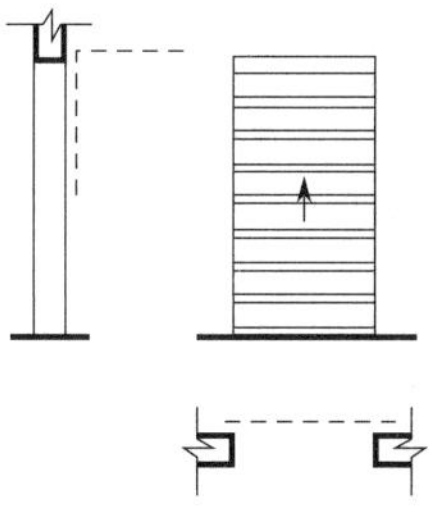	1. 门的名称代号用 M 表示； 2. 立面形式应按实际情况绘制
35	人防单扇防护密闭门	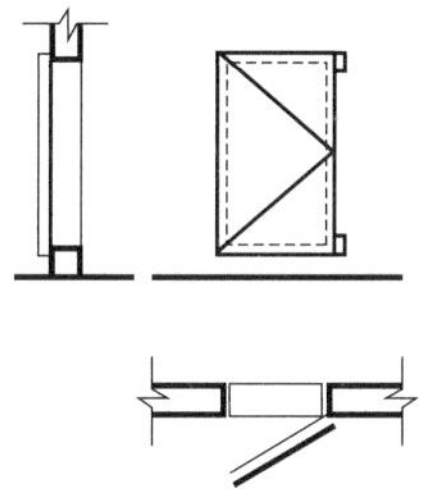	1. 门的名称代号按人防要求表示； 2. 立面形式应按实际情况绘制
	人防单扇密闭门	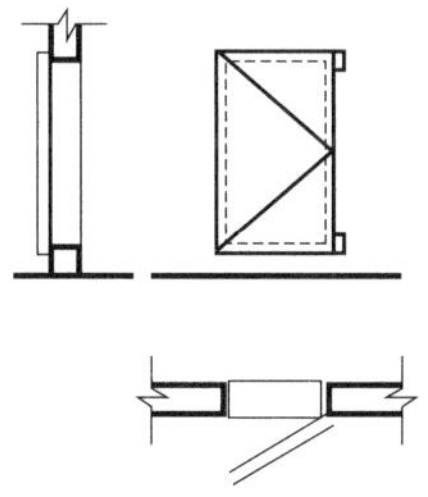	
36	人防双扇防护密闭门	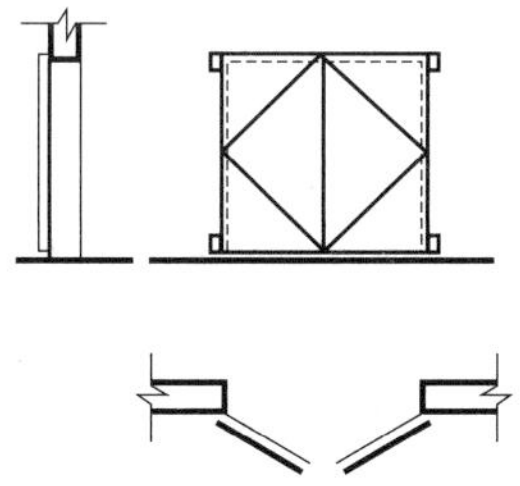	
	人防双扇密闭门	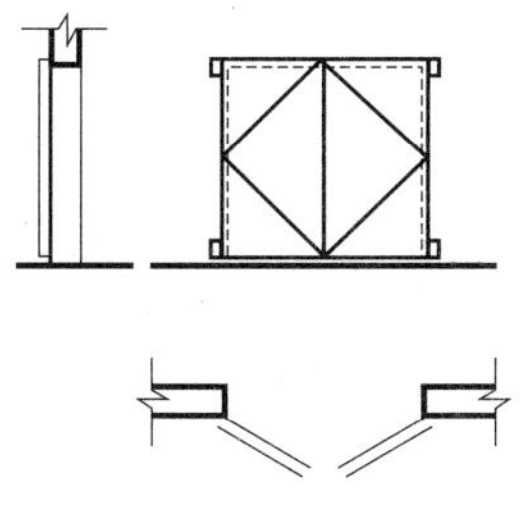	

续表1－7

序号	名称	图　　例	备　　注
37	横向卷帘门	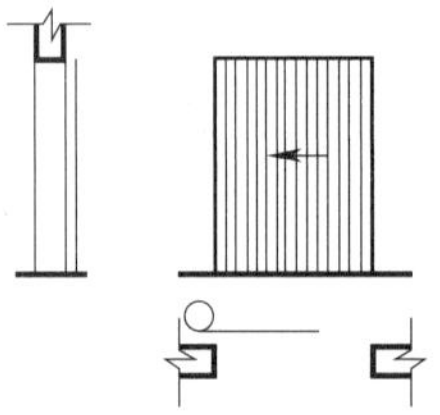	—
	竖向卷帘门	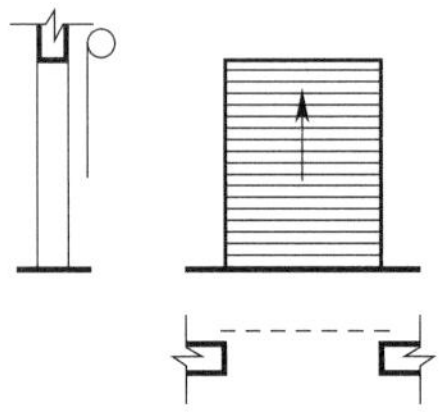	
	单侧双层卷帘门	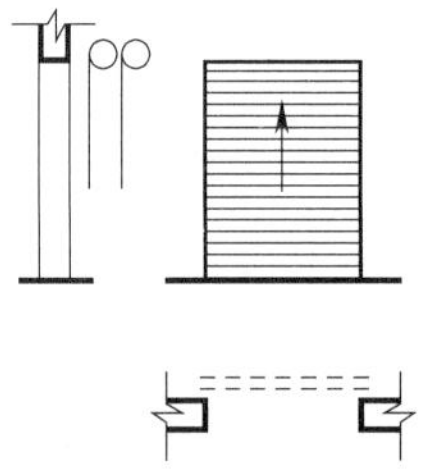	
	双侧单层卷帘门	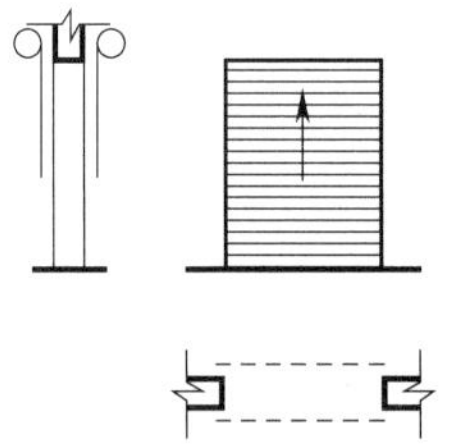	
38	固定窗	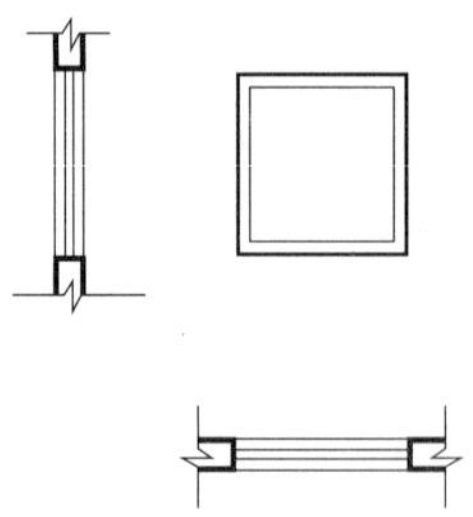	1. 窗的名称代号用C表示； 2. 平面图中，下为外，上为内； 3. 立面图中，开启线实线为外开，虚线为内开，开启线交角的一侧为安装合页一侧；开启线在建筑立面图中可不表示，在门窗立面大样图中需绘出； 4. 剖面图中，左为外，右为内，虚线仅表示开启方向，项目设计不表示； 5. 附加纱窗应以文字说明，在平、立、剖面图中均不表示； 6. 立面形式应按实际情况绘制

续表 1－7

序号	名称	图　　例	备　　注
39	上悬窗	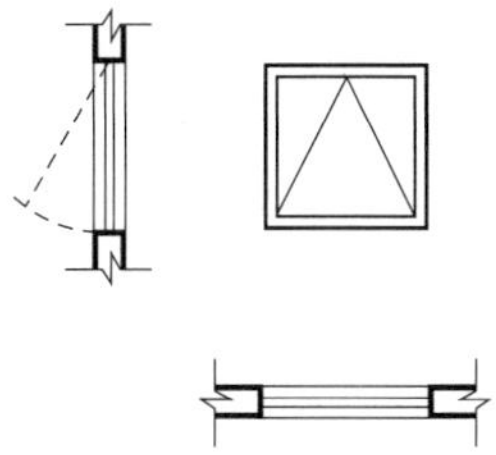	1. 窗的名称代号用 C 表示； 2. 平面图中，下为外，上为内； 3. 立面图中，开启线实线为外开，虚线为内开，开启线交角的一侧为安装合页一侧；开启线在建筑立面图中可不表示，在门窗立面大样图中需绘出； 4. 剖面图中，左为外，右为内，虚线仅表示开启方向，项目设计不表示； 5. 附加纱窗应以文字说明，在平、立、剖面图中均不表示； 6. 立面形式应按实际情况绘制
	中悬窗		
40	下悬窗		
41	立转窗		
42	内开平开内倾窗		

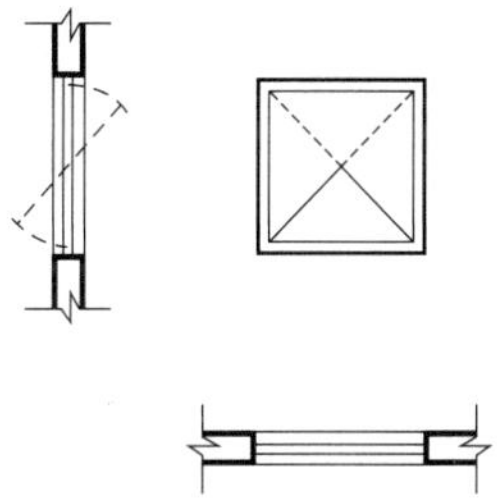

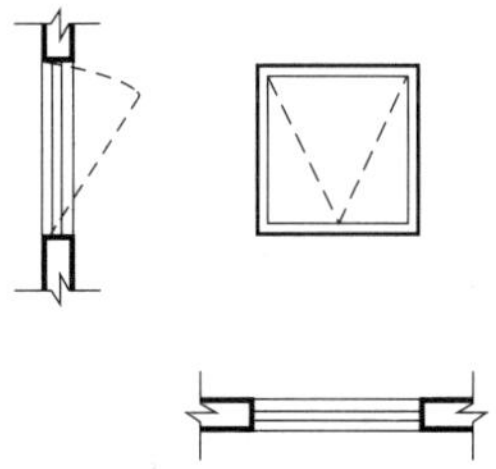

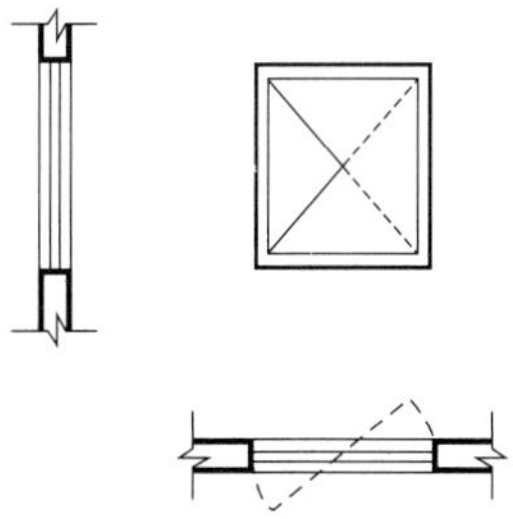

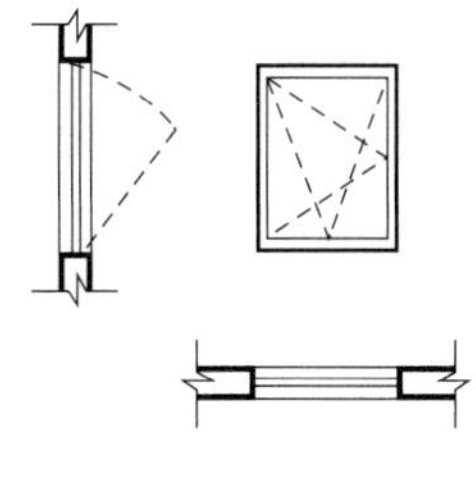

续表 1－7

序号	名称	图　　例	备　　注
43	单层外开平开窗	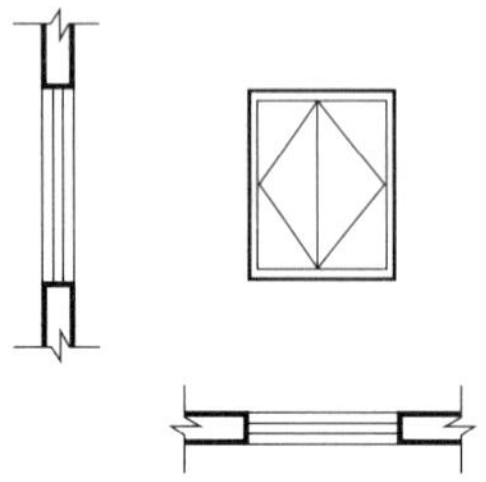	1. 窗的名称代号用C表示； 2. 平面图中，下为外，上为内； 3. 立面图中，开启线实线为外开，虚线为内开，开启线交角的一侧为安装合页一侧；开启线在建筑立面图中可不表示，在门窗立面大样图中需绘出； 4. 剖面图中，左为外，右为内，虚线仅表示开启方向，项目设计不表示； 5. 附加纱窗应以文字说明，在平、立、剖面图中均不表示； 6. 立面形式应按实际情况绘制
	单层内开平开窗	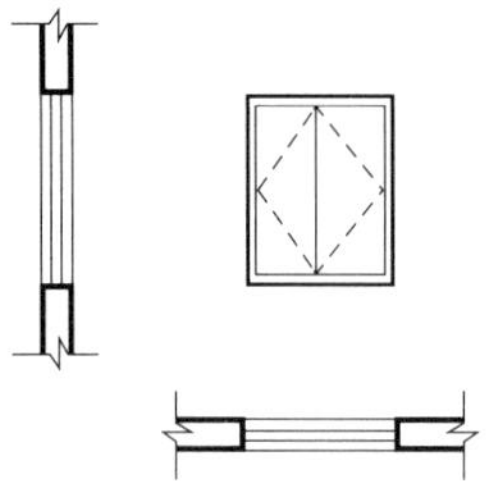	
	双层内外开平开窗	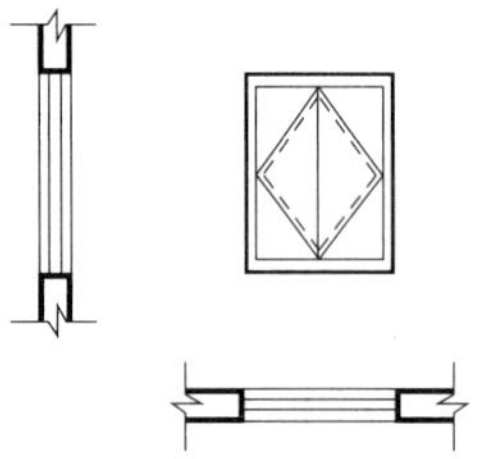	
44	单层推拉窗	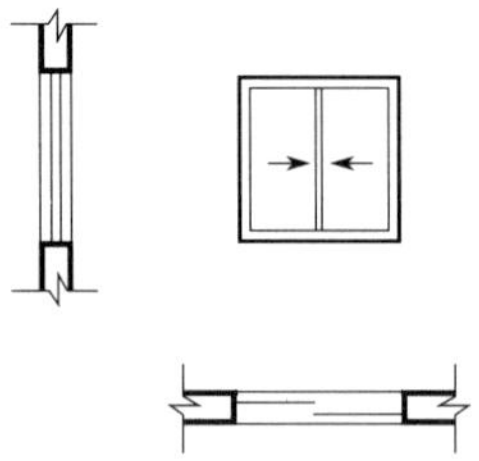	1. 窗的名称代号用C表示； 2. 立面形式应按实际情况绘制
	双层推拉窗	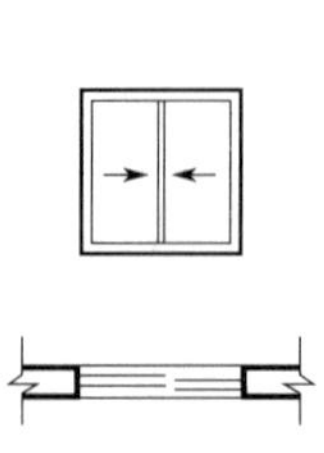	

续表 1－7

序号	名称	图　　例	备　　注
45	上推窗		1. 窗的名称代号用 C 表示； 2. 立面形式应按实际情况绘制
46	百叶窗		
47	高窗		1. 窗的名称代号用 C 表示； 2. 立面图中，开启线实线为外开，虚线为内开，开启线交角的一侧为安装合页一侧；开启线在建筑立面图中可不表示，在门窗立面大样图中需绘出； 3. 剖面图中，左为外，右为内； 4. 立面形式应按实际情况绘制； 5. h 表示高窗底距本层地面高度； 6. 高窗开启方式参考其他窗型
48	平推窗		1. 窗的名称代号用 C 表示； 2. 立面形式应按实际情况绘制

1.2.4　常用构件代号

常用构件代号见表 1－8。

表1-8　常用构件代号

序号	名　称	代　号
1	板	B
2	屋面板	WB
3	空心板	KB
4	槽形板	CB
5	折板	ZB
6	密肋板	MB
7	楼梯板	TB
8	盖板或沟盖板	GB
9	挡雨板或檐口板	YB
10	吊车安全走道板	DB
11	墙板	QB
12	天沟板	TGB
13	梁	L
14	屋面梁	WL
15	吊车梁	DL
16	单轨吊车梁	DDL
17	轨道连接	DGL
18	车挡	CD
19	圈梁	QL
20	过梁	GL
21	连系梁	LL
22	基础梁	JL
23	楼梯梁	TL
24	框架梁	KL
25	框支梁	KZL
26	屋面框架梁	WKL
27	檩条	LT
28	屋架	WJ
29	托架	TJ
30	天窗架	CJ
31	框架	KJ

续表 1-8

序号	名　　称	代　　号
32	刚架	GJ
33	支架	ZJ
34	柱	Z
35	框架柱	KZ
36	构造柱	GZ
37	承台	CT
38	设备基础	SJ
39	桩	ZH
40	挡土墙	DQ
41	地沟	DG
42	柱间支撑	ZC
43	垂直支撑	CC
44	水平支撑	SC
45	梯	T
46	雨篷	YP
47	阳台	YT
48	梁垫	LD
49	预埋件	M—
50	天窗端壁	TD
51	钢筋网	W
52	钢筋骨架	G
53	基础	J
54	暗柱	AZ

注：1. 预制混凝土构件、现浇混凝土构件、钢构件和木构件，一般可以采用本表中的构件代号。在绘图中，除混凝土构件可以不注明材料代号外，其他材料的构件可在构件代号前加注材料代号，并在图纸中加以说明。

2. 预应力混凝土构件的代号，应在构件代号前加注“Y”，如 Y-DL 表示预应力混凝土吊车梁。

2 建筑施工图识读

2.1 建筑总平面图

2.1.1 建筑总平面图的图示内容

1）总平面有图名和比例，因总平面图所反映的范围较大，比例通常为1∶500、1∶1000。

2）场地边界、道路红线、建筑红线等用地界线。

3）新建建筑物所处的地形，若地形变化较大，应画出相应等高线。

4）新建建筑的具体位置，在总平面图中应详细地表达出新建建筑的位置。

在总平面图中新建建筑的定位方式包括以下三种：

①利用新建建筑物和原有建筑物之间的距离定位；

②利用施工坐标确定新建建筑物的位置；

③利用新建建筑物与周围道路之间的距离确定位置。

当新建筑区域所在地形较为复杂时，为了保证施工放线的准确，常用坐标定位。坐标定位分为测量坐标和建筑坐标两种。

①测量坐标。在地形图上用细实线画成交叉十字线的坐标网，南北方向的轴线为 X，东西方向的轴线为 Y，这样的坐标为测量坐标。坐标网常采用100m×100m或50m×50m的方格网。一般建筑物的定位宜注写其三个角的坐标，若建筑物与坐标轴平行，可注写其对角坐标，如图2－1所示。

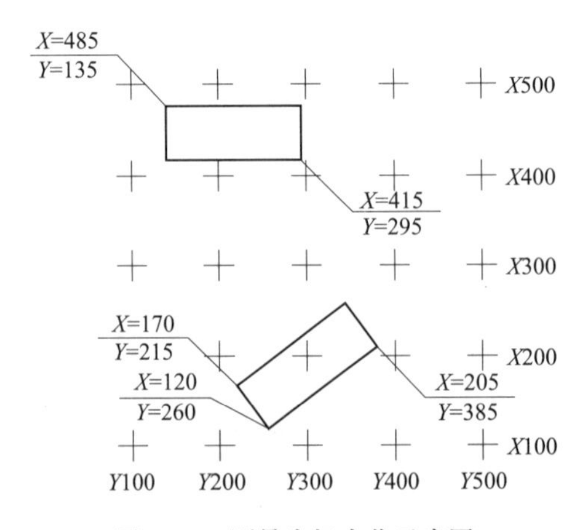

图2－1　测量坐标定位示意图

②建筑坐标。建筑坐标就是将建设地区的某一点定为“0”，采用100m×100m或50m×50m的方格网，沿建筑物主轴方向用细实线画成方格网。垂直方向为 A 轴，水平方向为 B 轴，如图2－2所示。

5）注明新建建筑物室内地面绝对标高、层数和室外整平地面的绝对标高。

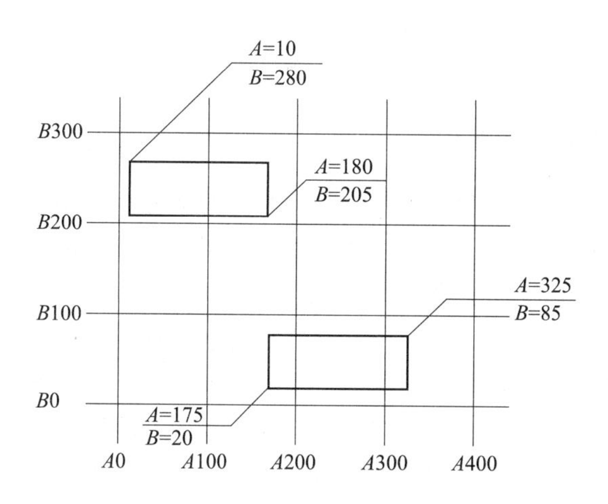

图 2－2 建筑坐标定位示意图

6）与新建建筑物相邻有关建筑、拆除建筑的位置或范围。

7）新建建筑物附近的地形、地物等，例如道路、河流、水沟、池塘和土坡等。应注明道路的起点、变坡、转折点、终点以及道路中心线的标高、坡向等。

8）指北针或风向频率玫瑰图，在总平面图中通常画有带指北针或风向频率玫瑰图表示该地区常年的风向频率和建筑的朝向。

9）用地范围内的广场、停车场、道路、绿化用地等。

2.1.2 建筑总平面图的图示方法

总平面图是用正投影的原理绘制的，图形主要是以图例的形式来表示的，总平面图应采用《建筑制图标准》GB/T 50104—2010 规定的图例，绘图时严格执行该图例符号。若图中采用的图例不是标准中的图例，应在总平面图适当位置绘制新增加的图例。总平面图的坐标、标高、距离以“m”为单位，精确到小数点后两位。

2.2 建筑平面图

2.2.1 建筑平面图的图示内容

1）表示墙、柱、内外门窗位置及编号，房间的名称、轴线编号。

2）注出室内外各项尺寸及室内楼地面的标高。

3）表示楼梯的位置及楼梯上下行方向。

4）表示阳台、雨篷、台阶、雨水管、散水、明沟、花池等的位置及尺寸。

5）画出室内设备，例如卫生器具、水池、橱柜、隔断及重要设备的位置、形状。

6）表示地下室布局、墙上留洞、高窗等位置、尺寸。

7）画出剖面图的剖切符号及编号（在底层平面图上画出，其他平面图上省略不画）。

8）标注详图索引符号。

9）在底层平面图上画出指北针。

10）屋顶平面图一般包括：屋顶檐口、檐沟、屋面坡度、分水线与落水口的投影，出屋顶水箱间、上人孔、消防梯及其他构筑物、索引符号等。

2.2.2 建筑平面图的图示方法

一般房屋有几层就应画几个平面图，并且在图的下方注明相应的图名，例如底层平面图，二层平面图……顶层平面图，以及屋顶平面图。反映房屋各层情况的建筑平面图实际是水平剖面图，屋顶平面图则不同，它是从建筑物上方往下观看得到屋顶的水平直接正投影图，主要表明建筑屋顶上的布置及屋顶排水设计。

若建筑物的各楼层平面布置相同，则可用两个平面图表达，即只画底层平面图和楼层平面图。这时楼层平面图代表了中间各层相同的平面，所以又称中间层或标准层平面图。顶层平面图有时也可用楼层平面图代表。

因建筑平面图是水平剖面图，因此在绘图时，应当按剖面图的方法绘制，被剖切到的墙、柱轮廓用粗实线（b），门的开启方向线可以用中粗实线（$0.5b$）或细实线（$0.25b$），窗的轮廓线以及其他可见轮廓和尺寸线等均用细实线（$0.25b$）表示。

建筑平面图常用的比例是1:50、1:100、1:150，而实际工程中使用1:100最多。在建筑施工图中，比例不大于1:50的图样，可不画材料图例和墙柱面抹灰线，为有效加以区分，墙、柱体画出轮廓后，在描图纸上砖砌体断面用红铅笔涂红，而钢筋混凝土则是用涂黑的方法表示，晒出蓝图后分别变为浅蓝和深蓝色，即可识别其材料。

2.3 建筑立面图

2.3.1 建筑立面图的图示内容

1）画出从建筑物外可看见的室外地面线、房屋的勒脚、台阶、花池、门、窗、雨篷、阳台、室外楼梯、墙体外边线、檐口、屋顶、雨水管、墙面分格线等内容。

2）标出建筑物立面上的主要标高。通常需要标注的标高尺寸如下：

①室外地坪的标高；

②台阶顶面的标高；

③各层门窗洞口的标高；

④阳台扶手、雨篷上下皮的标高；

⑤外墙面上突出的装饰物的标高；

⑥檐口部位的标高；

⑦屋顶上水箱、电梯机房、楼梯间的标高。

3）注出建筑物两端的定位轴线及其编号。

4）注出需详图表示的索引符号。

5）用文字说明外墙面装修的材料及其做法。

2.3.2 建筑立面图的图示方法

为了使建筑立面图主次分明、表达清晰，通常将建筑物外轮廓和有较大转折处的投影线用粗实线（b）表示；外墙上突出凹进的部位，例如壁柱、窗台、楣线、挑檐、阳台、门窗洞等轮廓线用中粗实线（0.5*b*）表示；而门窗细部分格、雨水管、尺寸标高和外墙装饰线用细实线（0.25*b*）表示；室外地坪线用加粗实线（1.2*b*）表示。门窗形式及开启符号、阳台栏杆花饰及墙面复杂的装修等细部，往往难以详细表示清楚，习惯上对相同的细部分别画出其中一个或者两个作为代表，其他均简化画出，即只需画出它们的轮廓及主要分格。

房屋立面若一部分不平行于投影面，例如成圆弧形、折线形、曲线形等，可将该部分展开到与投影面平行，再用正投影法画出其立面图，但是应在图名后注写“展开”两字。

立面图的命名方式有三种：

1）可用朝向命名，立面朝向那个方向就称为某向立面图，例如朝南，则称南立面图；朝北，称北立面图。

2）可用外貌特征命名，其中反映主要出入口或者比较显著地反映房屋外貌特征的那一面的立面图，称为正立面图，其余立面图可称为背立面图和侧立面图等。

3）可用立面图上首尾轴线命名。一般立面图的比例与平面图比例一致。

2.4 建筑剖面图

2.4.1 建筑剖面图的图示内容

1）表示被剖切到的墙、柱、门窗洞口及其所属定位轴线。剖面图的比例应与平面图、立面图的比例一致，所以在1∶100的剖面图中一般也不画材料图例，而用粗实线表示被剖切到的墙、梁、板等轮廓线，被剖断的钢筋混凝土梁板等应当涂黑表示。

2）表示室内底层地面、各层楼面及楼层面、屋顶、门窗、楼梯、阳台、雨篷、防潮层、踢脚板、室外地面、散水、明沟以及室内外装修等剖到或者能见到的内容。

3）标出尺寸和标高。在剖面图中要标注相应的标高及尺寸。

①标高：应当标注被剖切到的所有外墙门窗口的上下标高，室外地面标高，檐口、女儿墙顶以及各层楼地面的标高。

②尺寸：应当标注门窗洞口高度，层间高度及总高度，室内还应注出内墙上门窗洞口的高度以及内部设施的定位、定形尺寸。

4）楼地面、屋顶各层的构造。一般可以用多层共用引出线说明楼地面、屋顶的构造层次和做法。若另画详图或已有构造说明（例如工程做法表），则在剖面图中用索引符号引出说明。

2.4.2 建筑剖面图的识读方法

1）在底层剖面图中找到相应的剖切位置与投影方向，再结合各层建筑平面图，根据对应的投影关系，找到剖面图中建筑物各部分的平面位置，建立建筑物内部的空间形状。

2）查阅建筑物各部位的高度，包括建筑物的层高、剖切到的门窗高度、楼梯平台高度、屋檐部位的高度等，再结合立面图检查是否一致。

3）结合屋顶平面图查阅屋顶的形状、做法、排水情况等。

4）结合建筑设计说明查阅地面、楼面、墙面、顶棚的材料和装修做法。

5）房屋各层顶棚的装饰做法为吊顶，详细做法需查阅建筑设计说明。阅读建筑剖面图也要与建筑平面图、立面图结合起来阅读。

2.5 建筑详图

2.5.1 建筑详图的图示内容

由于建筑平、立、剖面图一般采用较小比例绘制，许多细部构造、材料和做法等内容很难表达清楚。为了能够指导施工，常把这些局部构造用较大比例绘制详细的图样，这种图样称为建筑详图（也称为大样图或节点图）。常用比例包括1:2、1:5、1:10、1:20、1:50。

建筑详图可以是平、立、剖面图中局部的放大图。对于某些建筑构造或构件的通用做法，可直接引用国家或地方制定的标准图集（册）或通用图集（册）中的大样图，不必另画详图。常见建筑详图包括墙身剖面图和楼梯、阳台、雨篷、台阶、门窗、卫生间、厨房、内外装饰等详图。

1）墙身剖面详图主要用以详细表达地面、楼面、屋面和檐口等处的构造，楼板与墙体的连接形式，以及门窗洞口、窗台、勒脚、防潮层、散水和雨水口等细部构造做法。平面图与墙身剖面详图配合，作为砌墙、室内外装饰、门窗立口的重要依据。

2）楼梯详图表示楼梯的结构型式、构造做法、各部分的详细尺寸、材料和做法，是楼梯施工放样的主要依据。楼梯详图包括楼梯平面图和楼梯剖面图。

2.5.2 建筑详图的识读方法

建筑详图阅读方法如下：

1）看详图名称、比例、定位轴线及其编号。

2）看建筑构配件的形状及与其他构配件的详细构造、层次、有关的详细尺寸和材料图例等。

3）看各部位和各层次的用料、做法、颜色及施工要求等。

4）看标注的标高等。

3 建筑识图实例

3.1 建筑总平面图识读实例

实例1：某学校行政楼总平面图识读

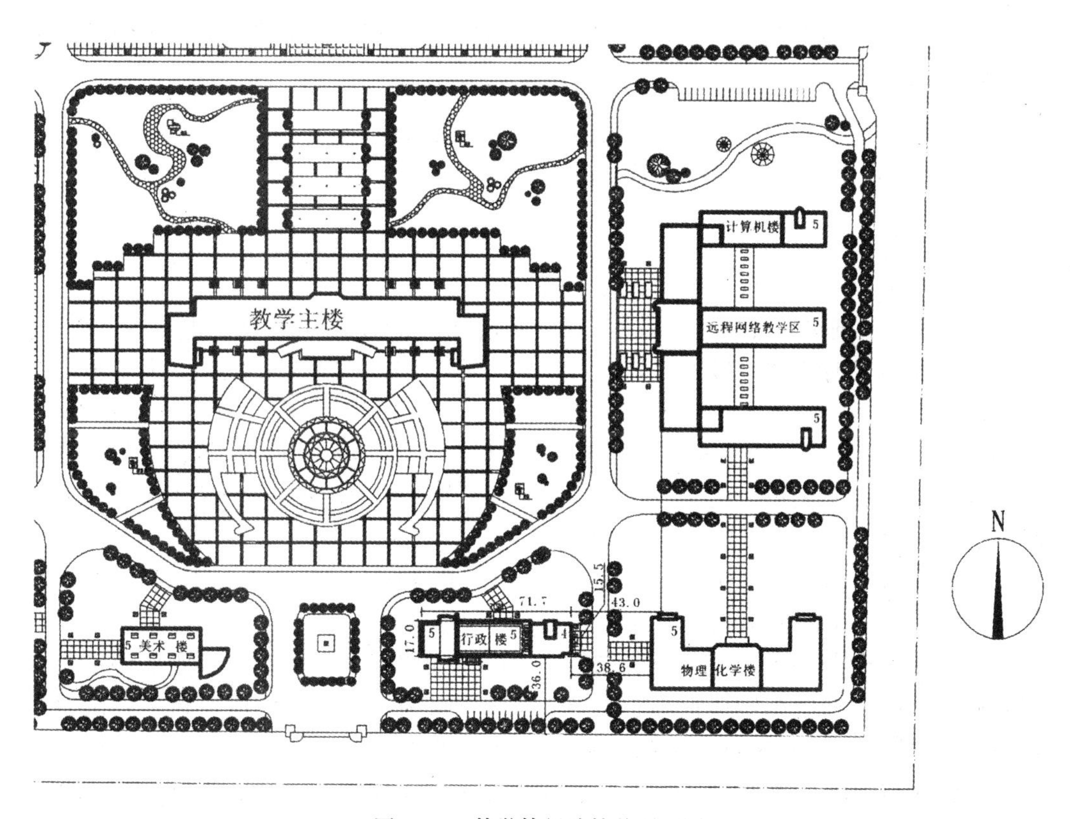

图3-1 某学校行政楼总平面图

图3-1为某学校行政楼总平面图，从图中可以了解以下内容：

1）由于总平面图包括的区域较大，所以绘制时比例较小。该施工图为总平面图，比例1∶500。

2）工程性质、用地范围、地形地貌和周围环境情况。总平面图中为了说明新建建筑的用途，在建筑的图例内都标注出名称。当图样比例小或图面无足够位置时，也可编号列表注写在总平面图适当位置。

3）新建建筑层数。在新建建筑物图形右上角标注房屋的层数符号，一般以数字表示，如14表示该房屋为14层；当层数不多时，也可用小圆点数量来表示，如“::”表示为4层。

4）新建建筑朝向和平面形状。新建行政楼平面形状为东西方向长方形，建筑总长度为71.7m，宽度两侧为17.0m，东侧为15.5m，层数西侧为5层，东侧为4层。

5）新建行政楼的用地范围和原有建筑的位置关系，新建行政楼位于教学主楼东南角，学校行政楼周围已建好的建筑西侧有一栋美术楼，北侧有一栋教学主楼，东侧有一栋物理化学楼，东北侧是远程网络教学区。

6）新建建筑的位置。新建建筑采用与其相邻的原有建筑物的相对位置尺寸定位，该行政楼东墙距离物理化学楼左侧距离为38.6m，南墙距离南侧路边为36.0m。

7）新建房屋四周的道路、绿化。由于总平面图的比例较小，各种有关物体均不能按照投影关系如实反映出来，只能用图例的形式进行绘制。在行政楼周围有绿化用地、硬化用地、园路及道路（图3－1）。

8）总平面图中的指北针，明确建筑物的朝向，有时还要画上风向频率玫瑰图来表示该地区的常年风向频率。

实例2：某住宅小区总平面图识读（一）

图3－2为某住宅小区总平面图，从图中可以了解以下内容：

1）该图为某住宅小区的总平面图，图的比例为1:500。

2）看指北针或风向玫瑰图。从指北针可以看出，该小区内的建筑均为一个朝向，坐北朝南，这是房屋布置的最好朝向，因为南向有利于夏季避免日晒而且在冬季也可以利用日照。

3）熟悉总平面图中的各种图例的意义，了解新建建筑物、已建建筑物的位置及出入口与城市道路之间的位置关系。可以看出，小区内共有三栋建筑：位于小区最北部的是一栋已建成的五层高的住宅楼，它的轮廓线用细实线来表示；前面两栋1#、2#楼为新建建筑物，它们的轮廓线用粗实线来表示。该小区共设有两个出入口：主入口设置在新规划道路上，次入口设在城市主干道××大道。

4）新建建筑的定位。本小区在城市主干道与新规划道路的东北侧，它们的定位参照道路中心线。1#楼的南侧后退8m是56m宽的××大道，在西侧以用地边界作为界线。2#楼在1#楼向北19.94m，西侧以用地边界作为界线。

5）新建房屋的平面布置、层数、标高以及外围尺寸等。1#楼是一栋七层的综合性的底商住宅楼，即一层为商业用房，临近城市主干道，上面六层为住宅楼。住宅部分长度为53840mm，宽度为13840mm。设有三个楼梯间，将每层平面分为六户。一层的商业用房部分除住宅楼占用的13840mm外，北向还多出6200mm的宽度，其入口对准小区内部，作为车库使用，车库的屋顶作为二层的绿化平台。另外，在1#楼的北面，设有一个室外公共楼梯，以作为1#楼住宅部分的交通疏散通道。通过楼梯上到车库顶（即屋面平台处），再进入二层住宅部分的楼梯间，通向以上各层楼层。

1#楼、2#楼底层的右侧是一个过道，作为次入口的疏散通道。新建的2#楼位于1#楼与已建建筑之间，是一栋8层的纯住宅楼。它的宽度为12740mm，长度为54740mm。每层均有三个楼梯间，共六户。

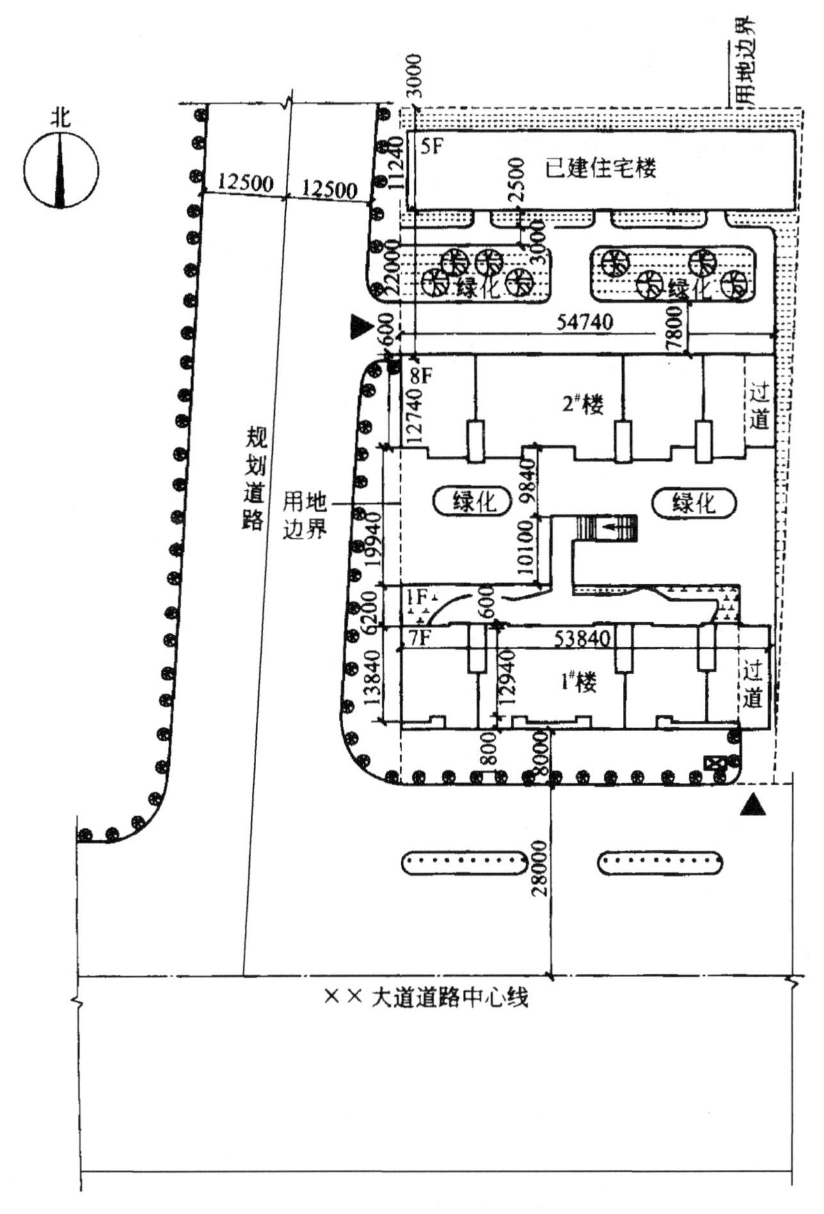

图3-2 某住宅小区总平面图（1:500）

6）总平面图中的道路、绿化。该住宅小区位于城市主干道的北侧，新规划道路的东侧，交通十分方便。小区内布置绿化有多处，沿围墙一圈及两栋建筑之间都设有绿化带，而在1#楼的一层屋顶平台上也布置有草坪等。

用一个假想的水平面将一栋房屋的略高于窗台以上的部分切掉，并将剩余部分正投影而得到的水平投影图称为建筑平面图。

建筑平面图实质上是房屋各层的水平剖面图。就一般而言，房屋有几层，就应画出几个平面图，并在图形的下方标明相应的图名、比例等。沿房屋底层窗洞口剖切所得到的平面图称为底层平面图，而最上面一层的平面图则称为顶层平面图。顶层平面图是屋面在水平面上的投影，不需剖切。中间各层若平面布置相同，则可只画一个平面图表示，称为标准层平面图。但对于工业厂房类的建筑，层高较高，一般还有一层高窗，这时就需要用多个平面图来表述不同标高位置处的情况。

实例3：某住宅小区总平面图识读（二）

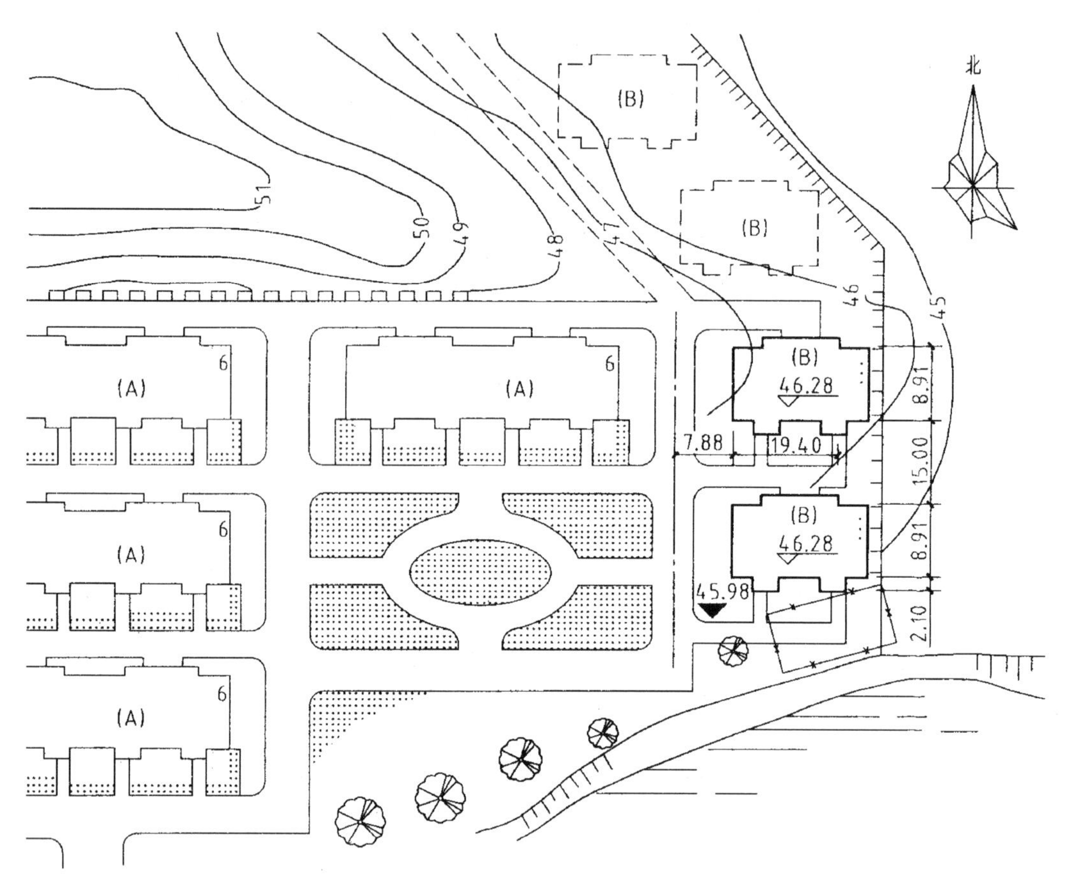

图3-3　某住宅小区总平面图

（A）—六层两梯间住宅；（B）—三层一梯间住宅

图3-3为某住宅小区总平面图，从图中可以了解以下内容：

1）根据图名和图中各房屋所标注的名称，可知拟建工程是某小区两幢相同的住宅。从图中等高线所注写的数值，可知该地势是自西向东倾斜。

2）该住宅为三层楼，它的平面定位尺寸东、西向以中心花园东侧道路的中心线为基准，南、北向与原有的建筑平齐；住宅楼的底层地面相对标高 ±0.000 = 46.28m（绝对标高），室外地坪绝对标高为45.98m；室内、外地面高差为0.30m；通过拟建房屋平面图上的长、宽尺寸可算出房屋占地面积。看房屋之间的定位尺寸，可知房屋之间的相对位置。

3）该住宅位于小区东侧，东面有围墙，院内道路用细实线表示，南面画“×”的房屋表示拆除建筑，花草树木绿化地带用图例符号表示。图中的风向频率图（即风玫瑰图）表示出该地的常年风向。

实例4：某住宅工程总平面图识读

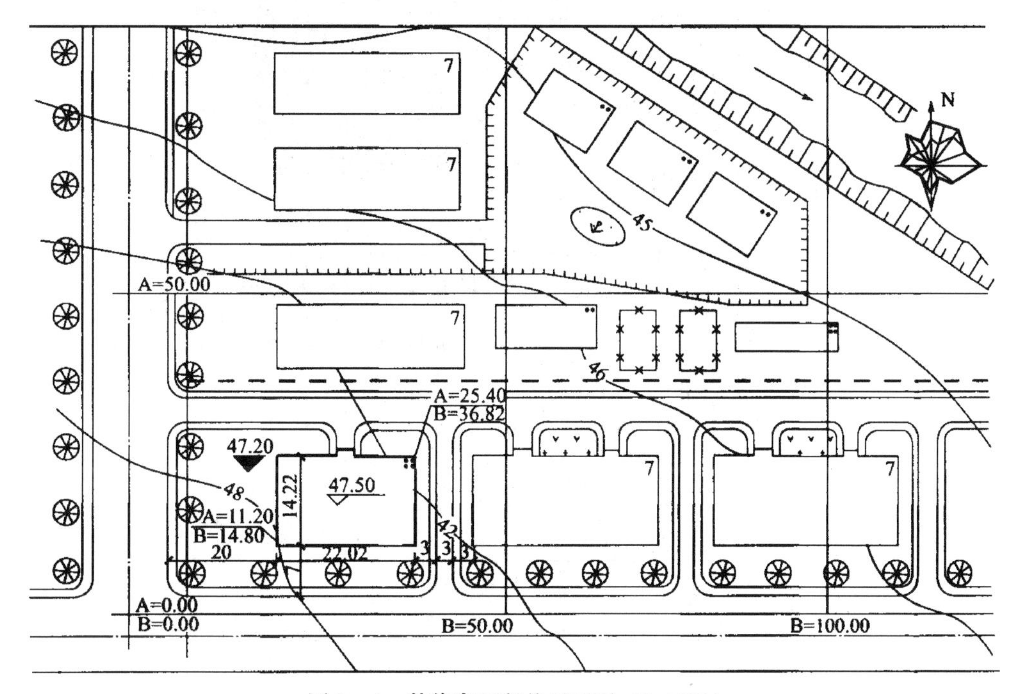

图3－4　某住宅工程总平面图（1∶1000）

图3－4为某住宅工程总平面图，从图中可以了解以下内容：

1）拟建建筑的平面图是采用粗实线表示的，而该建筑的层数则用小黑点或数字表示，图中拟建建筑为4层。新建住宅两个相对墙角的坐标为$\frac{A=11.20}{B=14.80}$、$\frac{A=25.40}{B=36.82}$。可知建筑的总长度为36.82－14.80＝22.02m，总宽度为25.40－11.20＝14.20m。原有建筑则用细实线表示，而其中打叉的则是应拆除的建筑。原有道路则用带有圆角的平行细实线表示。拟建建筑平面图形的凸出部分是建筑的入口。每个入口均有道路连接，在道路或建筑物之间的空地设有绿化带，而在道路两侧均匀地植有阔叶灌木。

2）从图中的等高线可以知道：西南地势较高，坡向东北，在东北部有一条河从西北流向东南，河的两侧有护坡。河的西南侧有三座二层别墅，楼前有一花坛。

3）由风向频率玫瑰图可以知道：该地区常年主导风向是东北风，而夏季主导风向则是东南风。

实例5：某办公楼局部总平面图识读

图3－5为某办公楼局部总平面图，从图中可以了解以下内容：

1）该图为某单位办公区的局部总平面图，该总平面图比例为1∶500，在图中围墙前面为规划红线。新建建筑物为图中3栋专家业务楼，均为3层，都朝北。在3#楼东边有一个杂物院，院中有已建的锅炉房及综合服务楼。

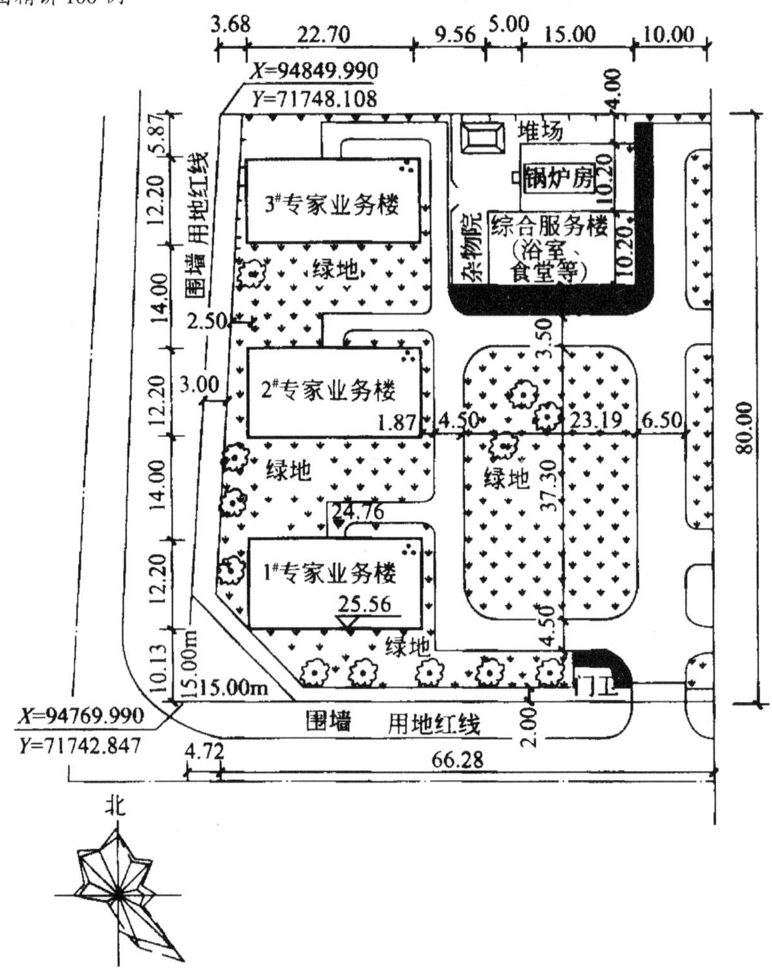

图 3 – 5　某办公楼局部总平面图（1∶500）

2）从图中可以看出整个区域比较平坦，室外的标高为 24. 760m，室内地面标高为 25. 560m。图中分别在西南与西北的围墙处给出两个坐标用于 3 栋楼定位，在图中均已标出各楼具体的定位尺寸。3 栋楼的长度为 22. 7m，宽度为 12. 2m。建筑物周围有绿地及道路。

实例 6：某商住楼总平面图识读

图 3 – 6 为某商住楼总平面图，从图中可以了解以下内容：

1）图名、比例。该施工图为总平面图，比例 1∶500。

2）工程性质、用地范围、地形地貌和周围环境情况。从图 3 – 6 可知，新建建筑所处的地形用等高线的形式表示，整个地形是西面较高，东面较低（等高线分别为 976、977、978）。新建商住楼位于小区内东南角，西面已建好的建筑有一栋俱乐部、六栋宿舍楼、一栋服务中心，俱乐部 3 层，宿舍 4 层，服务中心 3 层。新建建筑北面虚线表示的为计划扩建的建筑范围。要新建建筑和以后扩建建筑，都需拆除旧建筑（打“ ×”的轮廓线）。新建建筑的东面是一池塘，池塘内水面标高为 976. 50m，在池塘右面有一六角形的小亭子，池塘上面有小桥可连通池塘两端。

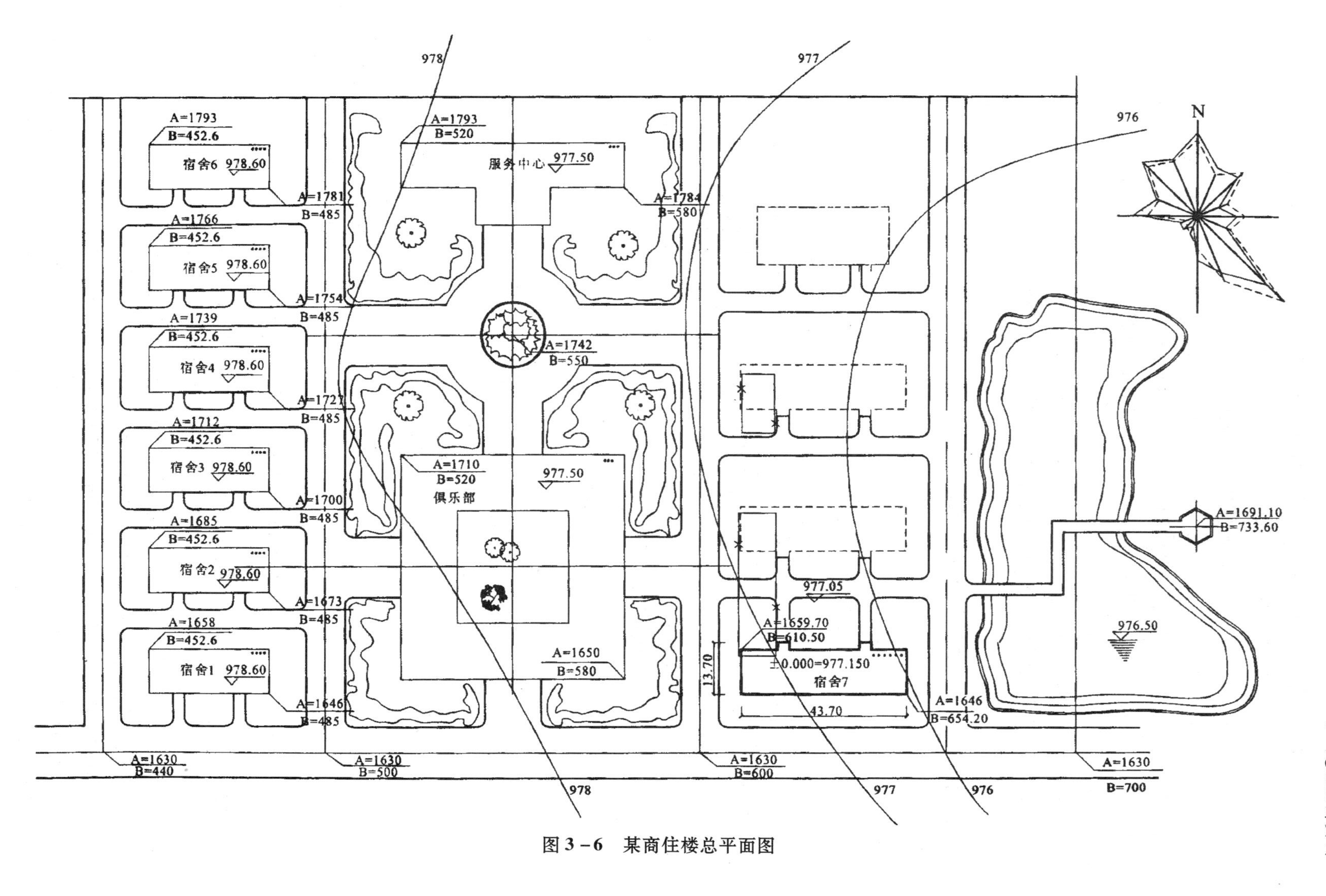

图3－6 某商住楼总平面图

3）建筑的朝向和风向。图3－6右上方是带指北针的风玫瑰图，表示该地区全年以东南风为主导风向。从图中可知，新建建筑的方向坐北朝南。

4）新建建筑的平面形状和准确位置。本次新建建筑平面形状为矩形，如图3－6所示，长度为654.2－610.5＝43.7m，宽度为1659.7－1646.0＝13.7m，六层。新建建筑采用施工坐标定位，右下角的坐标为A：1646、B：654.20，左上角坐标为A：1659.70、B：610.50。定位时可用这两组坐标与左面道路的坐标A：1630、B：600来计算确定其准确位置。

5）新建房屋四周的道路、绿化。在俱乐部周围和服务中心之间有绿化地和花坛。

6）建筑物周围的给水、排水、供暖和供电的位置，管线布置走向。

实例7：商业办公大楼总平面图识读

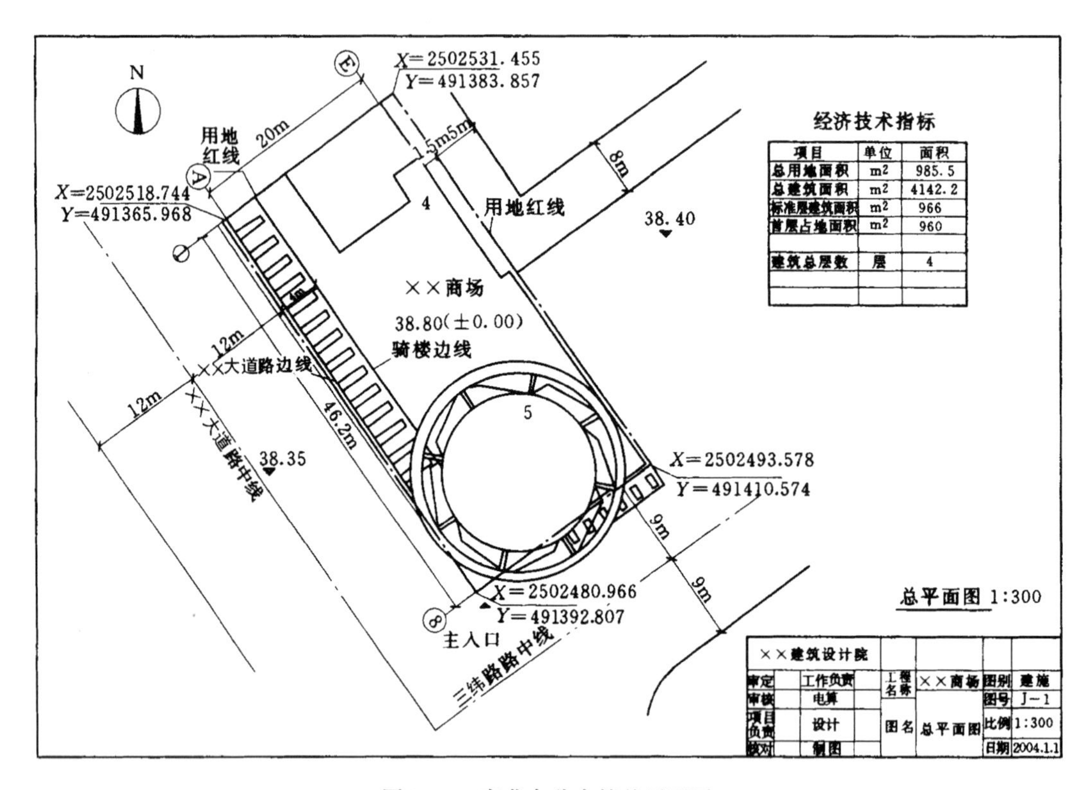

图3－7 商业办公大楼总平面图

图3－7是某商业办公大楼总平面图，从图中可以了解以下内容：

1）工程性质、图纸比例，阅读文字说明，熟悉图例。由于总平面图要表达的范围都比较大，所以要用较小的比例画出。总平面图标注的尺寸以米（m）为单位。由图3－7中可知，该图的比例是1∶300，要建的是一座商业办公大楼。

2）新建建筑的基本情况、用地范围、四周环境和道路布置等。

总平面图用粗实线画出新建建筑的外轮廓，从图3－7中可知，该办公大楼的平面形状基本上为矩形，主入口处为圆形造型。办公大楼①轴至⑧轴的长度为46.2m，Ⓐ轴至Ⓔ轴的长度为20m，由图中标注的数字可知该办公大楼的层数，除圆形造型处为5层外，其余各处为4层。

从图3－7的用地红线可了解该办公大楼的用地范围。由办公大楼用地范围四角的坐标可确定用地的位置。办公大楼三面有道路，西南面是24m宽大道，东南面是18m宽道路，东北面是5m宽和8m宽的道路。

由标高符号可知，24m大道路中地坪的绝对标高为38.35m，办公大楼室内地面的绝对标高为38.80m。

3）新建建筑物的朝向。根据图中指北针可知该办公大楼的朝向大致为坐东北向西南。

4）经济技术指标。从经济技术指标表可了解该办公大楼的总用地面积、总建筑面积、标准层建筑面积、首层占地面积和建筑总层数等指标。

实例8：某武警营房楼总平面图识读

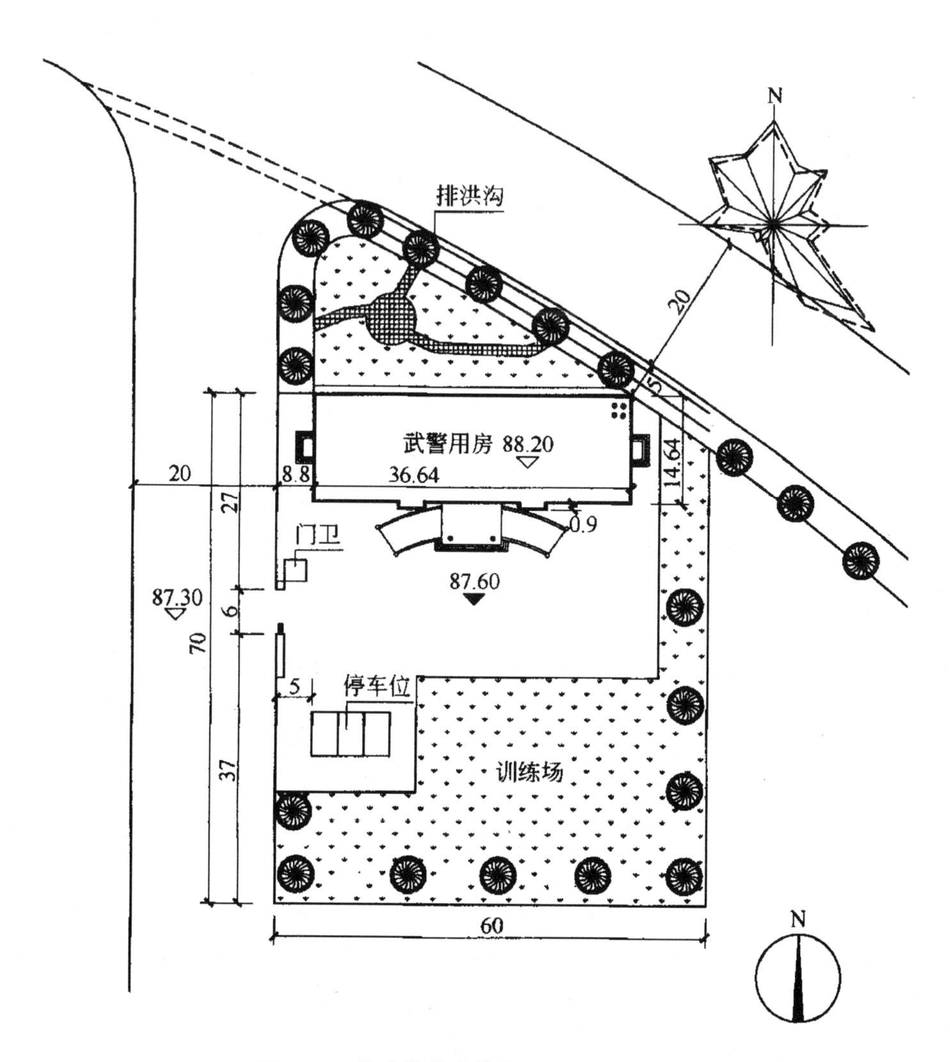

图3－8 某武警营房楼总平面图（1:500）

图3－8为某武警营房楼总平面图，从图中可以了解以下内容：

1）首先看图样的比例、图例以及文字说明。图中绘制了指北针、风向频率玫瑰图。该营房坐北朝南，施工总平面图的比例为1:500。西侧大门为该区主要出入口，并设有门卫传达。

2）新建建筑物的基本情况、用地范围、地形、地貌以及周围的环境等。该营房紧邻西侧马路，楼前为停车场与训练场。楼房东侧为绿化带，紧邻东墙外侧的排洪沟。总平面图中新建的建筑物用粗实线画出外形轮廓。从图3－8中可以看出，新建建筑物的总长为36.64m，总宽为14.64m。建筑物层数为四层，建筑面积为2145.64m^2。本例中，新建建筑物位置根据原有的建筑物及围墙定位：从图3－8中可以看出，新建建筑物的西墙与西侧围墙距离8.8m，新建建筑物北墙体与门卫房距离27m。

3）新建建筑物的标高。总平面图标注的尺寸一律以米（m）为单位。图中新建建筑物的室内地坪标高为绝对标高88.20m，室外整坪标高为87.60m。图中还标注出西侧马路的标高87.30m。

4）新建建筑物的周围绿化等情况。在总平面图中还可以反映出道路围墙及绿化的情况。从图3－8中可以看出，本例中围绕该小区四周设有绿化带，从而与周围建筑物分隔开来。

实例9：某小区新建别墅总平面图识读

图3－9为某小区新建别墅总平面图，从图中可以了解以下内容：

1）图名、比例及文字说明。从图3－9中可以看出这是某小区新建别墅的总平面图，比例为1:1000。

2）总平面图的各种图例。由于总平面图的绘制比例较小，许多物体不可能按原状绘出，因而采用了图例符号来表示。

3）新建房屋的平面位置、标高、层数及其外围尺寸等。新建房屋平面位置在总平面图上的标定方法有两种：对小型工程项目，一般根据邻近原有永久性建筑物的位置为依据，引出相对位置；对大型的公共建筑，往往用城市规划网的测量坐标来确定建筑物转折点的位置。

图中新建10幢相同的低层别墅。它的西北角有三幢高层住宅；它的南向从东至西设有图书馆、会馆中心、活动中心以及变配电站、水泵房；紧临大门围墙以北，东向有传达室、综合楼；西向有收发室、办公楼及锅炉房；四周设有砖围墙。

新建别墅的轮廓投影用粗实线画出，其首层主要地面的相对标高为±0.000m，相当于绝对标高为775.62m；该楼总长和总宽分别为18.50m和14.90m，以北围墙和东围墙为参照进行定位。

4）新建房屋的朝向和主要风向。风向频率玫瑰图中离中心最远的点表示全年该风向风吹的天数最多，即主导风向。虚线多边形表示夏季6月、7月、8月三个月的风向频率情况，从图中可看到该地区全年的主导风向为西北风。

5）绿化、美化的要求和布置情况以及周围的环境。

6）道路交通及管线布置情况。

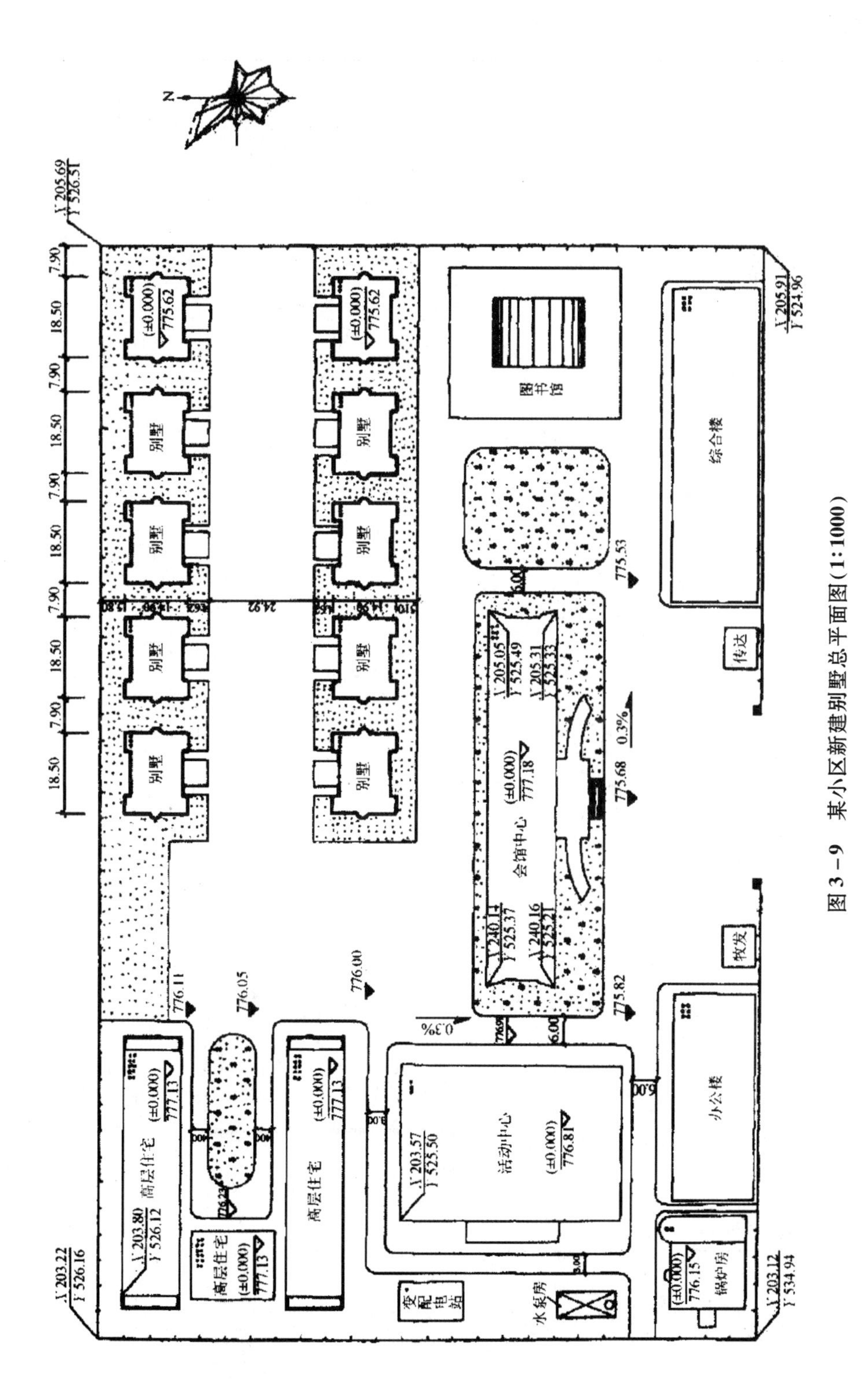

图 3－9 某小区新建别墅总平面图(1:1000)

实例10：某别墅小区总平面图识读

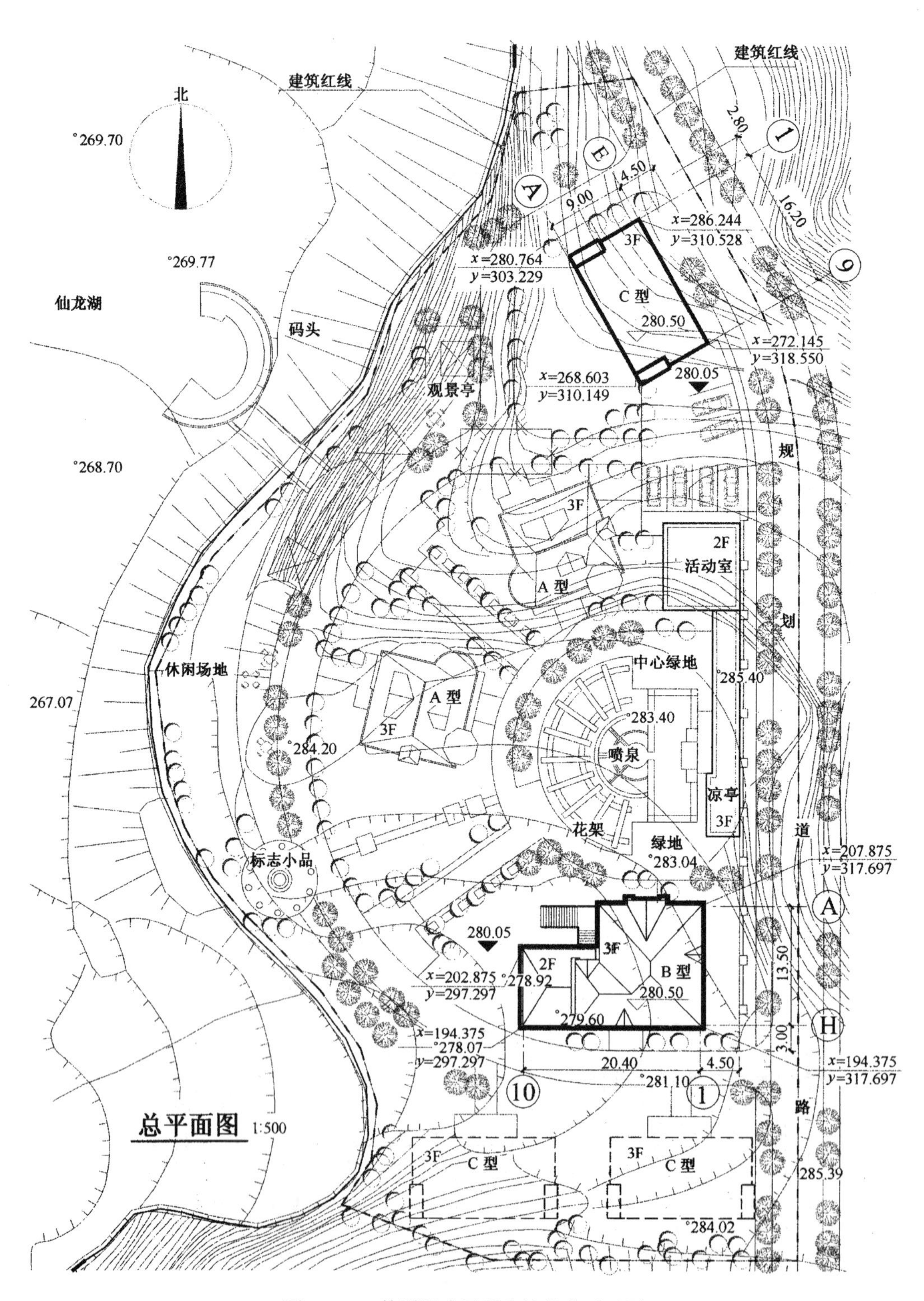

图3－10　某别墅小区所建地的总平面图

图3－10为某别墅小区所建地的总平面图，从图中可以了解以下内容：

1）整个基地不太规则，属山地建筑，东高西低，高差较大。建筑都尽可能沿地形的平行等高线布置。

2）基地的东边是小区的规划道路，西边是仙龙湖，湖边有供游船停靠的码头，以及供小区居民散步的休闲场地。小区的中部也有一块中心绿地，布置有花架、喷泉、凉亭，为小区居民提供很好的居住环境。小区中部有两栋A型住宅及活动室是已建成的建筑，用细实线画出。

3）基地的南边用虚线画出的两栋C型住宅是准备再建的二期工程。小区的北边用粗实线画出的建筑是新建的C型住宅。另外，在A型住宅和二期工程的C型住宅之间，还有B型住宅也是新建项目。新建的C型住宅共3层，总长16.20m，总宽9.00m，距东边道路4.50m，距北边进小区道路2.80m。C型住宅的室内整平标高为280.50m，室外整平标高为280.05m。该建筑的四个转角处都标有供施工放线时定位的坐标，新建C型住宅西南角有一需拆除的建筑，是用细实线画出的原有建筑上打上“×”表示的。C型住宅的南边是一停车场。C型住宅的朝向可根据指北针判断为偏东西向。

3.2 建筑平面图识读实例

实例11：某商场首层平面图识读

图3－11为某商场首层平面图，从图中可以了解以下内容：

1）图名和比例。图3－11是商场的首层平面图，比例1:100。

2）建筑物的朝向。从图纸左上角的指北针，说明该商场的朝向是坐东北向西南。

3）建筑物的平面形状、大小和剖切情况。从图3－11可知，该商场首层平面基本是矩形，主入口位于右下角，为圆弧形。由标注的尺寸可知，首层纵向长度为47.7m，横向长度左、右不同，左边20.4m，右边21.6m。

由剖切符号可知，该商场有两个剖面图表达其内部构造，1－1剖切平面位于Ⓒ、Ⓓ轴之间，剖切后向后投影，表达的是商场纵向的布置情况，包括中间楼梯的布置情况。2－2剖切平面位于④轴、⑤轴之间，剖切后向左投影，表达的是商场横向的布置情况。

4）承重构件布置情况。从图3－11中涂黑的柱块看出，该商场的承重构件为柱，没有剪力墙，是框架结构建筑。由图3－11中定位轴线间的距离可知柱网的布置情况。

5）房间分隔情况、房间的用途、各房间的联系、门窗的配置等。从图3－11可知，商场首层内部主要设有分隔的大空间，在左下角和右上角分隔出两个独立的商铺，男女卫生间相邻布置在首层左面，高压配电室、变压器室、低压配电室相邻布置在后面，配电房独立布置在后面，商场设置了两部楼梯和一部自动扶梯，主楼梯布置在中部，在主楼梯两旁布置自动扶梯，次楼梯布置在左上角，由楼梯的图例可了解楼梯的走向。

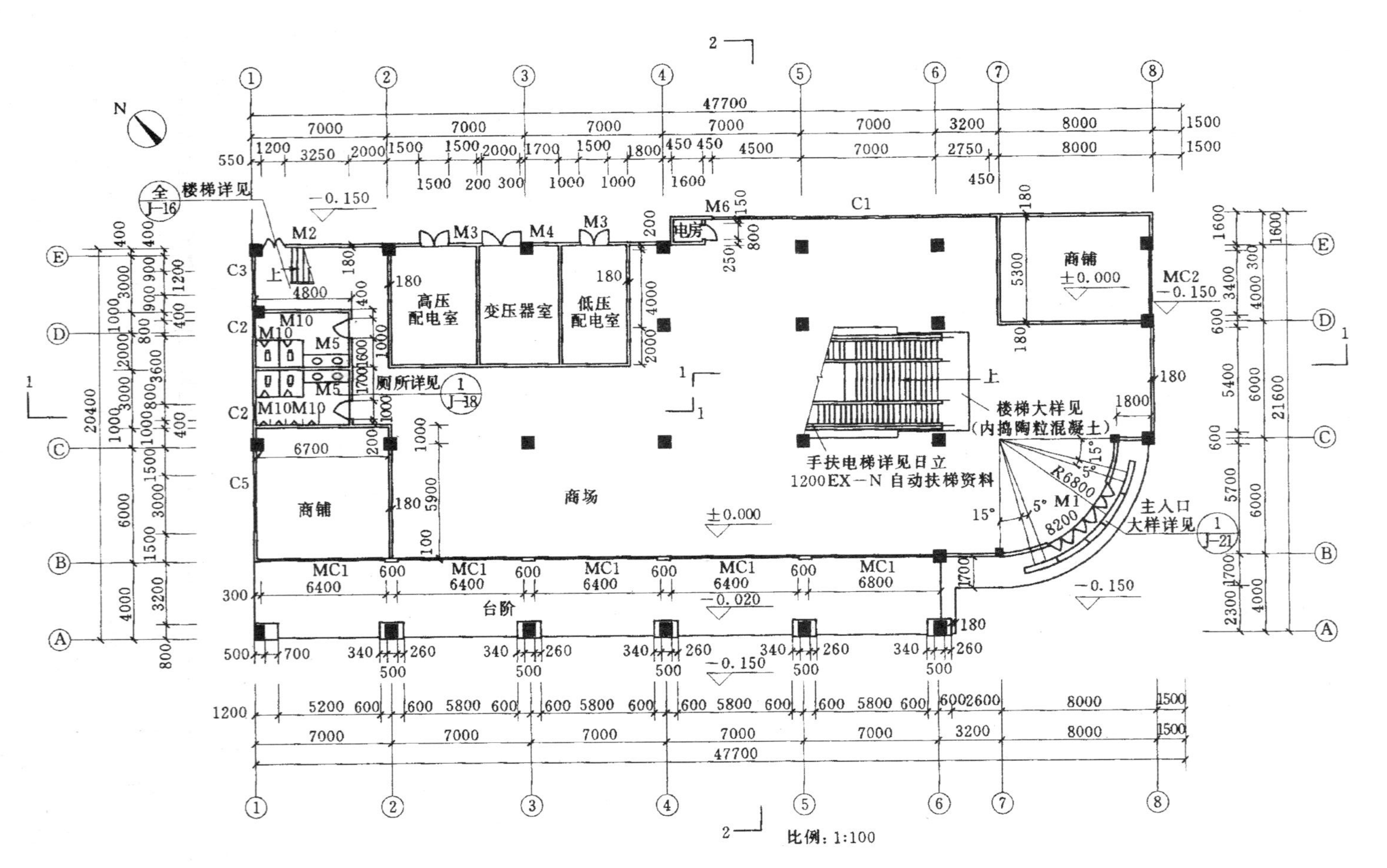

图3-11　某商场首层平面图（高程单位：m；尺寸单位：mm）

门的代号是 M，窗的代号是 C，门连窗的代号是 MC。从图 3－11 中看出，首层门有七种规格，编号分别是 M1、M2、M3、M4、M5、M6、M10，其中 M1～M4 和 M6 向外开，M5、M10 向内开。窗有四种规格，编号分别是 C1、C2、C3、C5。门连窗有两种规格，编号分别是 MC1、MC2。各种门、窗的宽度可由图 3－11 中标注的尺寸得到，但高度、材料和具体做法要由立面图、门窗详图、门窗表等处得到。

6）详图情况。由图 3－11 中的索引符号可知主入口、厕所、主楼梯、次楼梯、自动扶梯都有详图，详图的编号和所在位置可由索引符号得到，如主入口大样见 J－21 号图纸的 1 号详图。

7）尺寸和标高。上下、左右都对称的建筑平面图形，其外墙的尺寸一般注在平面图形的下方和左侧，如果平面图形不对称，则四周都要标注尺寸。

①外部尺寸：一般标注三道尺寸，最外一道标注建筑物的总尺寸，表示建筑物两端外墙面之间的距离，中间一道标注轴线间的尺寸，最内一道尺寸标注外墙的细部尺寸，如门窗洞口的宽度、窗间墙的宽度等。

②内部尺寸：用来补充外部尺寸的不足，如标注内墙的长度，内墙上门窗的宽度、定位尺寸、墙厚、其他构配件、主要设备的定型定位尺寸等。由图 3－11 中可知，该层内外墙均厚 180mm，各房间的大小都可由标注的尺寸得到。

平面图中标注的标高是相对标高，是室内外地坪、楼地面、台阶等处相对于标高零点的相对高度。由图 3－11 中看出，标高零点为首层室内地坪，室外台阶标高为－0.020，即比室内地坪低 0.02m；室外地坪标高－0.150，即比室内地坪低 0.15m。

实例 12：某建筑首层平面图识读

图 3－12 为某建筑首层平面图，从图中可以了解以下内容：

1）从图名可了解该图是哪一层的平面图，以及该图的比例。本例画的是首层平面图，比例是 1∶100。

2）在首层平面图左下角，画有一个指北针的符号，说明房屋的朝向。从图中可知，本例房屋坐北朝南。

3）从平面图的形状与总长总宽尺寸，可计算出房屋的用地面积。

4）从图中墙的分隔情况和房间的名称，可了解到房屋内部各房间的配置、用途、数量及其相互间的联系情况。

5）从图中定位轴线的编号及其间距，可了解到各承重构件的位置及房间的大小。本例的横向轴线为①～⑪，纵向轴线为Ⓐ～Ⓓ。此房屋是框架结构，图中轴线上涂黑的部分是钢筋混凝土柱。

6）图中注有外部和内部尺寸。从各道尺寸的标注，可了解到各房间的开间、进深、外墙与门窗及室内设备的大小和位置。

①外部尺寸。为便于读图和施工，一般在图形的下方及左侧注写三道尺寸：

第一道尺寸，表示外轮廓的总尺寸，即指从一端外墙边到另一端外墙边的总长和总宽尺寸。

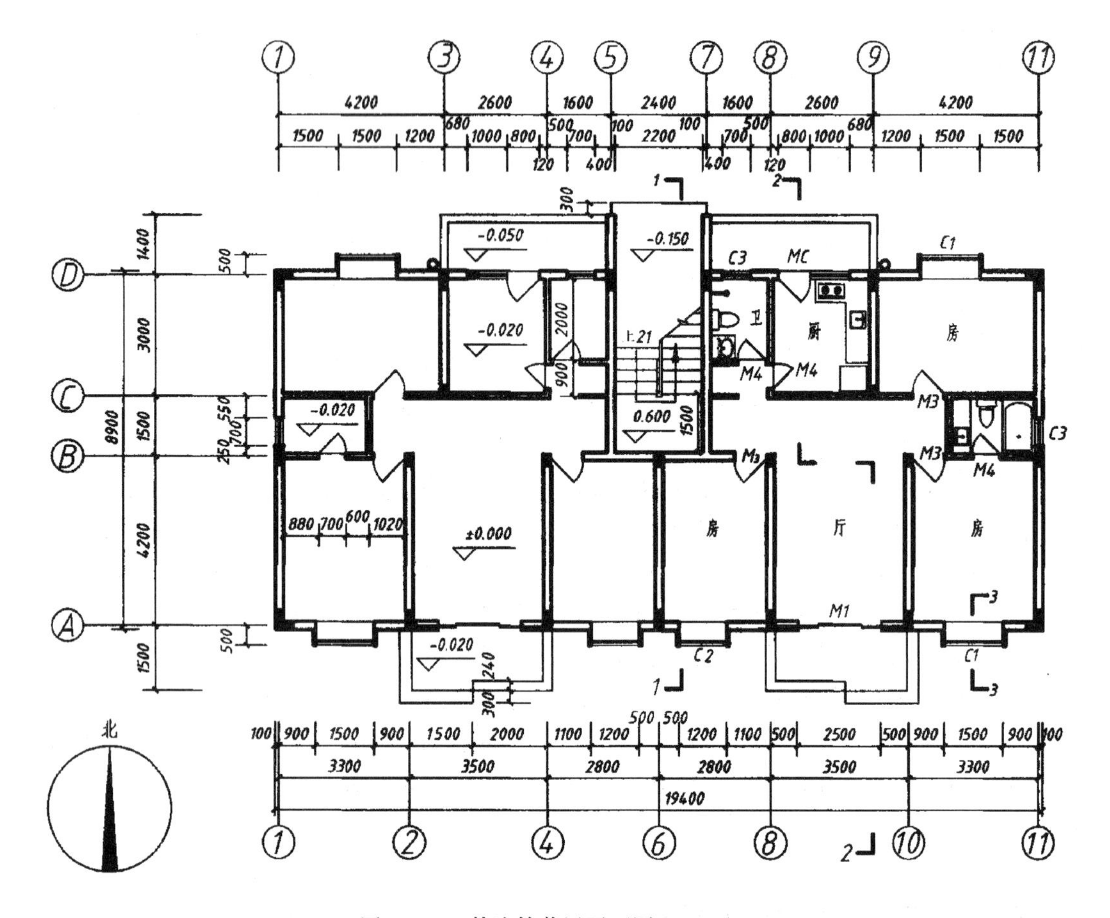

图3-12 某建筑首层平面图（1:100）

第二道尺寸，表示轴线间的距离，用以说明房间的开间及进深的尺寸。本例房间的开间有3.30m、3.50m、2.80m和4.20m等，南面房间的进深是4.20m，北面房间的进深是3.00m。

第三道尺寸，表示各细部的位置及大小，如门窗洞宽和位置、墙柱的大小和位置等。标注这道尺寸时，应与轴线联系起来，如①~②轴和⑩~⑪轴房间的窗C1，宽度为1.50m，窗边距离轴线为0.90m。

另外，台阶（或坡道）、花池及散水等细部的尺寸，可单独标注。

三道尺寸线之间应留有适当距离（一般为7~10mm，但第三道尺寸线应离图形最外轮廓线10~15mm），以便注写尺寸数字。如果房屋前后或左右不对称时，则平面图上四边都应注写尺寸。如有部分相同，另一些不相同，可只注写不同的部分。如有些相同尺寸太多，可省略不注出，而在图形外用文字说明，如：各墙厚尺寸均为200。

②内部尺寸。为了说明房间的净空大小和室内的门窗洞、孔洞、墙厚和固定设施（例如厕所、盥洗室、工作台、搁板等）的大小与位置，以及室内楼地面的高度，在平面图上应清楚地注写出有关的内部尺寸和楼地面标高。楼地面标高是表明各房间的楼地面对标高零点（注写为±0.000）的相对高度，亦称相对标高（relative elevation）。标高符号与总平面图中的室内地坪标高相同。通常首层主要房间的地面定为标高零点。而厨

房和卫生间地面标高是 -0.020，即表示该处地面比客厅和房间地面低 20mm。

其他各层平面图的尺寸，除标注出轴线间的尺寸和总尺寸外，其余与底层平面相同的细部尺寸均可省略。

7）从图中门窗的图例及其编号，可了解到门窗的类型、数量及其位置。门的代号是 M，窗的代号是 C，在代号后面写上编号，如 M1、M2……和 C1、C2……如图所示。同一编号表示同一类型的门窗，它们的构造和尺寸都一样（在平面图上表示不出的门窗编号，应在立面图上标注）。从所写的编号可知门窗共有多少种。一般情况下，在首页图或在与平面图同页图纸上，附有一门窗表，表中列出了门窗的编号、名称、尺寸、数量及其所选标准图集的编号等内容。至于门窗的具体做法，则要看门窗的构造详图。

要注意的是，门窗虽然用图例表示，但门窗洞的大小及其型式都应按投影关系画出。如窗洞有凸出的窗台时，应在窗的图例上画出窗台的投影。门窗立面图例按实际情况绘制。

图例中的高窗，是指在剖切平面以上的窗，按投影关系它是不应画出的。但为了表示其位置，往往在与它同一层的平面图上用虚线表示。门窗立面图例上的斜线，表示门窗扇开关方向（一般在设计图上不需表示）。实线表示外开，虚线表示内开。在各门窗立面图例之下方为平面图，左方为剖面图（当图样比例较小时，中间的窗线可用单粗实线表示）。

8）从图中还可了解其他细部（如楼梯、搁板、墙洞和各种卫生设备等）的配置和位置情况。

9）图中还表示出室外台阶、散水和雨水管的大小与位置。有时散水（或排水沟）在平面图上可不画出，或只在转角处部分表示。

10）在首层平面图，还画出剖面图的剖切符号，如 1-1、2-2 等，以便与剖面图对照查阅。

实例 13：某住宅楼一层平面图识读

图 3-13 为某住宅楼一层平面图，从图中可以了解以下内容：

1）平面图的图名、比例，建筑平面图的比例有 1:50、1:100、1:200。该图为一层平面图，比例 1:50。

2）建筑的朝向，该住宅楼的朝向是坐南朝北的方向。

3）建筑的结构形式，该建筑为砖混结构。

4）建筑的平面功能布置及各组成构件的位置（墙、柱、梁等），该住宅楼横向定位轴线有 9 根，纵向定位轴线 9 根。为一梯两户，每户有两个卧室、一个书房、一个客厅、一个餐厅、一个厨房、两个卫生间，并反映出各房间的朝向及主次卫生间内卫生洁具、设备布置情况。两个大卧室的外窗为飘窗。

5）建筑平面图的尺寸，通过这些尺寸了解新建建筑物的建筑面积、使用面积等。在建筑平面图中，尺寸标注比较多，一般分为外部尺寸和内部尺寸，主要反映建筑物中房间的开间、进深的大小、门窗的平面位置及墙厚、柱的断面尺寸等。

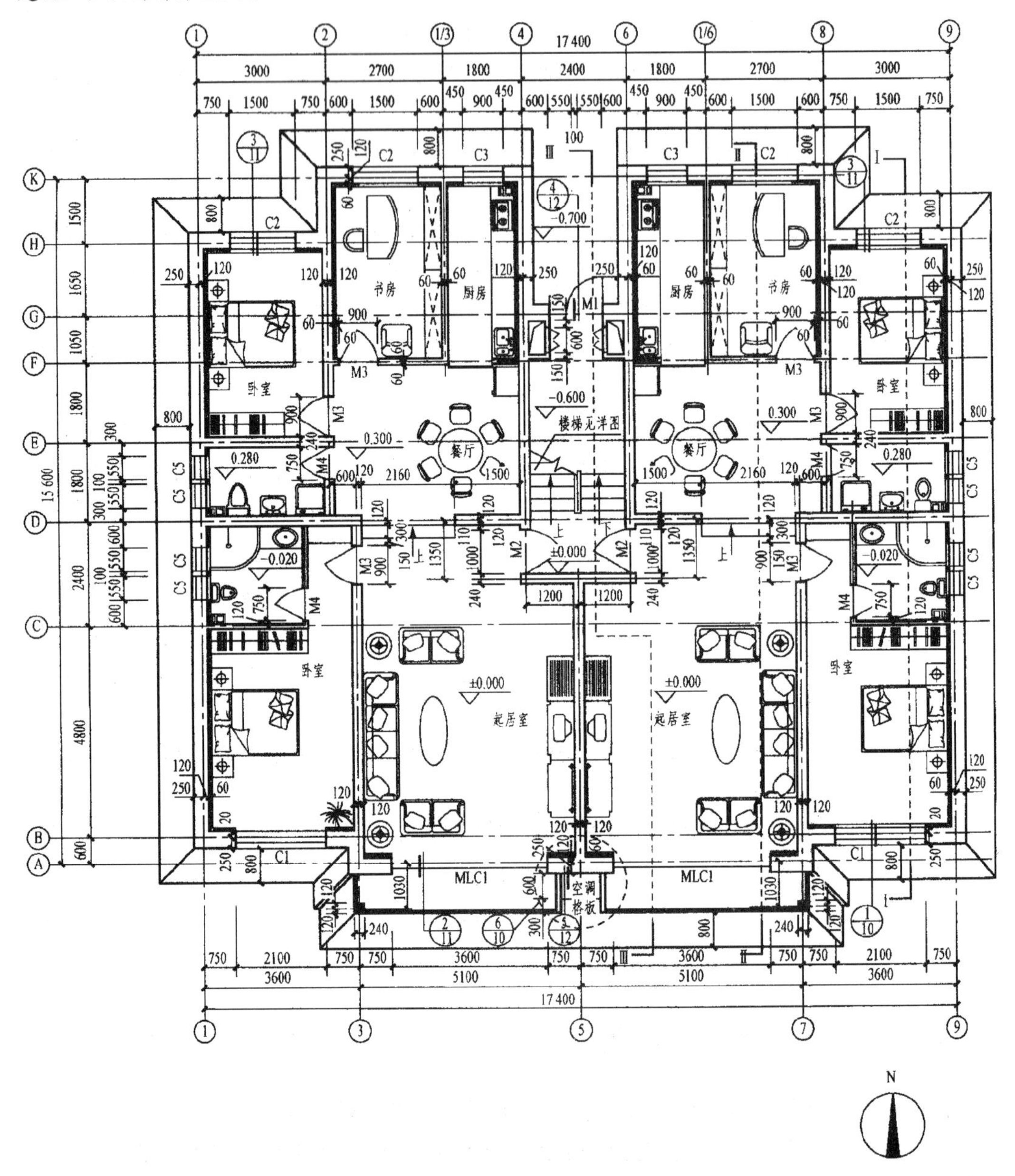

图 3-13　某住宅楼一层平面图（1∶50）

注：1. 厨房、卫生间风道均为 350×210GRC 两孔风道风口中心距地 2.0m。

2. 卫生间、阳台标高均比同层地面低 20mm。

①外部尺寸。为便于查阅图纸和指导施工，外部尺寸一般在图形的四周注写三道尺寸：第一道尺寸，表示外轮廓的总尺寸，即指从一端外墙边到另一端外墙边的总长和总宽尺寸；第二道尺寸，表示轴线间的距离，称为轴线尺寸，即房间的开间与进深尺寸；第三道尺寸，表示各细部的位置及大小，如外墙门窗的宽度及与平面定位轴线的关系。在底层平面图中，台阶（或坡道）和散水等细部的尺寸，单独标注。

②内部尺寸。内部尺寸用来标注内部门窗洞口的宽度及位置、墙身厚度、固定设备大小和位置等。

6）建筑中各建筑物各组成部分标高。在平面图中，对于建筑物各组成部分，如地面、楼面、楼梯平台、室外台阶、散水等处，应分别注明标高，如有坡度时，应注明坡度方向和坡度。

7）门窗的位置及编号。在建筑平面图中门采用代号 M 表示，窗采用代号 C 表示。如图中 C－1、C－2、M－1、M－2 等。

8）建筑剖面图的剖切位置，在一层平面图中适当的位置画建筑剖面图的剖切位置和编号，以便明确剖面图的剖切位置、剖切方向，如⑦轴线右侧的Ⅰ－Ⅰ剖切符号。细部做法如另有详图或采用标准图集的做法，在平面图中标注索引符号，注明该部位所采用的标准图集的代号、页码和图号，如图中散水处的索引符号$\frac{3}{11}$。

9）各专业设备的布置情况，如卫生间的大便器、洗面盆位置等。

实例 14：建筑底层平面图识读

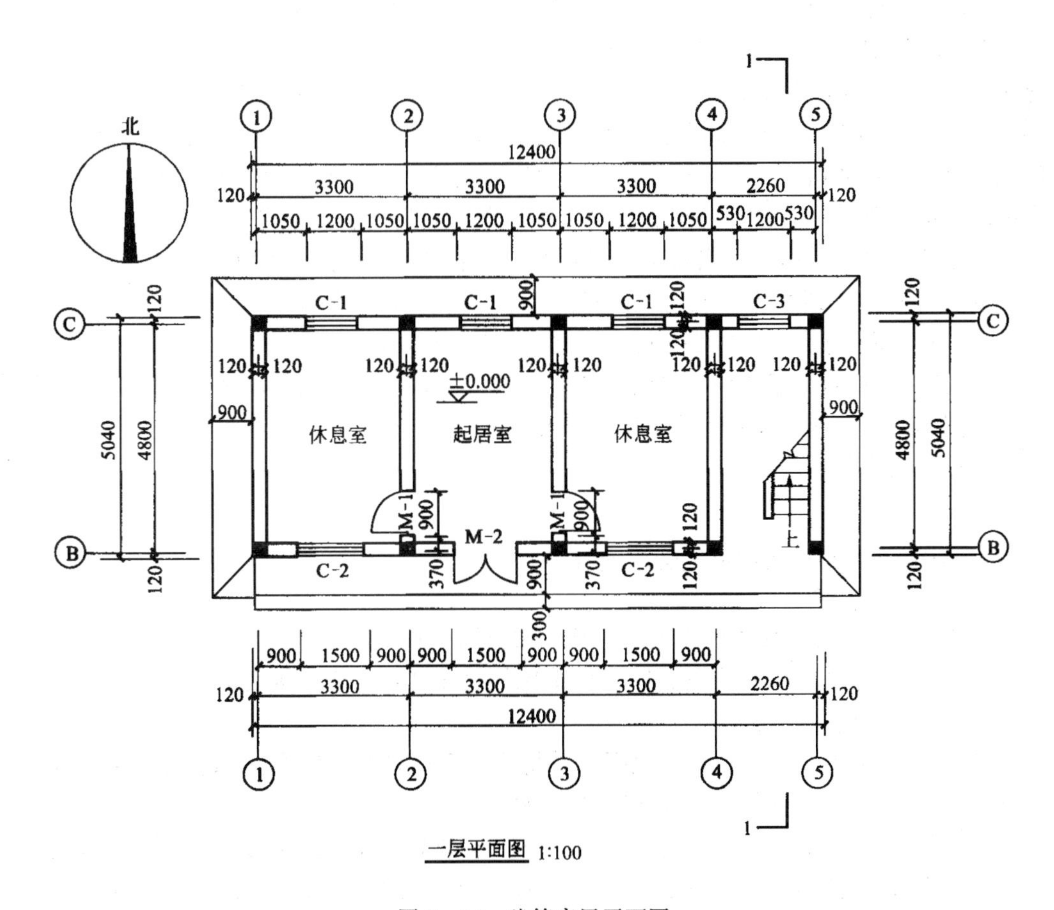

图 3－14　建筑底层平面图

图 3－14 为建筑底层平面图，从图中可以了解以下内容：

1）从平面图的图名、比例可知是一层平面图，比例为 1∶100；从指北针可看出建筑物的朝向是背面朝北、正面朝南。

2）从轴线尺寸及其编号，了解承重墙、柱的位置。在图中横向定位轴线有5根，纵向定位轴线有2根。房屋的总宽度为12400mm，总进深为5040mm。除楼梯间轴线尺寸开间为2260mm外，其余房间的轴线尺寸开间都是3300mm，进深都为4800mm。

在每一条轴线上都设置有承重墙，厚度为240mm。在横向轴线与纵向轴线的交点处都设有构造柱，尺寸为240mm×240mm。

3）看房间的内部平面布置与外部设施，了解房间的分布、功能、数量及其相互关系。

该图平面形状为矩形，其入口设置在南向，楼梯间设置在右侧（即东面）。楼梯间上行的梯段被水平剖切面所剖断，用倾斜45°的折断线来表示。两侧的房间作为休息室，而中间房间则作为起居室。在房屋四周设有散水，散水宽度为900mm。在房屋南侧设置有两阶台阶，其踏面宽度分别为300mm与900mm。

4）读门、窗及其他配件的图例及编号，了解它们的位置、类型以及数量等情况。门、窗的代号分别为M、C（即汉语拼音的第一个字母大写）。M－1为休息室的门，宽度为900mm，共有2个；M－2为起居室的大门，宽度为1500mm，有1个；C－1为北向房间的窗户，宽度为1200mm，共有3个；C－2为南向房间的窗户，宽度为1500mm，共有2个；C－3为北向楼梯间的窗户，宽度为1200mm，有1个。另外，要注意的是，C－1和C－3宽度均为1200mm，初学者会感到疑惑，为什么不把它们合并为一种窗，在读图时不仅要看平面图，更要结合立面看，再对应门窗表，就可以清楚地知道C－1的高度较低，只有600mm，它位于底层后墙，为了安全考虑，设置成了高窗。因此，遇到问题的时候，一定要静下心，前后对照图纸，弄清楚其中的原因。

5）看平面的标高，底层平面标高通常会设为±0.000。

6）读剖切符号，了解剖切平面的位置、编号以及投影方向。本图中房间布局比较简单，剖切符号设置在楼梯间的位置上，其编号为1－1。读索引符号，了解详图的出处、选用的图集代号等。

实例15：某住宅楼底层平面图识读（一）

图3－15为某住宅楼底层平面图，从图中可以了解以下内容：

1）该图为某住宅楼底层平面图，绘图比例为1∶100，该建筑底层为商店，从图中指北针可知房屋朝向为北偏西。

2）房屋的东面设有厨房、卫生间及楼梯间，商店外有两级台阶到室外，另三面外墙外设有500mm宽的散水，室内外高差为350mm。

3）平面图横向编号的轴线有①～④，竖向编号的轴线有Ⓐ～Ⓑ。通过轴线表明商店的总开间和总进深为9400mm×10000mm，厨房为2400mm×3200mm，卫生间为2400mm×1800mm，楼梯间为2400mm×5000mm。墙体厚度除厨房与卫生间的隔墙为120mm外，其余均为180mm（图中所有墙身厚度均不包括抹灰层厚度）。

4）平面图中的门有M1、M2……窗C1、C2……多种类型，各种类型的门窗洞尺寸，可见平面尺寸的标注。如M4为3000mm，C1为1200mm等。

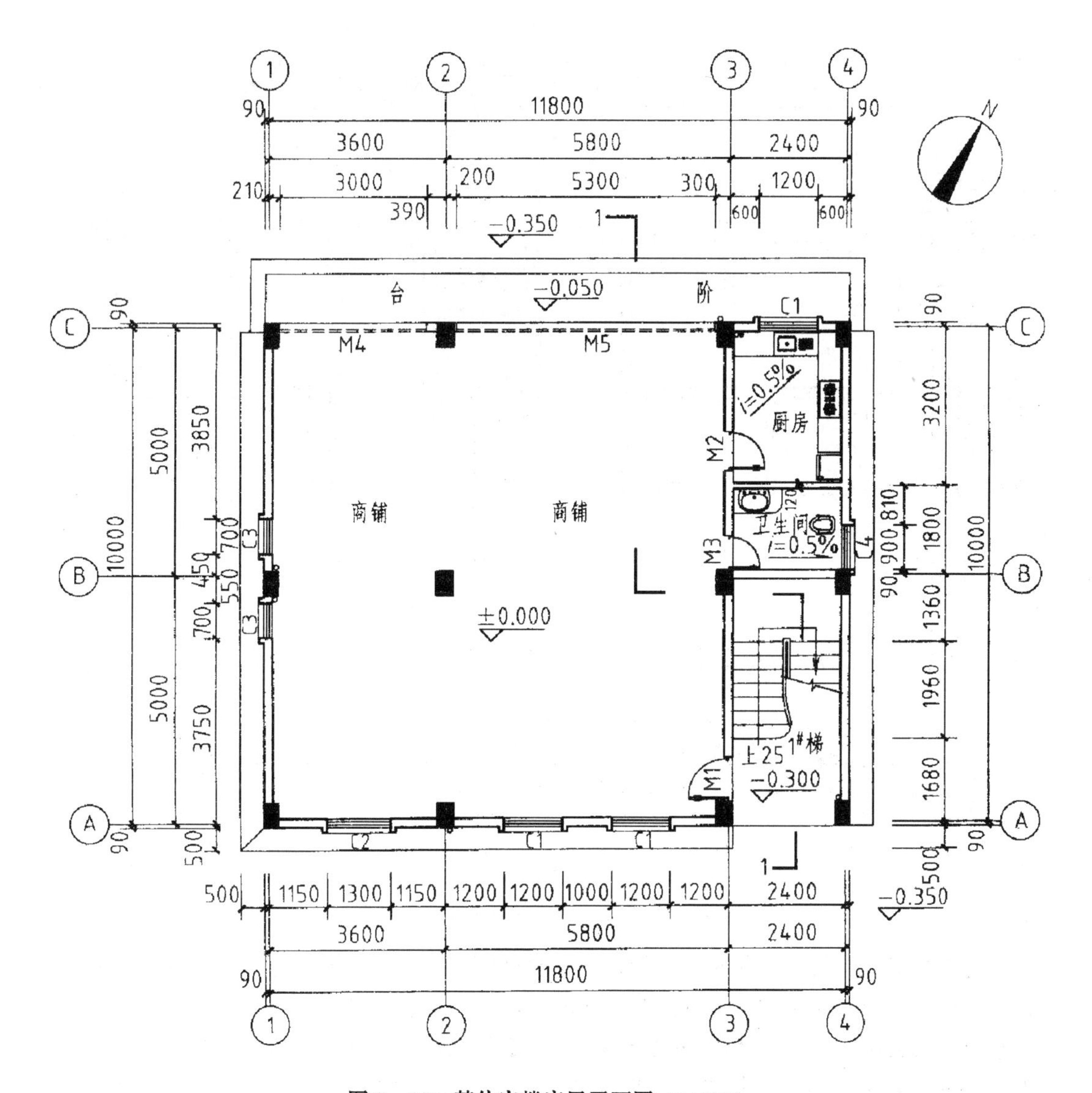

图 3－15　某住宅楼底层平面图（1∶100）

5）底层平面图中有一个剖面剖切符号，表明剖切平面图 1－1，在轴线②～③之间，通过商店大门及③～④之间楼梯间的轴线所作的阶梯剖面。

6）整个建筑的总尺寸为 11800mm × 10000mm。

实例 16：某住宅楼底层平面图识读（二）

图 3－16 为某住宅楼底层平面图，从图中可以了解以下内容：

1）图名和比例。该平面图是某住宅楼的底层平面图，其绘图比例为 1∶100。

2）定位轴线、内外墙的位置和平面位置。该平面图中，横向定位轴线有①～⑨；纵向定位轴线有Ⓐ～Ⓔ。

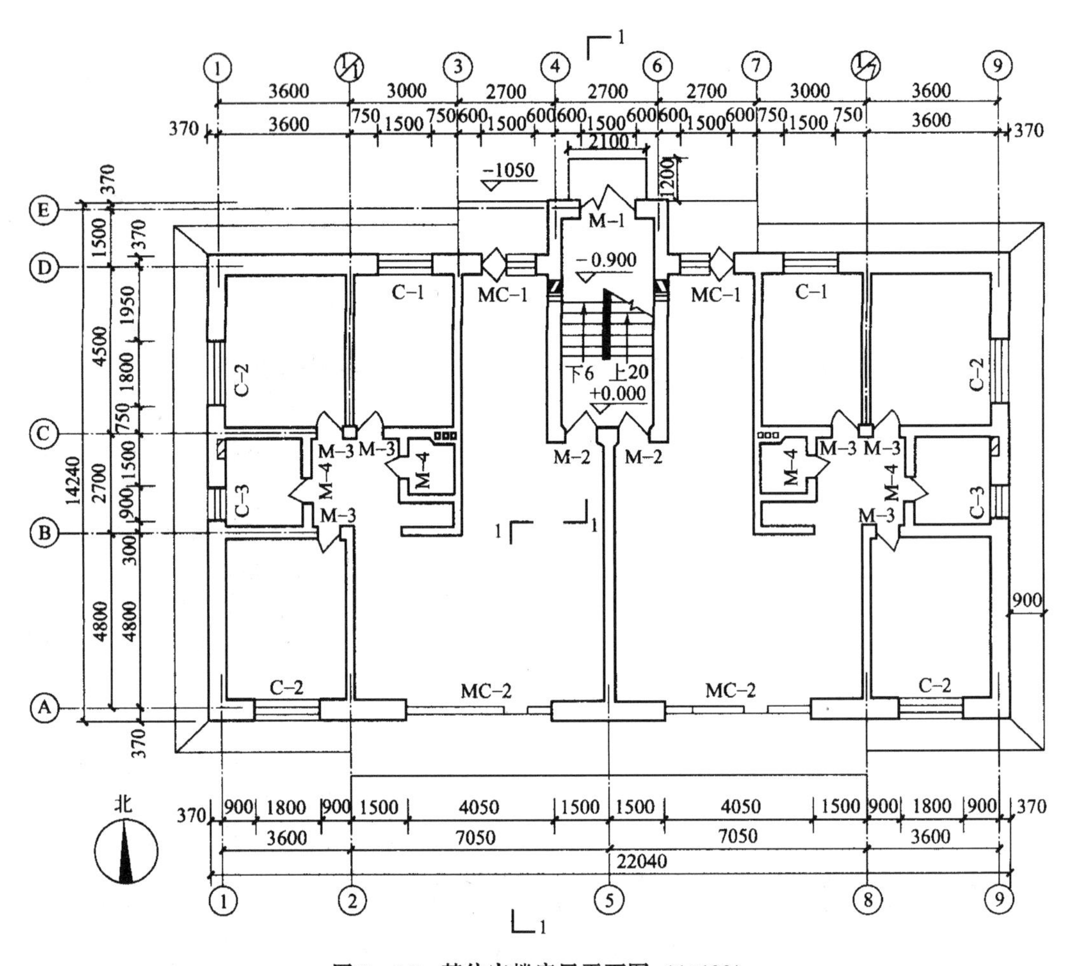

图3-16　某住宅楼底层平面图（1∶100）

此楼每层均为两户，北面的中间入口为楼梯间，每户有三室一厅一厨二厕，在南北方向各有一阳台。朝南的居室开间为3.6m，客厅开间为7.05m；进深为4.8m。朝北的居室开间为3.6m与3m两种；进深为4.5m。楼梯和厨房开间均为2.7m，楼梯两侧墙厚为370mm，除1/1和1/7所在墙厚度为120mm外，其余内墙厚度均为240mm，外墙厚度为490mm。

3）门窗的位置、编号和数量。单元有四种门M-1～M-4，三种窗户C-1～C-3，两种窗联门MC-1、MC-2。

4）建筑的平面尺寸和各地面的标高。该平面图中共有外部尺寸三道，最外一道表示总长与总宽，它们分别为22.04m和14.24m，尺寸同总平面图中的一致；第二道尺寸表示定位轴线的间距，一般即为房间的开间与进深尺寸，如3600mm、3000mm、2700mm和4500mm、2700mm、4800mm等；最里的一道尺寸为门窗洞的大小及它们到定位轴线的距离。

该楼底层室内地面相对标高±0.000m，楼梯间地面标高为-0.900m。室外标高为-1.050m。

5）其他建筑构配件。在该楼北面入口处设有一个踏步进到室内，经过六级踏步到达一层地面；楼梯向上经过 20 级踏步可到达三层楼面。朝南客厅有推拉门通向阳台。建筑四周做有散水，宽为 900mm。

6）剖面图的剖切位置、投影方向等。底层平面图上标有 1－1 剖面图的剖切符号。由图 3－16 可知，1－1 剖面图是一个阶梯全剖面图，它的剖切平面与纵向定位轴线平行，经过楼梯间后转折，再通过起居室的阳台，其投影方向向右。

实例 17：某住宅楼底层平面图识读（三）

图 3－17 为某住宅楼底层平面图，从图中可以了解以下内容：

1）底层平面图表达了该住宅楼底层各房间的平面位置、墙体平面位置及其相互间轴线尺寸、门窗平面位置及其宽度、第一段楼梯平面、散水平面等。

2）底层平面图右上角有指北针，箭头指向为北。

3）从图中可以看出，从北向楼梯间处进去，有东西两户，东户为三室一厅，即一间客厅、三间卧室、另有厨房、卫生间各一间；西户为两室一厅，即一间客厅、两间卧室，另有厨房、卫生间各一间。

4）东户的客厅开间 3900mm，进深 4200mm，无门只有空圈，有 C－1 外窗：南卧室有两间，小间开间 2700mm，进深 4200mm；大间开间 3600mm，进深 4200mm。小间有 M－2 内门、C－2 外窗；大间有 M－2 内门，C－1 外窗。北卧室开间 3000mm，进深 3900mm，有 M－2 内门，C－2 外窗。厨房开间 2400mm，进深 3000mm，有 M－3 内门，C－2 外窗，室内有洗涤池一个。卫生间开间 2100mm，进深 3000mm，有 M－4 内门，C－3 外窗，室内有浴盆、坐便器、洗面器各一件。

5）西户的客厅开间 3900mm，进深 4200mm，无门只有空圈，有 C－1 外窗；南卧室开间 3600mm，进深 4200mm，有 M－2 内门，C－1 外窗；北卧室开间 3000mm，进深 3900mm，有 M－2 内门，C－2 外窗。厨房开间 2400mm，进深 3000mm，有 M－3 内门，C－2 外窗，室内有洗涤池一个。卫生间开间 2100mm，进深 3000mm，有 M－4 内门，C－3 外窗，室内有浴盆、坐便器、洗面器各一件。

6）这两户的户门为 M－5。

7）楼梯间有第一梯段的大部分，及进入室内的两步室内台阶，梯段上的箭头方向是示出从箭头方向上楼。

8）底层外墙外围是散水，仅表示散水宽度。

9）通过楼梯间有一道剖面符号 1－1，表示该楼的剖面图从此处剖开从右向左剖视。

10）每道承重墙标有定位轴线，240mm 厚墙体，定位轴线通过其中心。横向墙体的定位轴线用阿拉伯数字从左向右顺序编号，纵向墙体的定位轴线用英文大写从下向上顺序编号。底层平面图上有 10 道横向墙体定位轴线，6 道纵向墙体定位轴线。

11）底层平面图上尺寸线，每边注 3 道（相对应边尺寸相同者只注其中一边尺寸），第一道为门窗宽及窗间墙宽，第二道为定位轴线间中距，第三道为外包尺寸。

12）本图中东西边尺寸相同，只注东边尺寸；南北边第一道尺寸不同，故分别标注，第二、第三道尺寸相同，故北边不注第二、第三道尺寸。

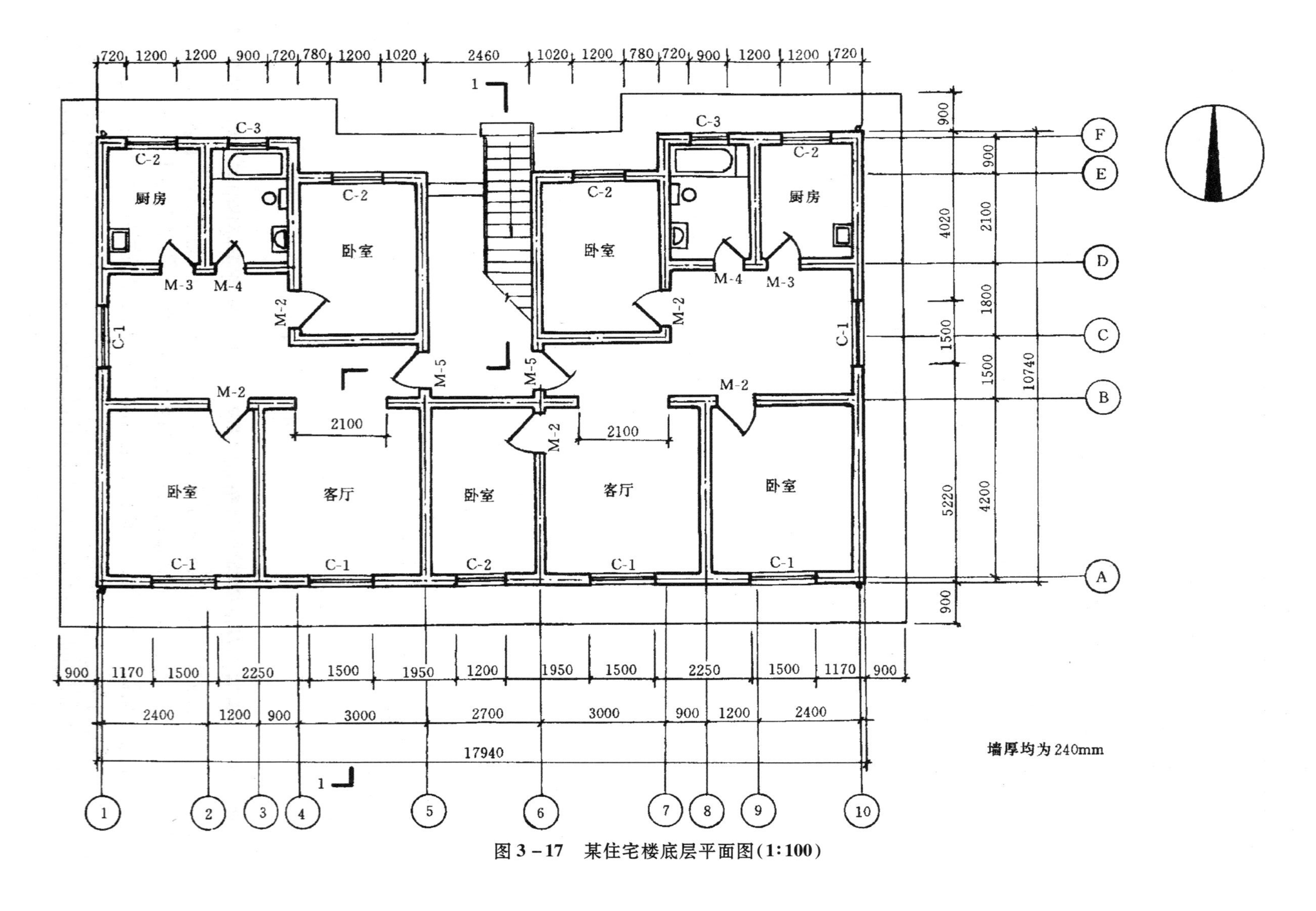

图 3-17　某住宅楼底层平面图(1:100)

实例18：某厂职工住宅楼底层平面图识读

图3－18为某厂职工住宅楼底层平面图，从图中可以了解以下内容：

1）图名、比例和总长、总宽尺寸以及图中代号的意义。如图3－17所示为住宅楼的底层平面图，比例为1∶100。总长为31.70m，总宽为13.70m。图中M表示门，C表示窗，MC表示门联窗。如“C－1”则表示窗、编号为1。门窗的设计情况需查看门窗统计表。

2）建筑的朝向和平面布局。图中结合指北针可以看出，该建筑的朝向是坐北朝南并为两单元组合式住宅楼。①～④轴线为一单元，每单元中间有一部两跑式楼梯，连接着左右两户住宅（简称“一梯两户”）。每户平面内均有南向的两间、北向的一间卧室，一间客厅、一间餐厅和两间卫生间，并有前后两个阳台（简称“三室两厅一厨两卫”）。④～⑦轴线为第二单元，这个单元也为一梯两户，套型与第一单元相同。从图中可见楼梯间入口设有单元门M－4，形式为双扇外开门。

3）平面图中的各项尺寸及其意义。看清平面图所注的各项尺寸，并通过这些尺寸了解各房间的开间、进深等设计内容。值得注意的是，在平面图中所注的尺寸均为未经抹灰的结构表面间的尺寸。房间的开间是指平面图中相邻两道横向定位轴线之间的距离；进深是指平面图中相邻两道纵向定位轴线之间的距离。如图餐厅的开间、进深分别为3.30m和3.90m，楼梯间的开间、进深分别为2.40m和5.70m。

平面图上注有外部和内部两种形式的尺寸。

①内部尺寸：说明室内的门窗洞、孔洞、墙厚和固定设备（如卫生间等）的大小与位置。如图中进户门（M－1）门洞宽1000mm、门垛宽300mm；除卫生间隔墙厚120mm外，其他位置内墙厚度为240mm，楼梯间内墙厚370mm。

②外部尺寸：为便于读图和施工，一般在图形的下方及左侧注写三道尺寸（如平面布局中某侧有不对称的设置时，该侧也需标注相应尺寸）。

第一道尺寸：表示建筑物外轮廓的水平总尺寸，从一端外墙边到另一端外墙边的总长和总宽尺寸，如图中长为31.70m、宽为13.70m。

第二道尺寸：表示定位轴线之间的尺寸。即开间和进深尺寸。

第三道尺寸：表示门洞、窗洞等细部位置的定形、定位尺寸。如图中C－1洞口长度为1800mm，离左右定位轴线的距离均为750mm等。在图中还应注明阳台挑出、散水、台阶等细部尺寸，如图中南向阳台挑出1500mm、散水宽900mm等。

4）平面图中各组成部分的标高情况。在平面图中，对各功能区域如地面、楼面、楼梯平台面，室外台阶顶面、阳台面等处，一般均应注明标高，这些标高都采用相对标高形式。如有坡度时，应注明坡度方向和坡度值。如图中卧室标高为±0.000，楼梯门厅地面为－0.940，表明该处比卧室地面低了0.94m。如相应位置不易标注标高时，可以说明形式在图内注明。

5）门窗的位置、编号、选材、数量及宽高尺寸。在平面图中，只能表示门窗的位置、编号和洞口宽度尺寸，选材、数量及洞高尺寸未表示。除需核对各门窗的数量外，还需通过门窗统计表了解门窗选材和洞口高度尺寸（注意洞口尺寸中不含抹灰层的厚度）。

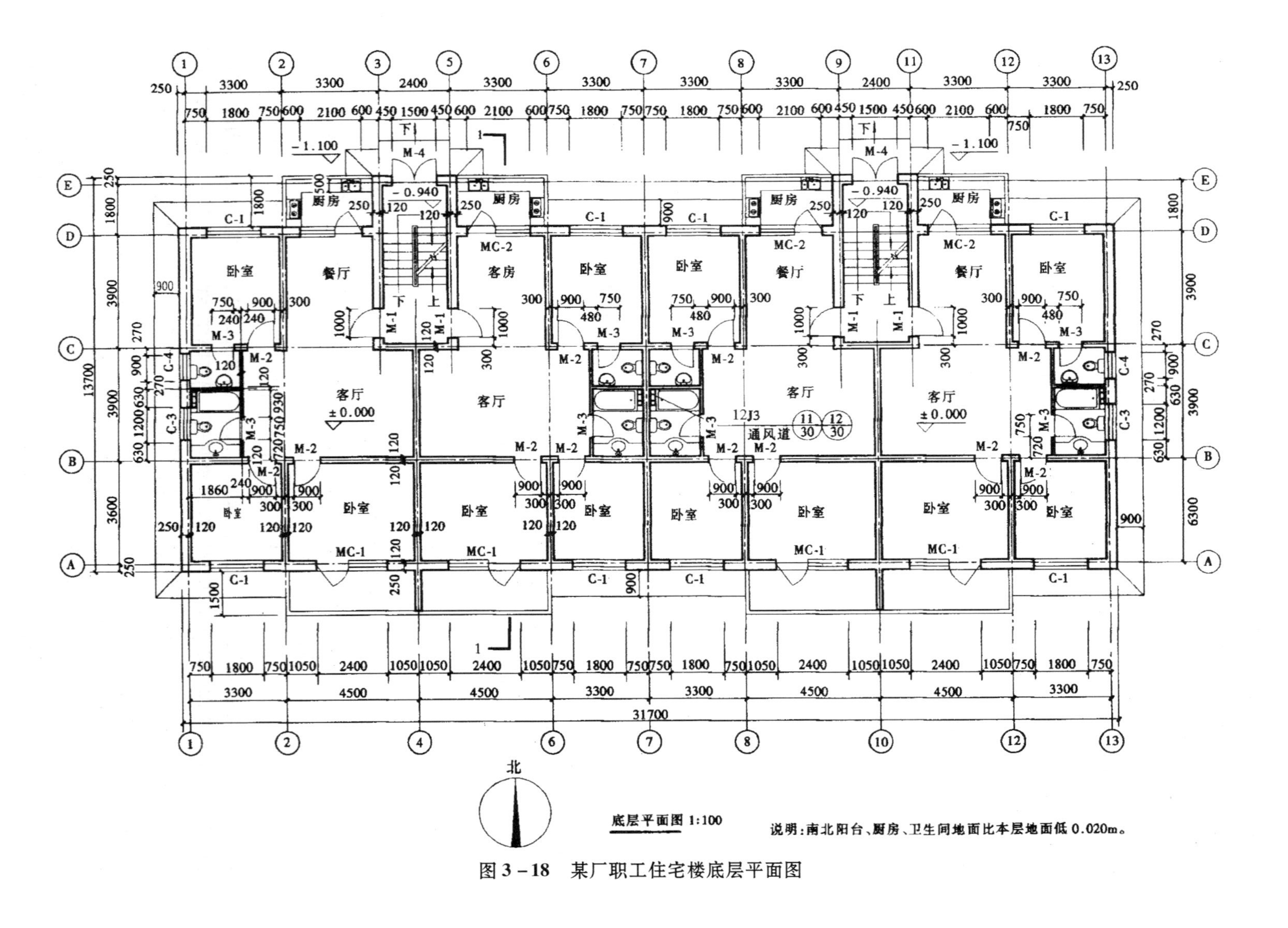

底层平面图 1:100

说明：南北阳台、厨房、卫生间地面比本层地面低0.020m。

图3－18　某厂职工住宅楼底层平面图

6）建筑剖面图的剖切位置、投影方向和剖切到的构造体内容。在底层平面图中，应画出建筑剖面图的剖切位置和符号，一般民用建筑在选择剖切位置时需经过门窗洞口或楼梯间等有代表性的位置进行剖切，如图 3－17 中的⑤、⑥轴间的 1－1 剖切符号，它是从Ⓐ轴开始，自下而上经阳台、MC－1、M－2、MC－2 洞口、上下墙体、楼板屋面等，沿横向将住宅楼全部剖切开来，移去右侧部分并向左侧投影。

7）索引符号。从图中了解平面图内出现的各种索引符号的引出部位和含义，采用标准图集的代号，注意索引符号所指部位的构造与周围的联系。

8）楼梯间及室内设施、设备等的布置情况。楼梯是建筑物内连接上下层的交通设施，图中的楼梯为两跑式，“上”、“下”箭头线表示以本层楼地面为基准的梯级走向。本图的“下”箭头指向地下室。梯段剖断处用折断线表示。建筑物内如厨房的水池、灶台，卫生间的洁具及通风道等，读图时注意其位置、形式及索引符号。有时会选用标准图表达。

实例 19：建筑二层平面图识读

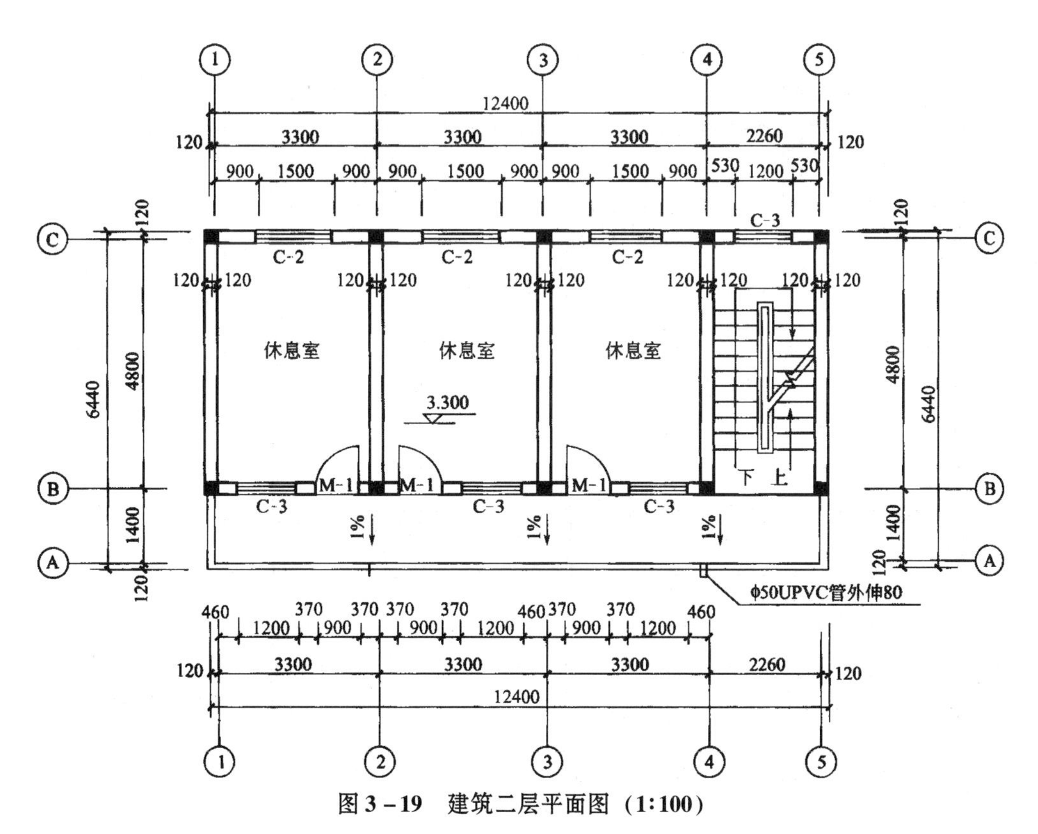

图 3－19　建筑二层平面图（1:100）

图 3－19 为建筑二层平面图，从图中可以了解以下内容：

二层平面图的图示内容与方法与一层平面图（图 3－14）轴线尺寸及编号均相同，而它们的不同之处如下所述：

1）一层平面图已显示过的指北针、剖切符号以及室外地面上的散水等在二层平面图中不必再画出。

2）一层平面图中南向设有台阶，而在二层相应位置则改为设有栏板的走廊。走廊设置在①～⑤轴间，Ⓐ～Ⓑ轴间。以Ⓑ轴为界，房间内部的标高都是3.3mm，走廊处从Ⓑ轴到Ⓐ轴做成1%的坡度。在②轴和④轴间设有+50mm的UPVC雨水管外伸80mm。

3）看房间的内部平面布置与外部设施。一层平面图中的起居室在二层平面图中改为了休息室。楼梯间的梯段仍被水平剖切面所剖断，用倾斜45°的折断线来表示，但折断线改为了两根，这是因为它剖切的不只是上行的梯段，在二层还有下行的梯段，下行的梯段是完整存在的，并且还有部分踏步与上行的部分踏步投影重合。

4）看门、窗及其他配件的图例与编号，在二层平面图中门窗有了较大变动。M－1仍为休息室的门，但所设置的位置都改在了Ⓑ轴线处。一层平面图中C－1的位置都改为了C－2，但其数量不变。南向房间的门窗，原M－2与C－2，都改为了M－1与C－3，每间各一个。楼梯间的窗户没有变化。

5）看平面的标高，二层平面标高改为3.300mm。

实例20：某住宅楼二层平面图识读（一）

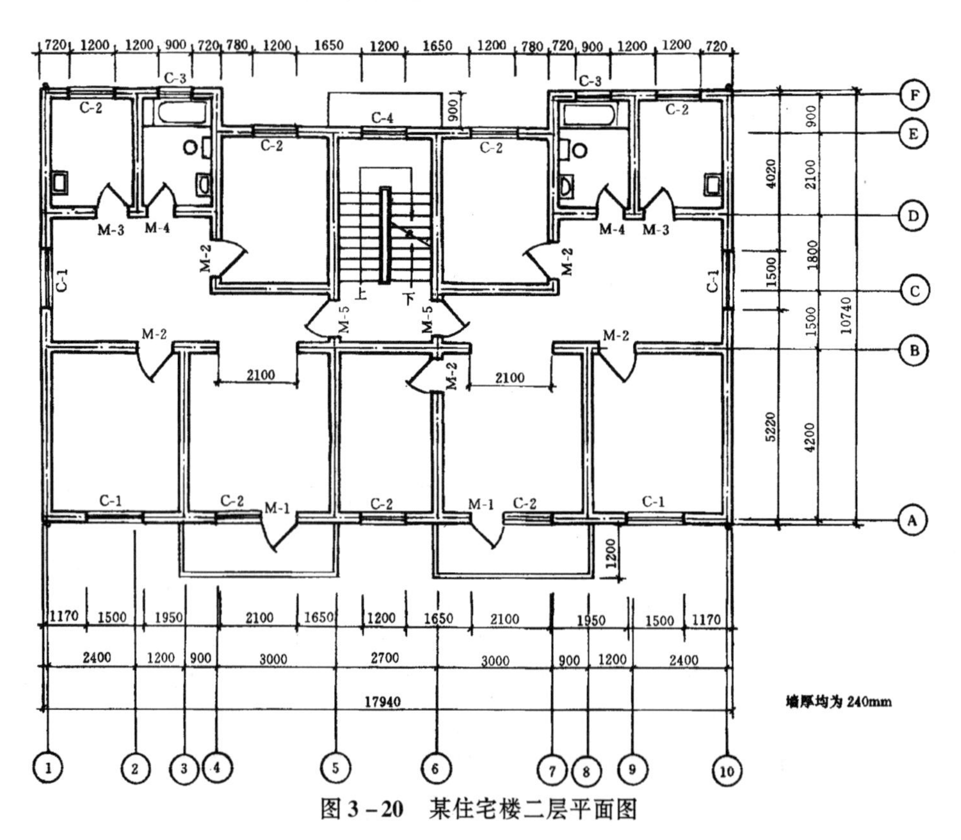

图3－20　某住宅楼二层平面图

图3－20为某住宅楼二层平面图，从图中可以了解以下内容：

1）二层平面图表达了该住宅楼第二层各房间平面位置；墙体平面位置及其相互间轴线尺寸、门窗、平面位置及其宽度；第二段楼梯全部及第一、第三段楼梯局部平面；阳台、雨篷平面等。

2）二层平面图中各房间的进深及开间尺寸同底层平面图中所示。所不同是客厅及楼梯间。

3）客厅外有阳台，有阳台的外墙上设 M－1 外门及 C－2 外窗。

4）楼梯间内表示出第二梯段平面的全部、第一梯段及第三梯段平面局部，以折断线为界。楼梯间外窗为 C－4。楼梯间外墙外有雨篷的平面。

实例 21：某住宅楼二层平面图识读（二）

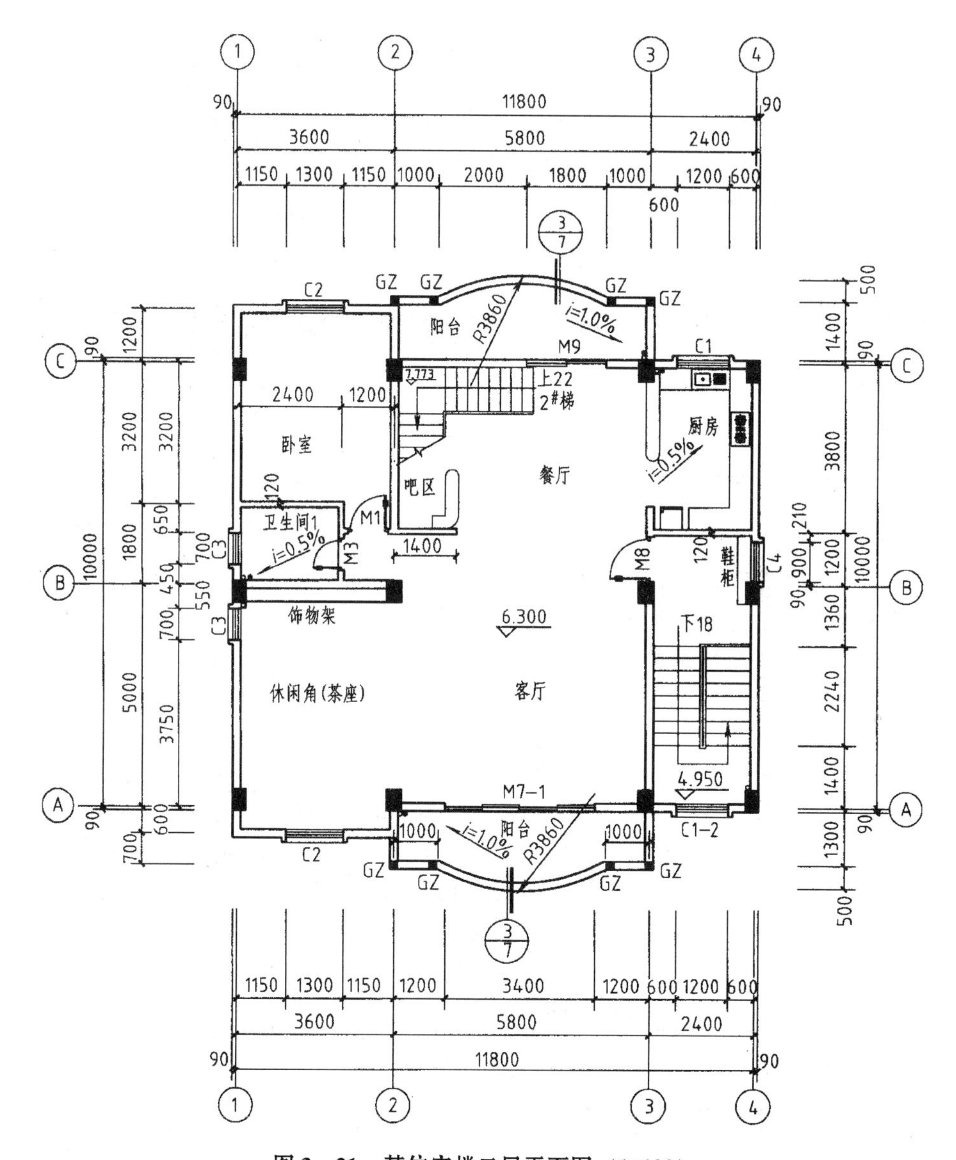

图 3－21　某住宅楼二层平面图（1:100）

图 3－21 为某住宅楼二层平面图，从图中可以了解以下内容：

1）二层以上是独户住宅，即二层为该住宅的第一层。楼面标高为 6.300m。

2）南侧除楼梯间外，①～③轴间没分隔，作为客厅和休闲角，北侧的①～②间有一个 3600mm×4400mm 的卧室及 2450mm×1800mm 的卫生间，②～③轴间为餐厅、楼梯间和吧台，③～④轴间的厨房同夹层。

3）本层设有南、北两个阳台，南阳台同夹层，北阳台为 5800mm × 1400mm。

4）③~④轴间的楼梯到二层为止，所有水平投影两个梯段都可见，同时在餐厅另有一部上三楼的直角楼梯。

实例 22：某住宅楼夹层平面图识读

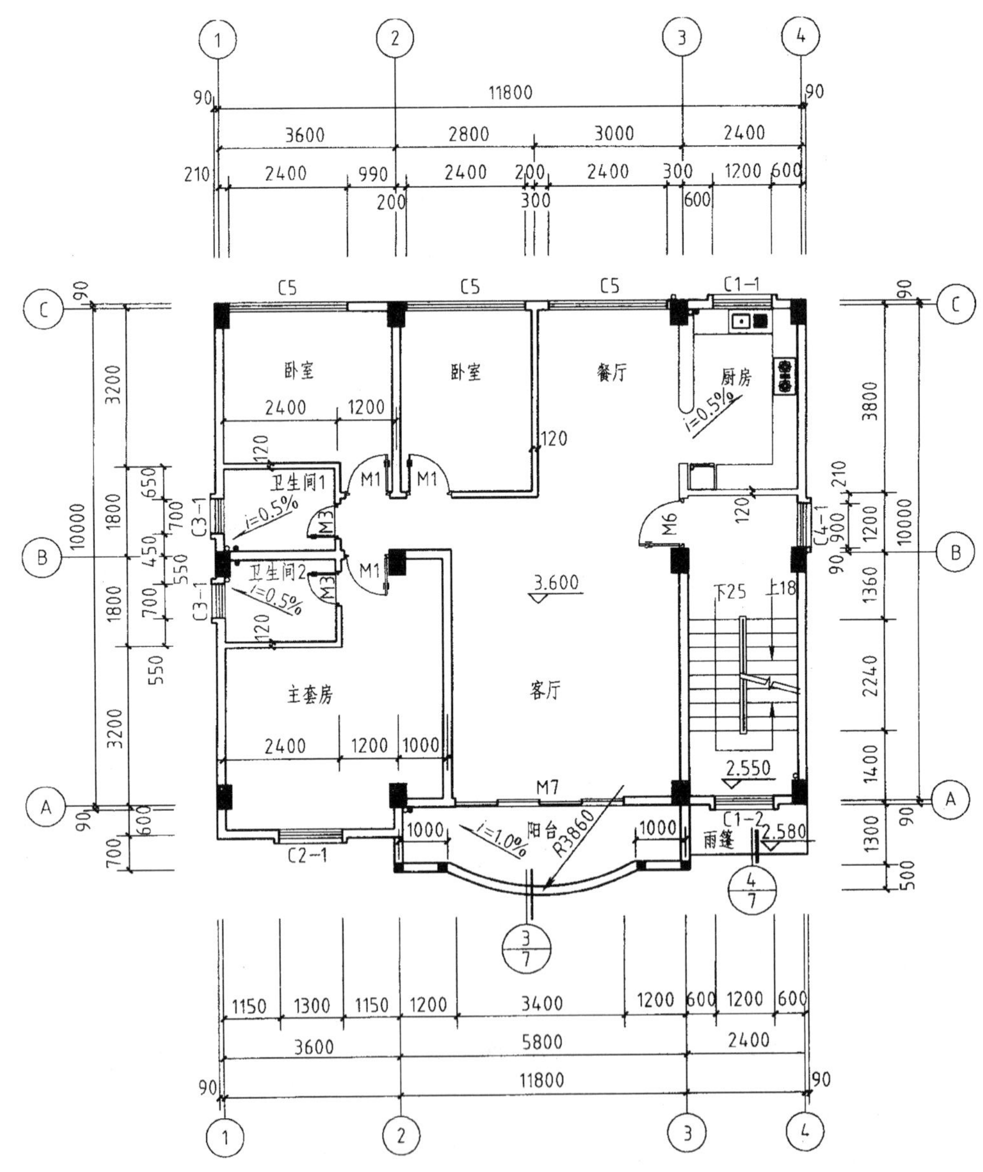

图 3-22　某住宅楼夹层平面图（1:100）

图 3-22 为某住宅楼夹层平面图，从图中可以了解以下内容：

1）本层为三室二厅一厨二卫的住宅，其轴线与首层轴线一一对应。由于图示的分工，夹层平面图画有出入楼房门口顶与外墙连接的雨篷，不再画底层平面图中的台阶、散水以及剖面的剖切符号等。

2）夹层南侧布置有 4600mm×5000mm 的主卧室，4600mm×6200mm 的客厅及楼梯间，北侧布置有 3200mm×3600mm 及 2800mm×3800mm 的两个次卧室和 3000mm×3800mm 的餐厅，2400mm×3800mm 的厨房，客厅南面有一个 5800mm×1300mm 的阳台。

3）底层到夹层的楼梯为双跑楼梯，夹层平面图楼梯间不但看到了上行梯段的部分踏步，也看到了底层上夹层第二梯段的部分踏步，中间是用 45°斜的折断线为界。

4）楼地面的标高为 3.600m，墙体厚度除厨房与卫生间的隔墙为 120mm 外，其余均为 180mm，门、窗均由图上的 M1……和 C1……进行标注。

5）雨篷及阳台位置处有剖面详图索引标注。

实例 23：某住宅楼三层平面图识读

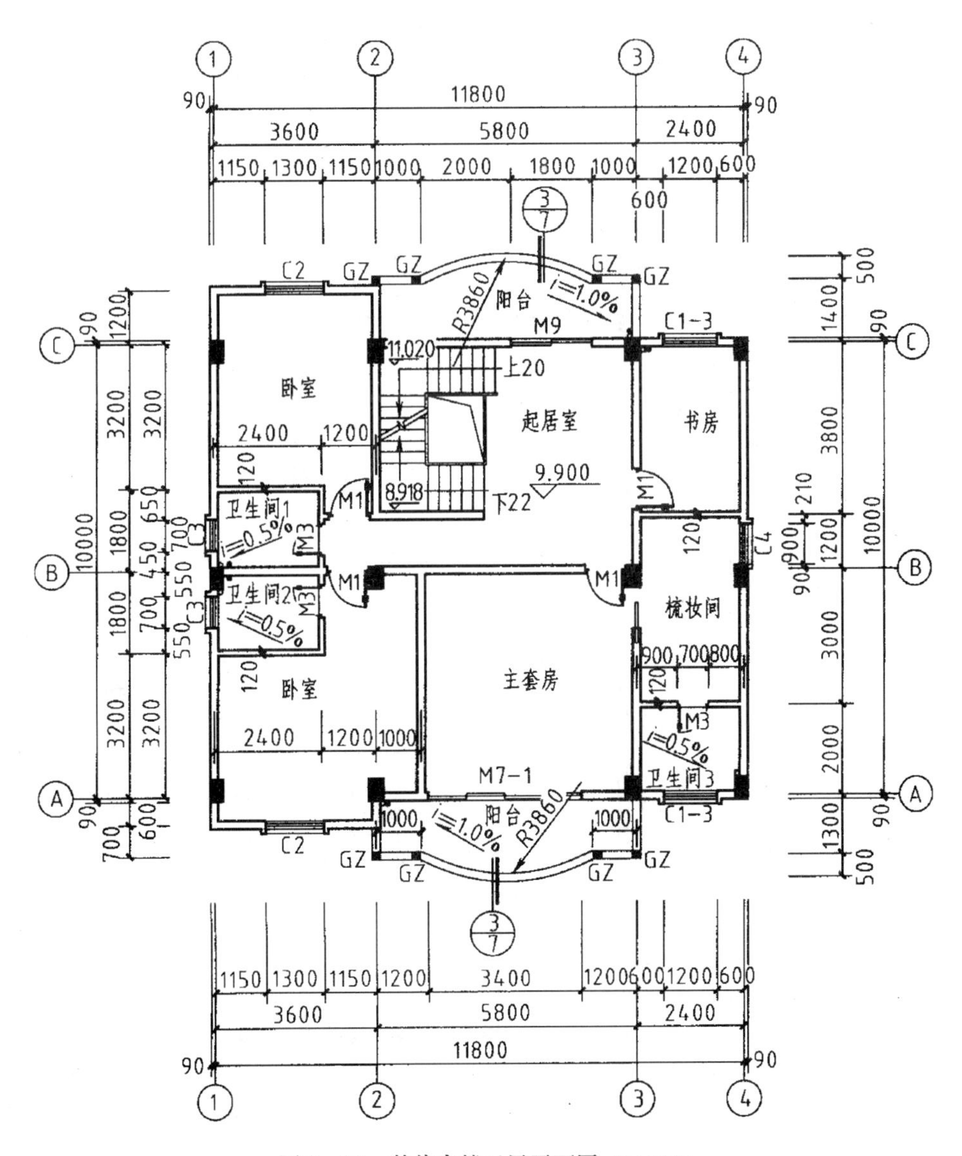

图 3-23 某住宅楼三层平面图（1∶100）

图3-23为某住宅楼三层平面图，从图中可以了解以下内容：

1）楼面标高为9.900m。

2）三层北边中部（②~③轴）为楼梯间和一起居室，①~②轴间为3600mm×4200mm的卧室，③~④轴间为2400mm×3800mm的书房。

3）南边为一个4600mm×5000mm的卧室和一个包含卧室、梳妆间及卫生间的主套房，其中卧室面积为4600mm×5000mm，梳妆间为2400mm×4200mm，卫生间为2400mm×2000mm。

实例24：某住宅楼四层平面图识读

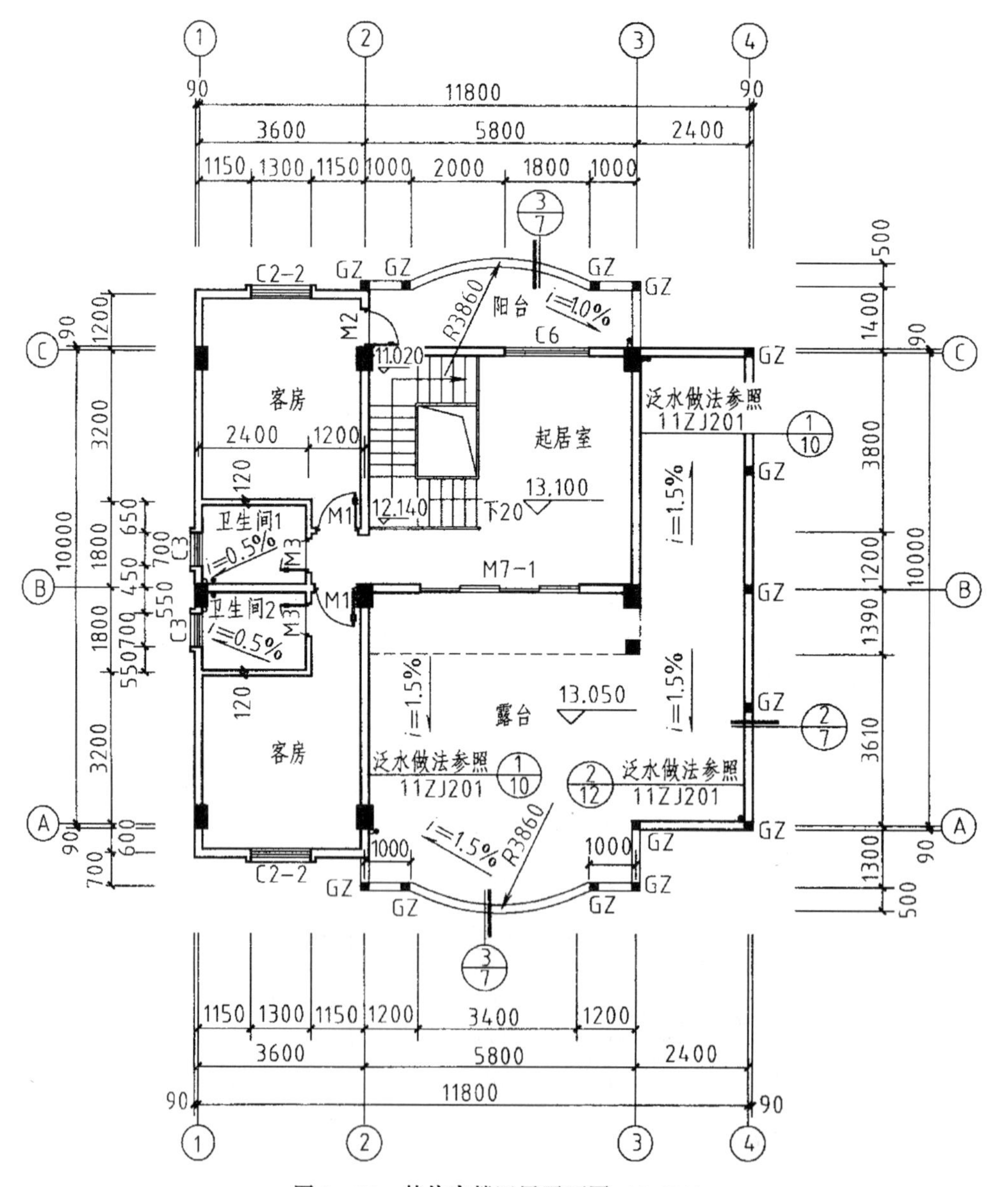

图3-24 某住宅楼四层平面图（1:100）

图 3－24 为某住宅楼四层平面图，从图中可以了解以下内容：

1）四层是本建筑的顶层，楼面标高为 13.100m。

2）该层布置有起居室、楼梯间和两间客房。

3）三层（图 3－23）的书房及主套房上部在四层为露台，露台面的标高为 13.050m，比起居室地面低 0.050m。

4）露台泛水处有标准详图索引，栏板处有剖面详图索引。

实例 25：某住宅楼屋顶平面图识读

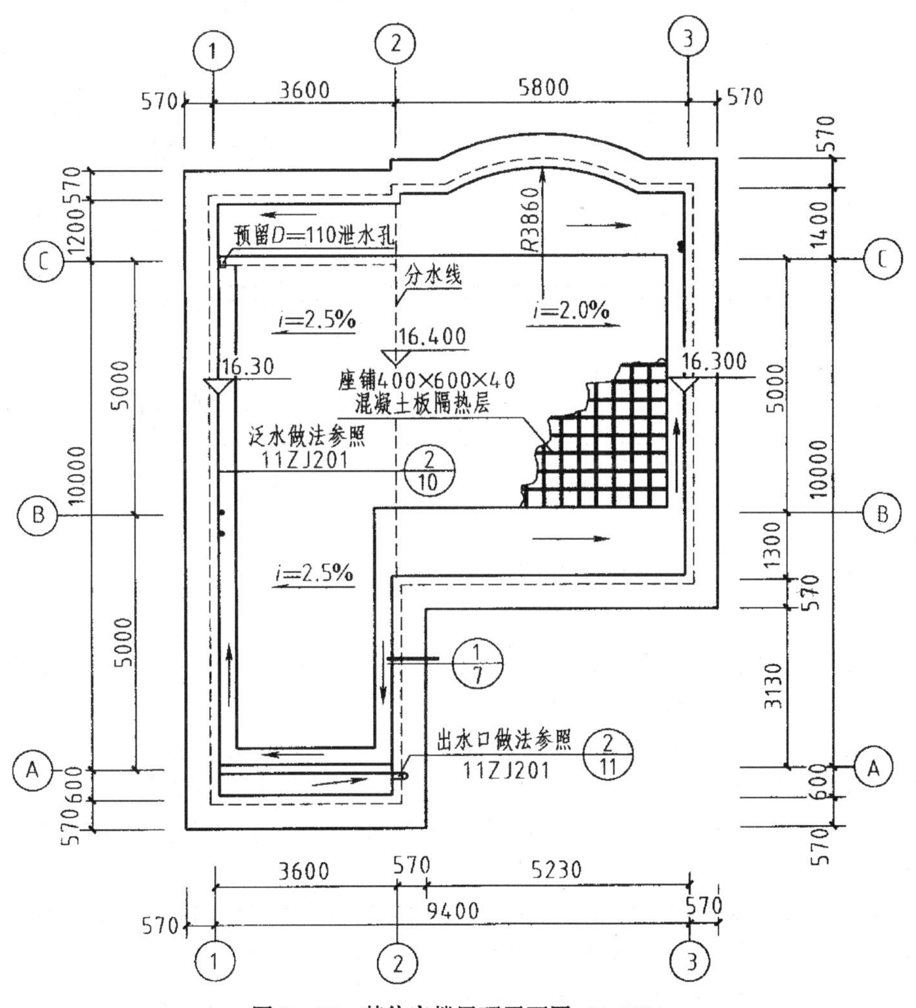

图 3－25 某住宅楼屋顶平面图（1:100）

图 3－25 为某住宅楼屋顶平面图，从图中可以了解以下内容：

1）该住宅楼为平屋顶，屋顶标高为 16.30m，双面排水。

2）屋脊线与②轴重合，②～①轴段的排水坡度为 2.5%，②～③轴段的排水坡度为 2.0%，屋面铺有架空隔热层。女儿墙顶向外挑出宽 570mm。

3）泛水做法和出水口有标准索引，屋檐做法有剖面详图索引。

实例26：建筑屋顶平面图识读

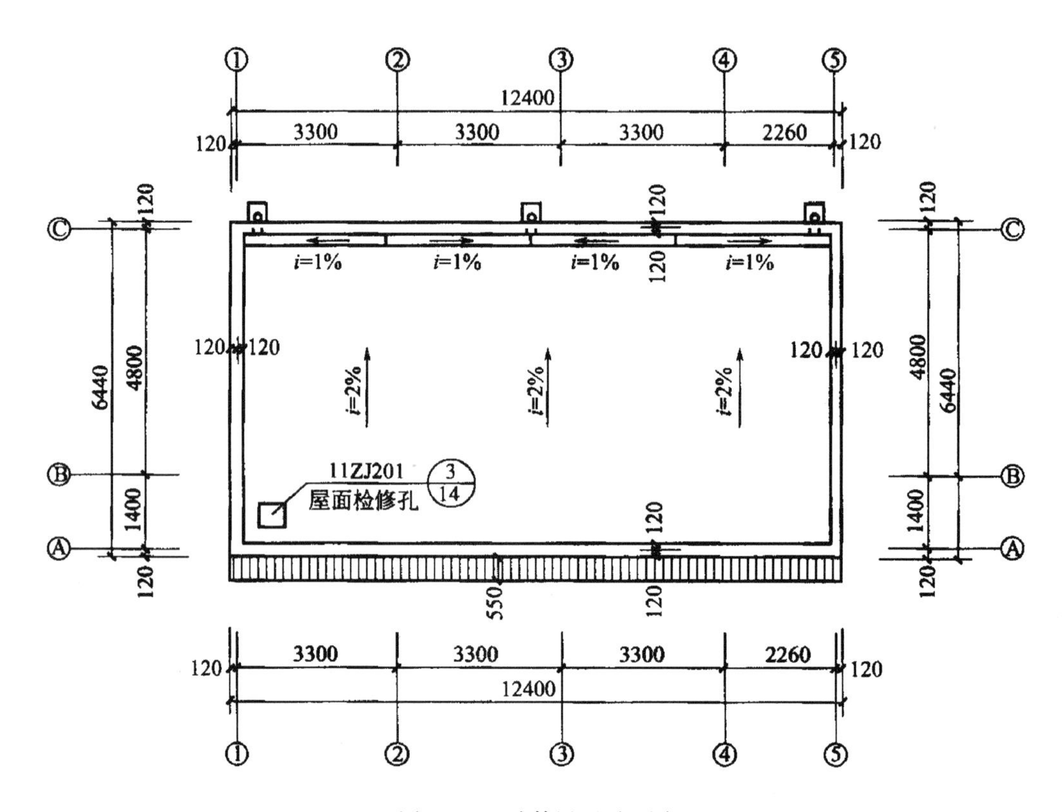

图3－26 建筑屋顶平面图

图3－26为建筑屋顶平面图，从图中可以了解以下内容：

1）在屋顶平面图中，可以看出屋面的排水方向（用箭头表示）是由Ⓐ轴坡向Ⓑ轴，坡度为2%。在Ⓒ轴线的下方设置有天沟，将屋面上的雨水全都汇集在天沟之内。在天沟内的一定位置处，设有不同方向的且坡度为1%的坡。在①轴、③轴、⑤轴与Ⓒ轴线的交接处，各设有一雨水管。天沟内聚集的雨水将会顺雨水管流向地面。

2）在图的左下角，设有屋面检修孔。索引符号标明了检修孔的出处位于图集11ZJ201。

3）在Ⓐ轴的下侧，设有净宽550mm的坡檐。此坡檐主要作用是为了装饰房屋，使立面更丰富，与排水无关，一般都会设置在层高处或主要立面处。

4）房屋四周均设有240mm宽的女儿墙，沿着外围轴线布置，闭合形成一个矩形。

实例27：建筑顶层平面图识读

图3－27为建筑顶层平面图，从图中可以了解以下内容：

顶层平面图的图示内容和方法与二层平面图（图3－19）基本相同，它们的不同之处如下所述：

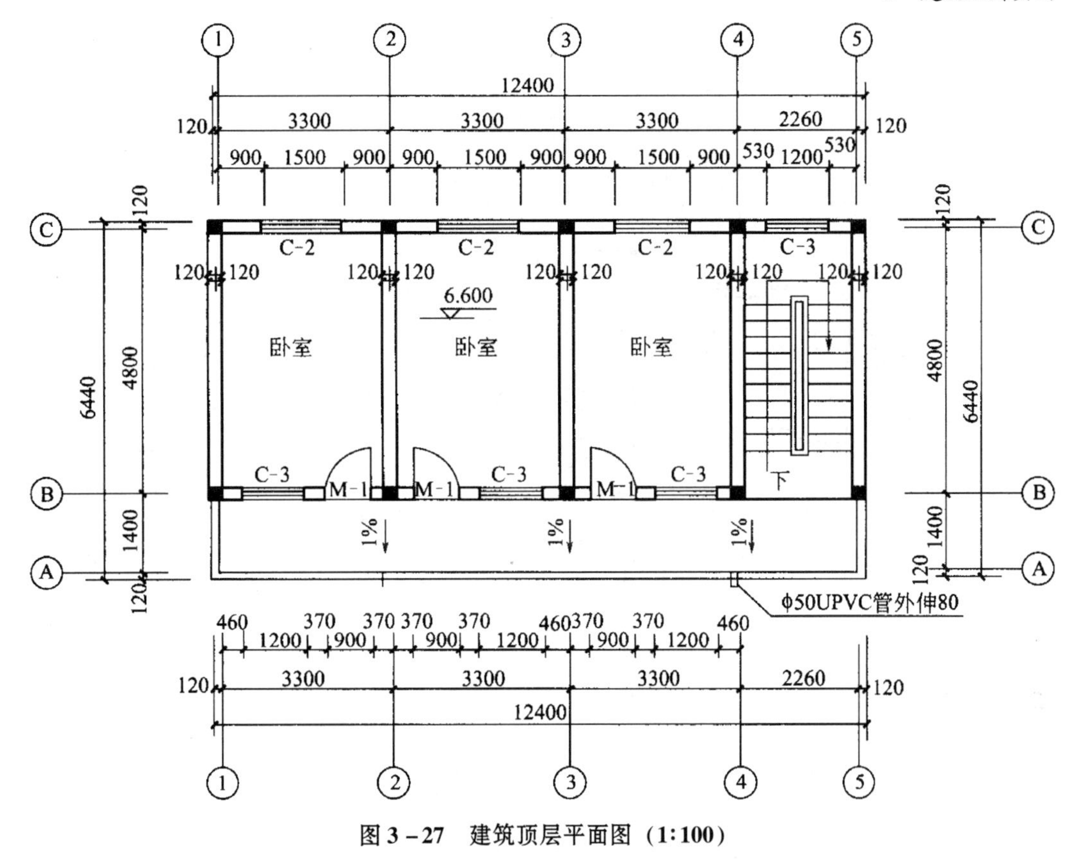

图 3－27　建筑顶层平面图（1∶100）

1）在顶层平面图中，楼梯间的梯段不再被水平剖切面所剖断，用倾斜 45°的折断线表示，由于它已经上到了房屋的最顶层，不再需要上行的梯段，所以直接将在Ⓑ轴线处楼梯的扶手连在了⑤轴的墙体上。

2）三层平面的标高，由二层平面的 3. 300mm 改成 6. 600mm。

实例 28：某武警营房楼底层平面图识读

图 3－28 为某武警营房楼底层平面图，从图中可以了解以下内容：

1）总体。平面图常用的比例为 1∶50、1∶100、1∶200，也可用 1∶150、1∶300。由图 3－28 可知，该平面图为底层平面图，比例为 1∶100。根据图中绘制的指北针，可知该楼朝向为坐北朝南。由最外道尺寸可以看出该楼总长为 36640mm，总宽为 14640mm。横向共有 10 道轴线，纵向有 4 道轴线。本例中没有附加轴线。

房屋建筑平面图为剖面图，因此凡被剖切到的墙、柱的断面轮廓线用粗实线画出（墙、柱轮廓线都不包括粉刷层的厚度，粉刷层在 1∶100 的平面图中不必画出），没有剖切到的可见轮廓线，如墙身、窗台、梯段等用中粗实线画出，尺寸线、引出线用细实线画出，轴线用细点划线画出。

2）读图中标注的尺寸。外墙的尺寸一般分三道标注：最外面一道是外包尺寸，表示建筑物的总长度和总宽度；中间一道尺寸表示定位轴线间的距离，是建筑物的“开间”或“进深”尺寸；最里面的一道尺寸，表示门窗洞口、洞间墙、墙厚的尺寸。内

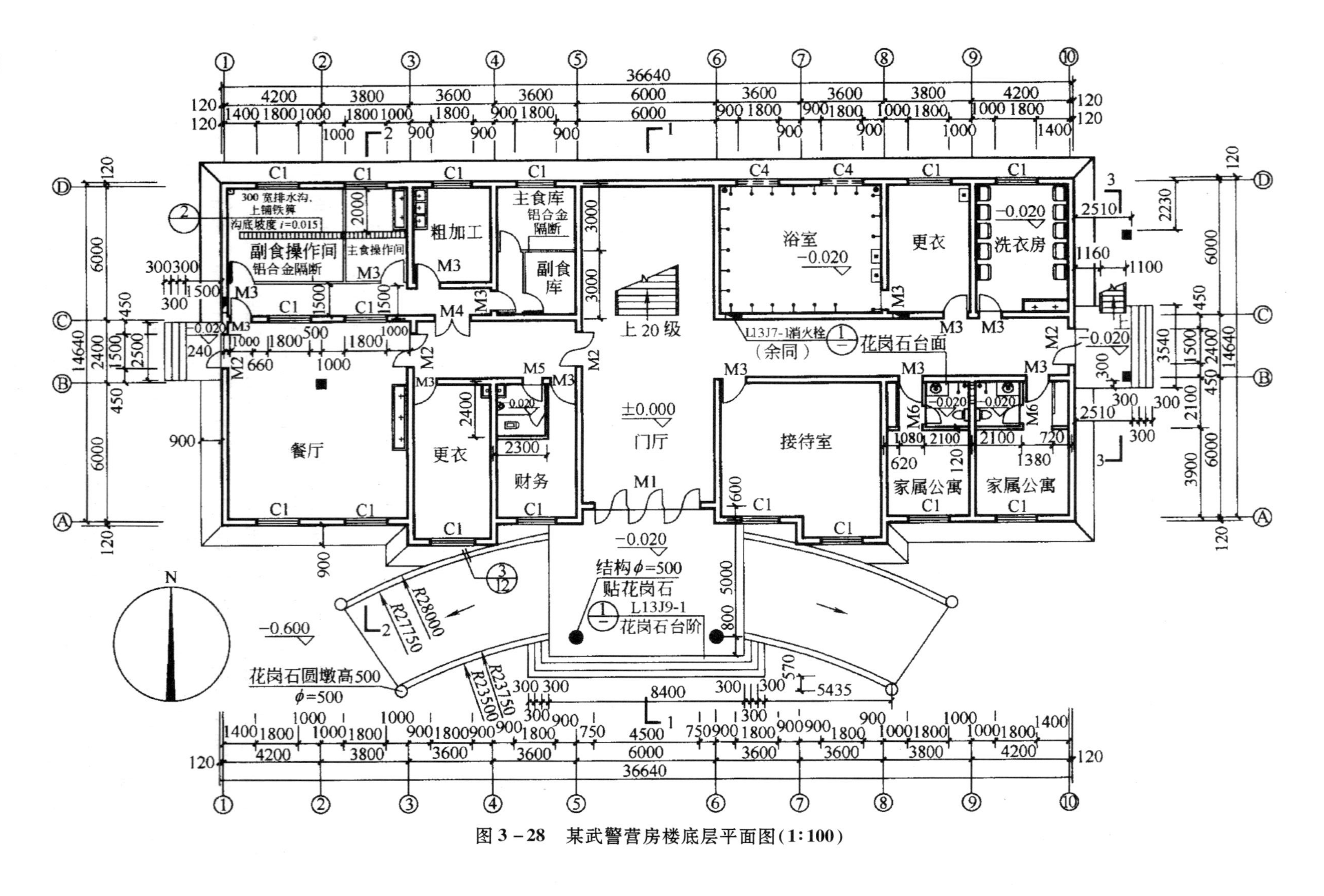

图 3－28　某武警营房楼底层平面图（1:100）

墙尺寸要标注内墙厚度、内墙上的门窗洞尺寸及门窗洞与墙或柱的定位尺寸。本例中房间的进深为6000mm，房间的开间主要有3600mm、3800mm、4200mm、6000mm几种。外墙为240mm砖墙，家属公寓等处有120mm内墙。此外还应标注某些局部尺寸，如固定设备的定位尺寸，台阶、花坛、散水等尺寸。图3－28中花台、餐厅隔断、家属公寓房间处的尺寸均属于局部尺寸。相对于标注在图形外周的总尺寸及轴线间尺寸，局部尺寸标注在图形之内。建筑平面图形上下、左右都对称时，其外墙的尺寸一般注在平面图形的下方和左侧，如果平面图形不对称，则四周都要标注尺寸。而本例中，图形上下左右均不对称，故在图形四周都标注出尺寸。

3）建筑物的出入口。主要出入口设置在该楼的南侧中间。主要入口处设有与汽车坡道相连的雨篷。由入口进入楼房后，与门厅正对的是该楼的主要楼梯，处在建筑物的北侧。在建筑物的东侧还有一与走廊相连的室外楼梯。建筑一层楼梯被剖切，被剖切的楼梯段用45°折线表示。

4）进入建筑物看各个房间的布局。由图3－28中可以看出，底层西半部分为食堂。食堂南侧作为餐厅，北侧为操作间，其余的为跟食堂相关的辅助用房，如更衣室、财务室、主食库等。而建筑物的东半部分则是营房的后勤用房，包括接待室、家属公寓、浴室、洗衣房等。

5）建筑的细部。如门窗的数量、类型及门的开启方向等。图3－28中门的代号用M表示，窗的代号用C表示，其编号均用阿拉伯数字表示，如M1、M2……C1、C2……只有尺寸、开启方向、材料等完全相同时，才能有相同的编号，否则编号应不同。这部分的阅读，要跟门窗表相对应，看两部分是否一致。主要入口处的大门为三组双扇双开弹簧门M1，走廊跟两侧次要出入口上的门为双扇双开弹簧门M2。其余门均为平开门，向房间内侧开启。

6）建筑内的有关设备。本例中对于食堂的操作间，设备相对来讲要多一些，如地沟、烟道、水池、操作台等；餐厅里设有洗手池、浴室设有喷头、洗衣房布置洗衣机等；厕所内的水盆、坐便器、蹲便器。

7）标高、索引等符号。在底层平面图中，还应注写室内外地面的标高。底层内各房间以及门厅的标高为±0.000，卫生间、浴室、洗衣房比室内±0.000低0.020m，室外地坪比室内地坪低0.60m。另外在底层平面图中建筑剖面图的剖切位置和投射方向应用剖切符号表示，并相应编号。本例中底层平面图上共有三处标注剖面符号，分别在门厅、餐厅以及室外楼梯处作了1－1、2－2、3－3三个剖切，用来反映建筑物竖向内部构造和分层情况。1－1在门厅处，同时剖切主要楼梯；2－2剖切普通房间和3－3剖切室外楼梯。凡套用标准图集或另有详图表示的构配件、节点，均需画出详图索引符号，以便对照阅读。本例中门厅雨篷处的花岗石台阶、食堂操作间的烟道、浴室走廊处的消火栓等处就是引用的标准图集。

实例29：某武警营房建筑二、三、四楼层平面图识读

图3－29、图3－30和图3－31分别为某武警营房建筑二、三、四楼层的平面图，从图中可以了解以下内容：

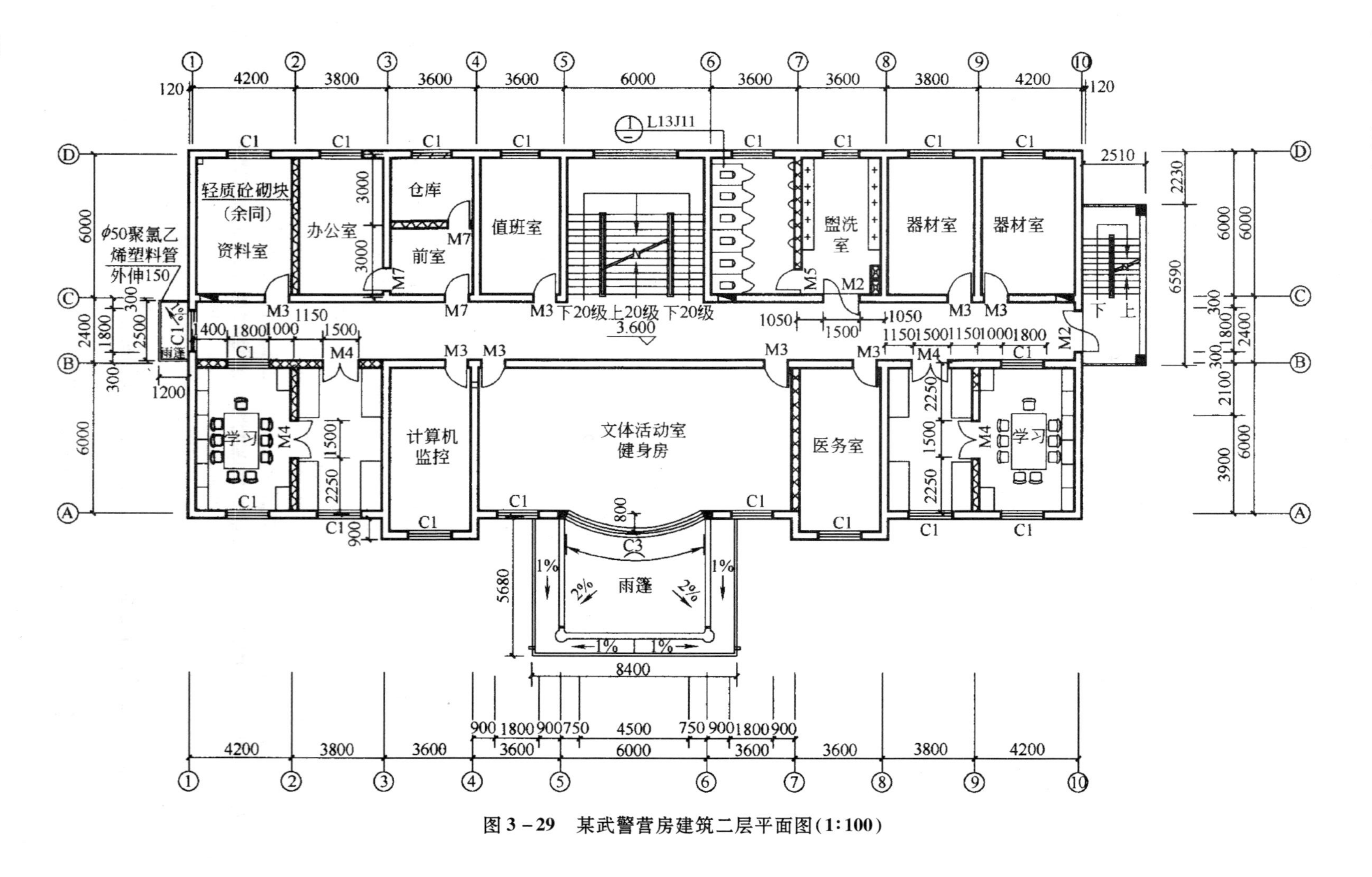

图 3-29 某武警营房建筑二层平面图(1:100)

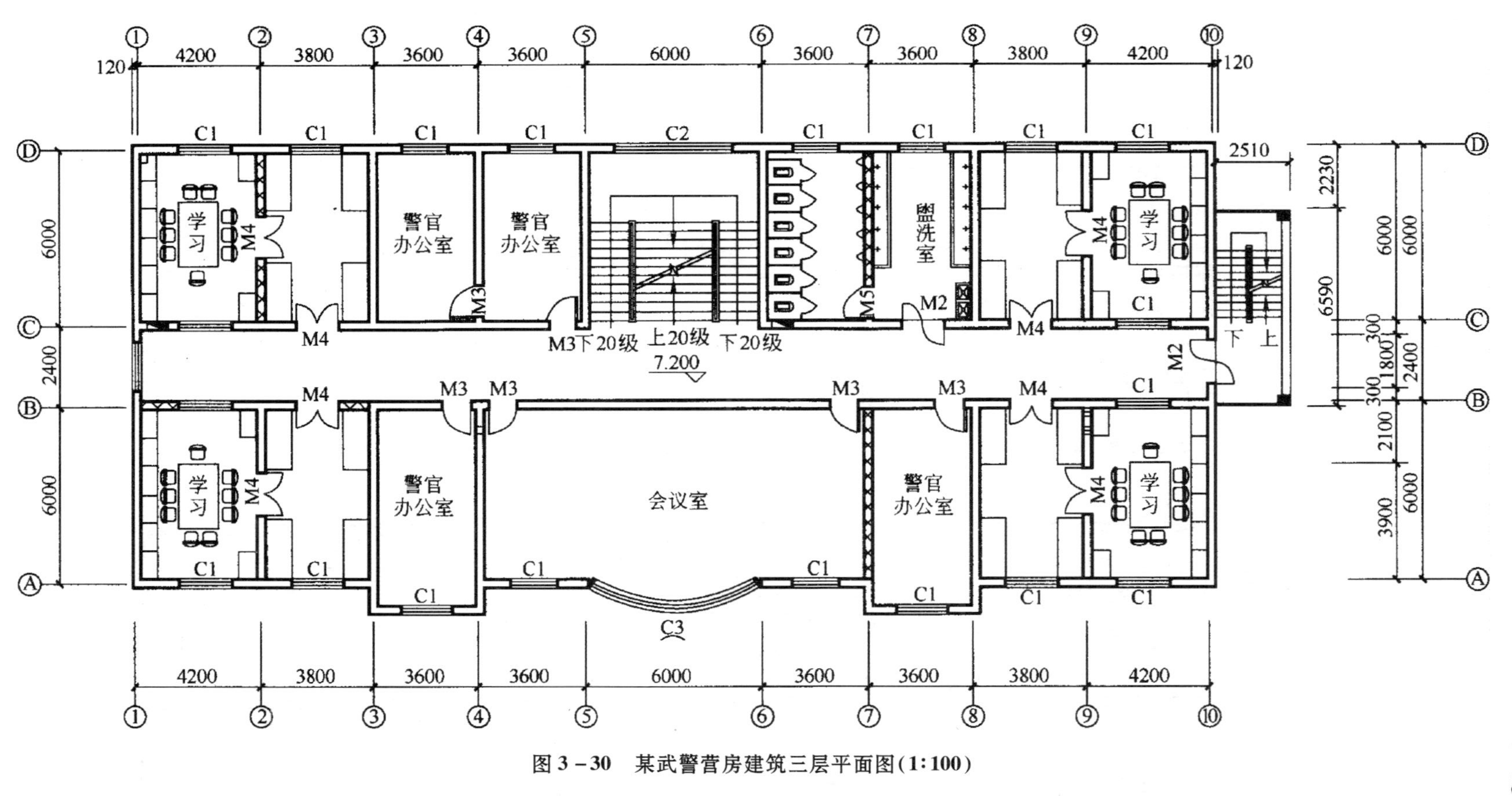

图3-30 某武警营房建筑三层平面图(1:100)

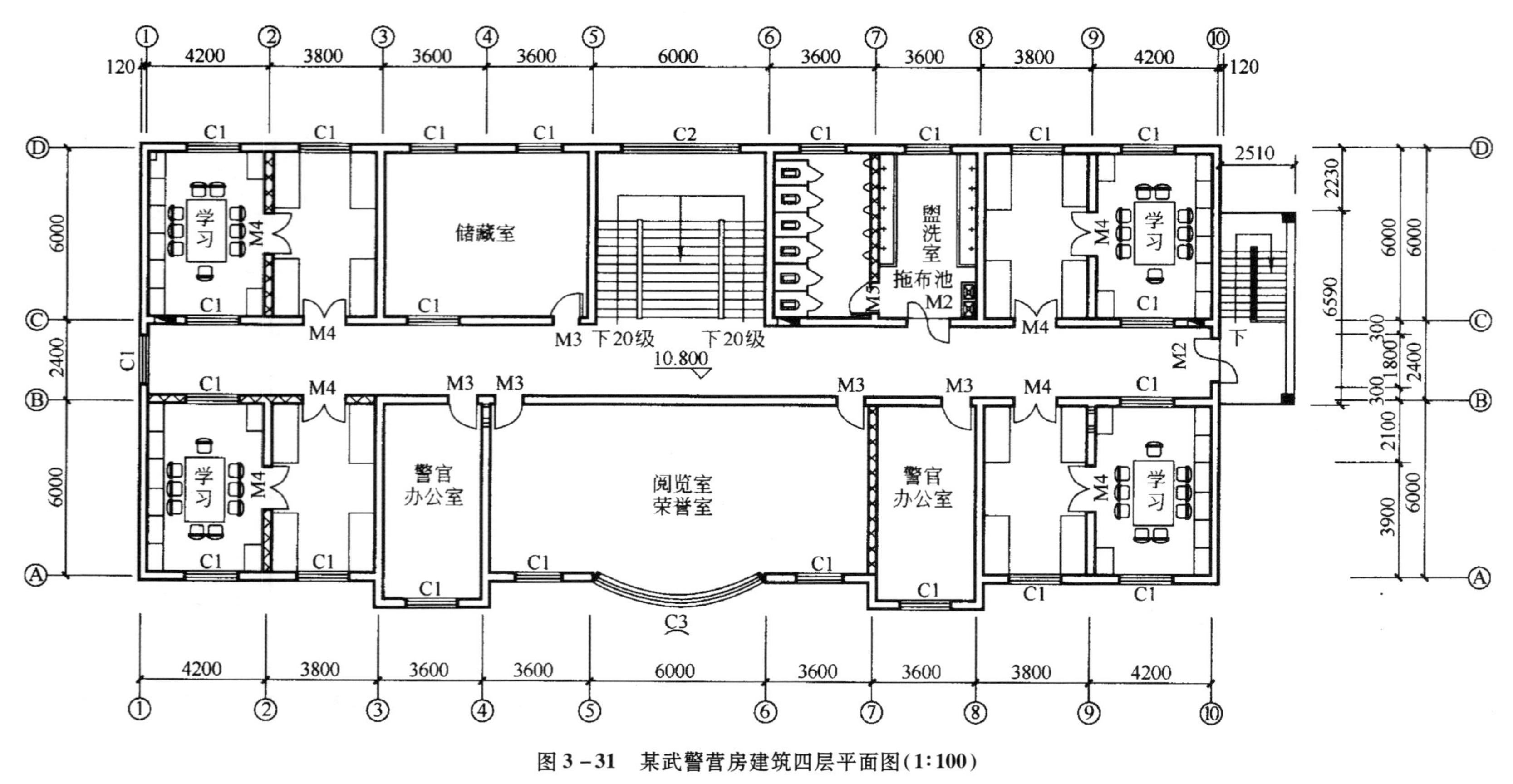

图 3－31 某武警营房建筑四层平面图(1:100)

1）二层中间作为文体活动用房，空间较大，其余为小房间，作为办公用房及宿舍、器材室。

2）宿舍内用轻质隔墙把房间分隔为休息室与学习室两部分。其中②、⑦轴线及Ⓑ轴线局部为轻质隔墙。

3）三层、四层平面的布局与二层基本相同（图3－30、图3－31）。其中二层平面图上有一层门厅处及东侧次要出入口处的雨篷投影，其中门厅处雨篷的排水口设在雨篷的前半部分的外侧，两边对称布置。排水管材料与次要出入口处的相同，均为ϕ50聚氯乙烯塑料管，伸出雨篷外150mm。四层平面图中，④轴线与Ⓒ、Ⓓ轴线间的墙体去掉，变成大空间的储藏间。

4）楼梯间的表示方法四层与二、三层也不同（参看表1－7楼梯间的表示方法）。相对于底层平面图（图3－28），其他楼层平面图中的尺寸要少一些，只标注轴线尺寸即可。如果外墙窗户的尺寸发生变化，则还应标注窗间墙的详细尺寸。

实例30：某武警营房屋顶平面图识读

图3－32为某武警营房屋顶平面图，从图中可以了解以下内容：

1）屋顶平面图主要表明屋顶的形状、屋面排水方向及坡度、天沟或檐沟的位置，根据屋面的形式，还有女儿墙、屋檐线、雨水管、上人孔及水箱的位置等。如屋面结构复杂的，还要增加详细图样补充表示。本楼用1:100比例绘制。

2）由图3－32可以看出，屋面排水形式采用双面内天沟排水，屋面排水坡度为2%。

3）由图名下面的文字注释可以知道，天沟排水坡度为1%。建筑物沿纵向两侧分别设置4个排水口，总计8个排水口。该楼屋面为非上人屋面，设置上人口一个。

4）从图中可以看出，天沟、烟道、上人孔处做法参照标准图集，用索引符号表示。由于本楼外墙装饰的特殊要求，屋面上设置翻梁两道，处在⑤和⑥轴线上，翻梁与天沟接合处留100mm×100mm的过水洞。

实例31：某商住楼一层平面图识读

图3－33为某商住楼一层平面图，从图中可以了解以下内容：

1）平面图的图名、比例。从图中可知该图为一层平面图，比例1:100。

2）建筑的朝向。从图左下角的指北针符号得知该商住楼的朝向是坐南朝北的方向。

3）建筑的结构形式。从图中柱和剪力墙的投影可知，该建筑在一层为框架剪力墙结构。

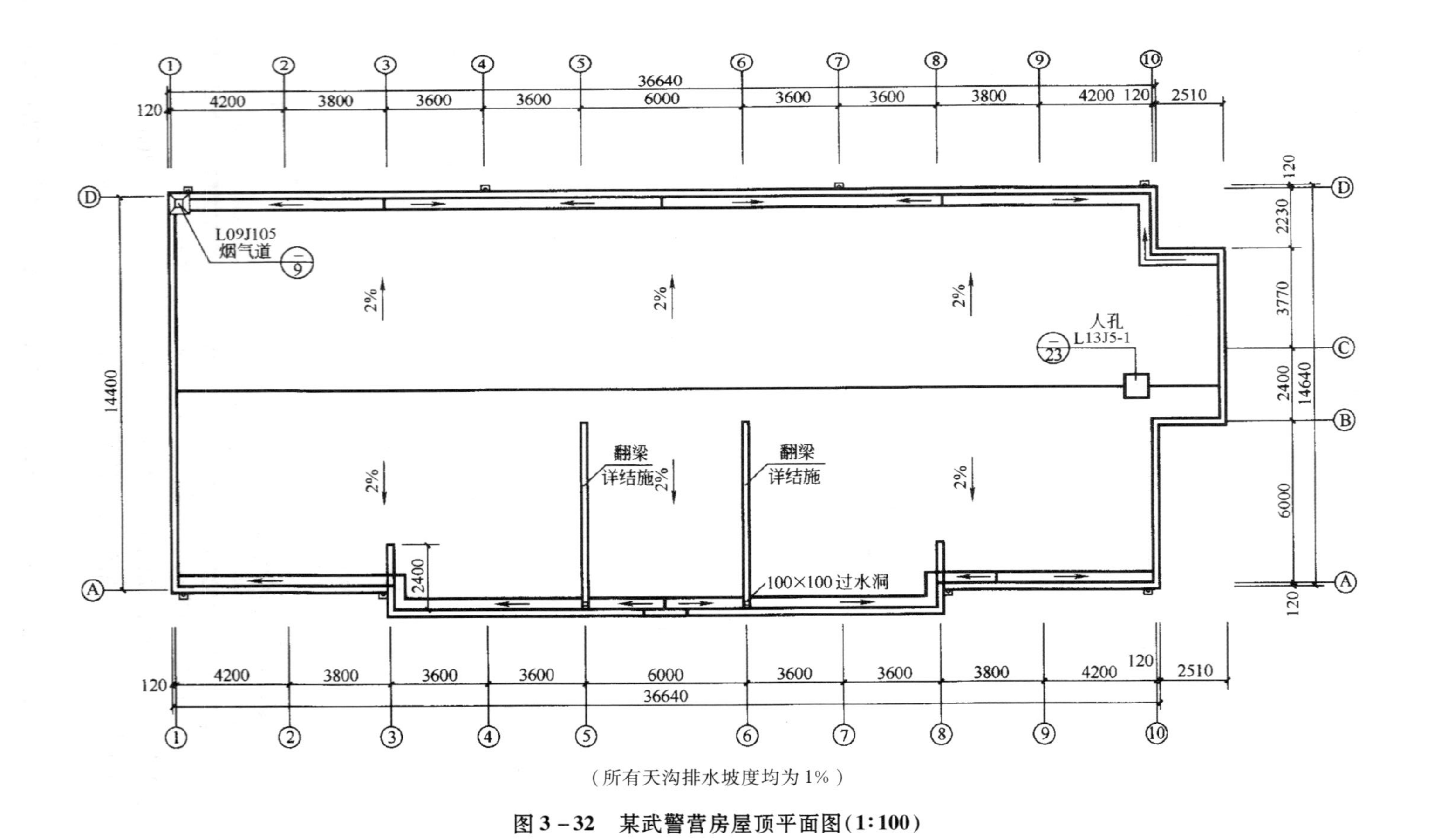

（所有天沟排水坡度均为1%）

图3-32　某武警营房屋顶平面图（1:100）

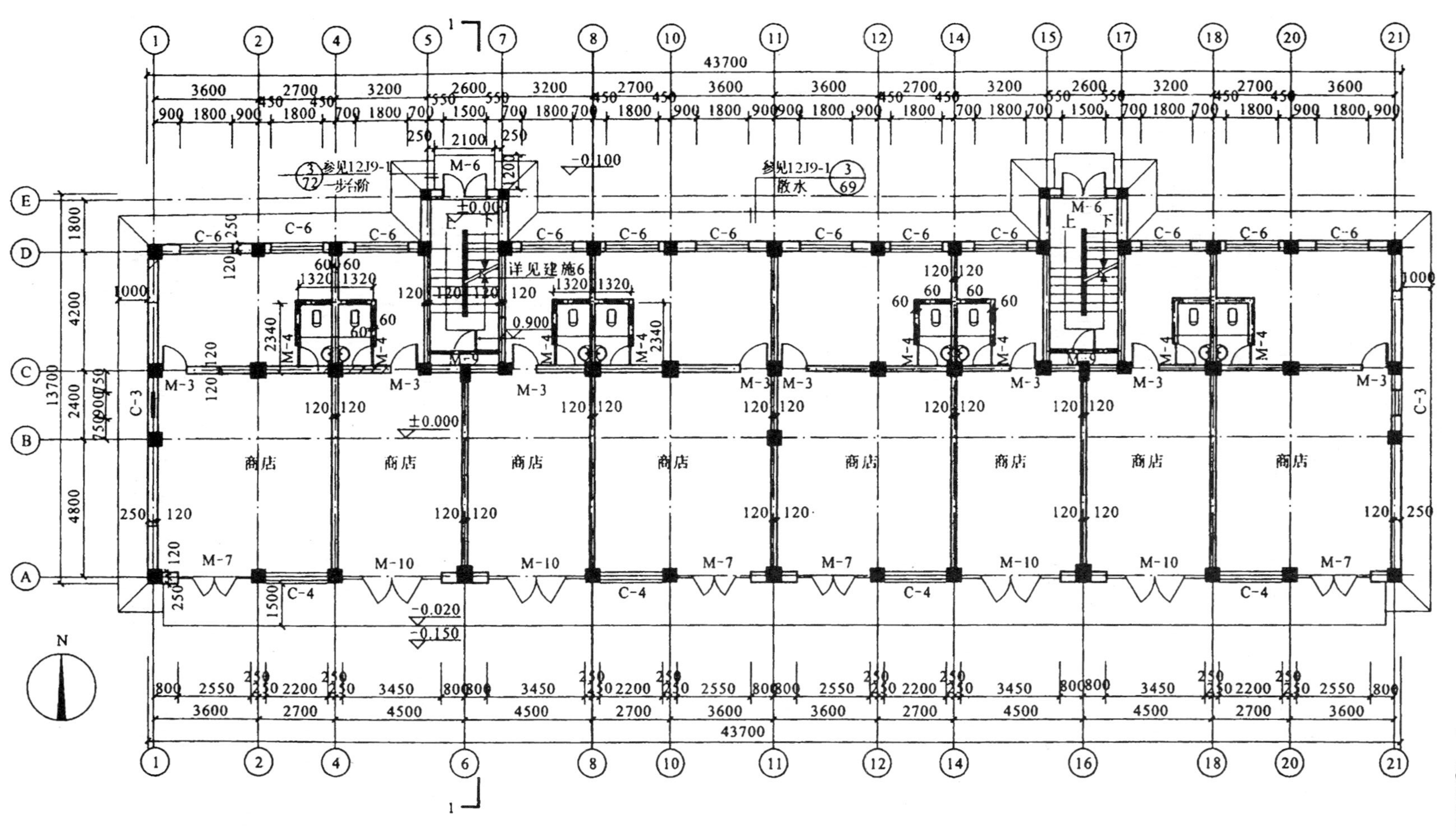

图 3－33　某商住楼一层平面图（1:100）

4）建筑的平面布置。该商住楼横向定位轴线有21根，纵向定位轴线5根。本层主要功能是商店，有两个楼梯间，每个商店分为前后两部分，后面有一卫生间。前面有门、台阶与室外相连。

5）建筑平面图上的尺寸。建筑平面图上标注的尺寸均为未经装饰的结构表面尺寸。了解平面图中所注的各种尺寸，并通过这些尺寸了解房屋的占地面积、建筑面积、使用面积，平均面积利用系数 K 等。建筑占地面积为首层外墙外边线所包围的面积；建筑面积是指各层建筑外墙结构的外围水平面积之和，包括使用面积、辅助面积和结构面积；使用面积是指建筑物各层平面布置中可直接为生产或生活使用的净面积总和。

在建筑平面图中，尺寸标注比较多，一般分为外部尺寸和内部尺寸。

①外部尺寸：为便于读图和施工，外部尺寸一般在图形的下方及左侧注写三道尺寸。

第一道尺寸，表示外轮廓的总尺寸，即指从一端外墙边到另一端外墙边的总长和总宽尺寸，通过这道尺寸可以计算出新建房屋的占地面积。

第二道尺寸，表示轴线间的距离，称为轴线尺寸，用以说明房间的开间及进深尺寸。房屋定位轴线之间的尺寸应符合建筑模数中扩大模数300mm的要求。

第三道尺寸，表示建筑外墙上各细部的位置及大小，如门窗洞宽和位置、墙柱的大小和位置、窗间墙宽度等。这道尺寸一般与轴线联系，这样，便于确定门窗洞口的大小和位置。

在底层平面图中，台阶（或坡道）、花池及散水等细部的尺寸，单独标注。

②内部尺寸：为了说明房间的净空大小和室内的门窗洞、孔洞、墙厚和固定设备（例如厕所、盥洗室、工作台、搁板等）的大小与位置，除房屋总长、定位轴线以及门窗位置的三道尺寸外，图形内部要标注出不同类型各房间的净长、净宽尺寸。内墙上门、窗洞口的定形、定位尺寸及细部详尽尺寸。

从图3－33可知，该商住楼的总长为43.7m，总宽为13.7m，可计算建筑的占地面积。第二道尺寸表示建筑定位轴线之间的尺寸，如横向轴线①②轴线的距离为3600mm，②④轴线的距离为2700mm，④⑥轴线的距离为4500mm等，纵向轴线ⒶⒷ轴线的距离为4800mm，ⒷⒸ轴线的距离为2400mm，ⒸⒹ轴线的距离为4200mm，ⒹⒺ轴线的距离为1800mm。第三道尺寸表示外墙上门窗洞口的尺寸和洞间墙的尺寸，在商店前面的门有两种，编号分别是M－10和M－7，M－10的洞宽为3450mm，M－7的洞宽是2550mm，C－4的洞宽为2200mm。在商店后面的外墙上有C－6和M－6，C－6的洞宽为1800mm，M－6的洞宽为1500mm，两面山墙上都有C－3，洞口尺寸为900mm。

在图形内主要尺寸有墙体的厚度尺寸，从图中可知，该建筑外墙厚度为370mm，内墙厚度为240mm，隔墙厚度为120mm，卫生间的尺寸为1320mm×2340mm。

6）建筑中各组成部分的标高情况。在平面图中，对于建筑物各组成部分，如地面、楼面、楼梯平台面、室外台阶面、阳台地面等处，应分别注明标高，这些标高均采用相对标高（小数点后保留3位小数），如有坡度时，应注明坡度方向和坡度值，如图中地面标高为±0.000，室外台阶标高为－0.020m，室外地面的标高为－0.100m，表明建筑室内外地面的高度差值为0.10m。

7）门窗的位置及编号。为了便于读图，在建筑平面图中门采用代号M表示，窗采用代号C表示，加编号以便区分。如图中的C－1、M－1、M－2等。在读图时应注意每种类型门窗的位置、形式、大小和编号，并与门窗表对应，了解门窗采用标准图集的代号、门窗型号和是否有备注。从附图门窗表中可知该栋商住楼共有10种类型的窗户和10种类型的门。

8）建筑剖面图的剖切位置、索引标志。在底层平面图中适当的位置画有建筑剖面图的剖切位置和编号，以便明确剖面图的剖切位置、剖切方法和剖视方向。如⑥轴线右侧的1－1剖切符号，表示建筑剖面图的剖切位置，剖面图类型为全剖面图，剖视方向向左。细部做法如另有详图或采用标准图集的做法，在平面图中标注索引符号，注明该部位所采用的标准图集的代号、页码和图号，以便施工人员查阅标准图集，方便施工。如图中散水处的索引符号表示散水做法采用标准图集12J9－1。

9）各专业设备的布置情况。建筑物内的设备如卫生间的便池、洗面池位置等，读图时注意其位置、形式及相应尺寸。

实例32：某别墅住宅一层平面图识读

图3－34为某别墅住宅的一层平面图，从图中可以了解以下内容：

1）该住宅平面为矩形，一栋二户的别墅型住宅，其总长16.44m，总宽为9.24m。两户的入口分别设在两端的②轴线墙和⑧轴线墙的Ⓑ～Ⓒ轴线之间。每户由入口处上三级台阶进入客厅。

2）该住宅的底层室内地坪标高为±0.000，室外地坪标高为－0.450，即室内外高差为450mm。剖面图Ⅰ－Ⅰ的剖切位置在④～⑤轴线之间。

3）厨房、卫生间集中布置在靠山墙一端，以利集中布置管线。卫生间地坪比其他房间低60mm。客厅的开间尺寸为4500mm，餐厅的开间尺寸为3000mm，餐厅和客厅的进深总计为9000mm。紧靠客厅布置有一个客卧室，以方便来客居住。

4）通过一层平面图还可以看到所有的门窗都有编号，如进户门编号为M0921，其含义为门洞口的宽度为900mm，高度为2100mm；餐厅窗的编号为C1815，其含义为窗洞口的宽度为1800mm，高度为1500mm；门窗洞口的宽度也可以从平面图标注的外部尺寸中读出。

5）从图中还可以看到多个窗洞都设有窗套，以丰富立面线条。一层平面图中还可看到共有M0921、M0920、M0820和M0720三种门，且都为平开门。窗共有C1815、C1515、C1215和C3018四种。

6）通过餐厅右边的垂直交通设施楼梯可上至二层。由于一层平面图的形成是剖切位置位于一层窗洞之间将建筑剖开，故楼梯间的表达方式仅有一个梯段，并用折断线将其折断。

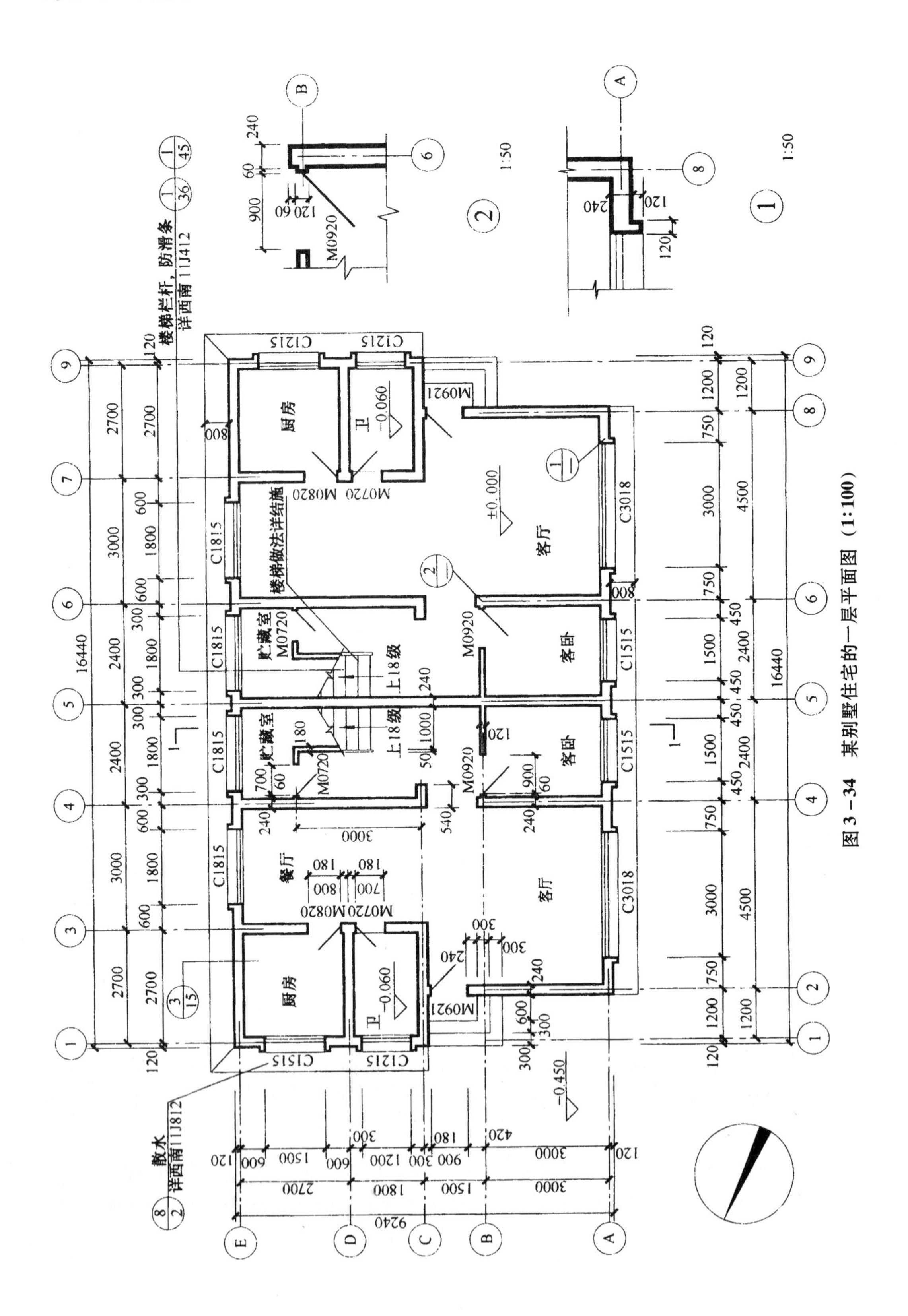

图3-34　某别墅住宅的一层平面图（1:100）

实例 33：某别墅住宅二层平面图识读

图 3－35 为某别墅住宅的二层平面图，从图中可以了解以下内容：

1）二层是家庭的主要居室层，共有三间卧室，其中主卧室带一个阳台和一个卫生间（简称“主卫”），其余两个次卧室共用一个公共卫生间（简称“公卫”）。

2）二层主卧室的开间尺寸为 3600mm，进深为 4500mm；从②轴线上的门 M0825 可以到阳台上透气和眺望；从Ⓒ轴线上的门 M0720 可以进到主卧室的专用卫生间；卫生间的开间尺寸为 1800mm，进深总计为 2700mm。

3）两个次卧室都比主卧室小。轴线尺寸分别为 3300mm × 4500mm 和 2700mm × 3900mm；公卫的开间、进深尺寸同主卫。

4）由于二层平面每户有三个卧室，两个卫生间，故二层共有 M0920、M0825、M0720 三种门，其中 M0920 为入户门，宽度为 900mm，都为内开；M0825 为出阳台的门，为外开；M0720 为进卫生间的门，故较窄，仅为 700mm 宽。窗共有 C1815、C1515、C1215 和 C0915 四种。

5）从二楼的梯间可下至一楼会客和用餐，也可上至三楼。由于二层平面图的形成是剖切位置位于二层窗洞之间将建筑剖开，故楼梯间的表达方式既有向上的梯段，又有向下的梯段；向上的梯段被折断线折断，而向下的梯段根据投影规律全部都能看见。

实例 34：某别墅住宅三层平面图识读

图 3－36 为某别墅住宅的三层平面图，从图中可以了解以下内容：

1）三层是一个利用坡屋顶下空间形成的大房间，四周墙体都没有窗，因为三层楼面上四周的墙体高度尺寸不高，开窗位置不够。故在平面上虚线位置的屋顶上开了天窗（亦称老虎窗）来采光和通风。

2）从三层的梯间只能往下下至二层，故只有一个向下的箭头指引，向下的梯段根据投影规律全部都能看见。

实例 35：某别墅住宅屋顶平面图识读

图 3－37 为某别墅住宅的屋顶平面图，从图中可以了解以下内容：

1）该屋顶为二坡同坡屋面，雨水从屋脊沿两边坡屋面排下经檐口的排水天沟上的雨水口排入落水管后排出室外。

2）天窗、雨水口另有详图画出，因此屋顶平面图上还标出了这些详图的索引符号。

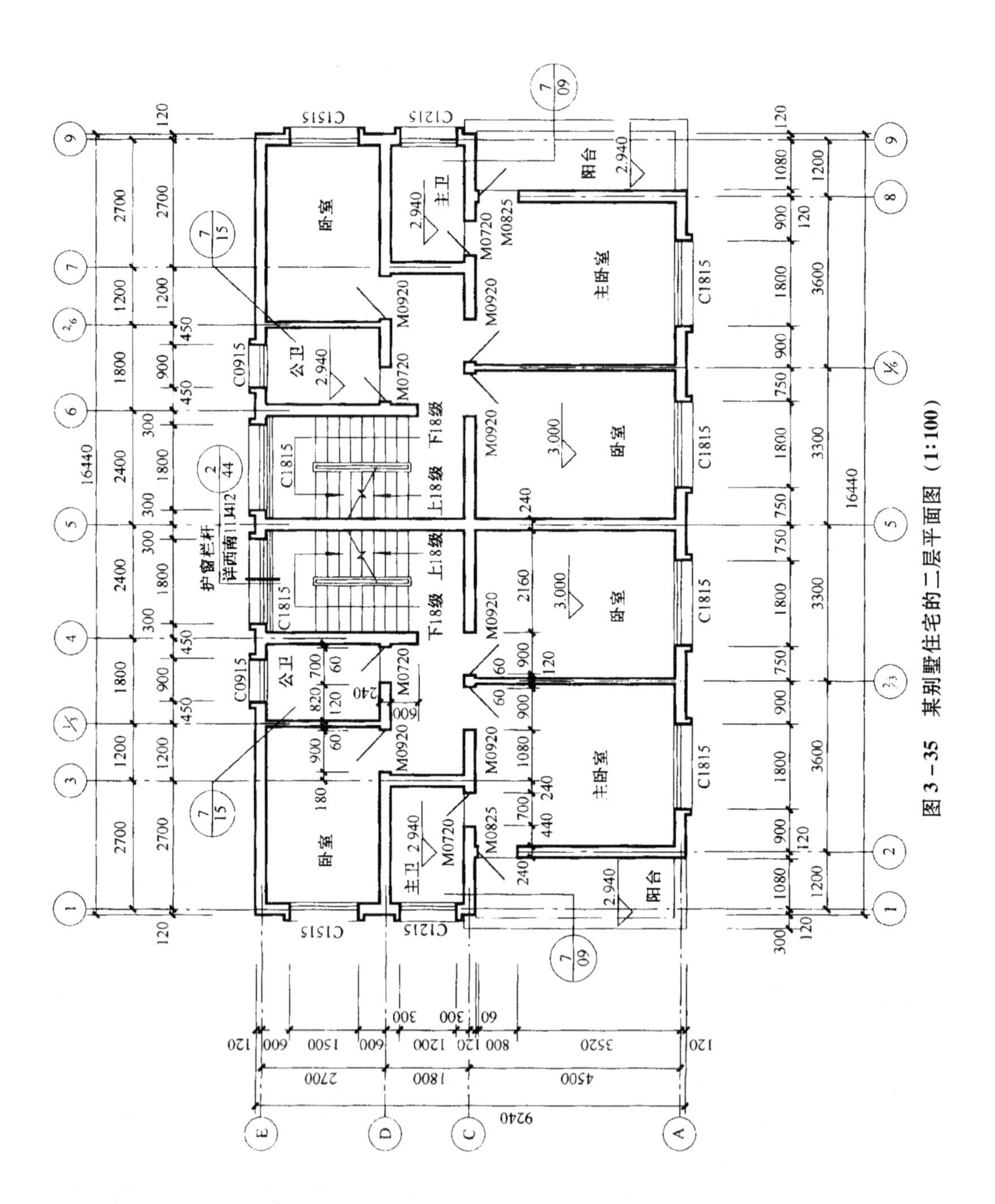

图 3－35　某别墅住宅的二层平面图（1:100）

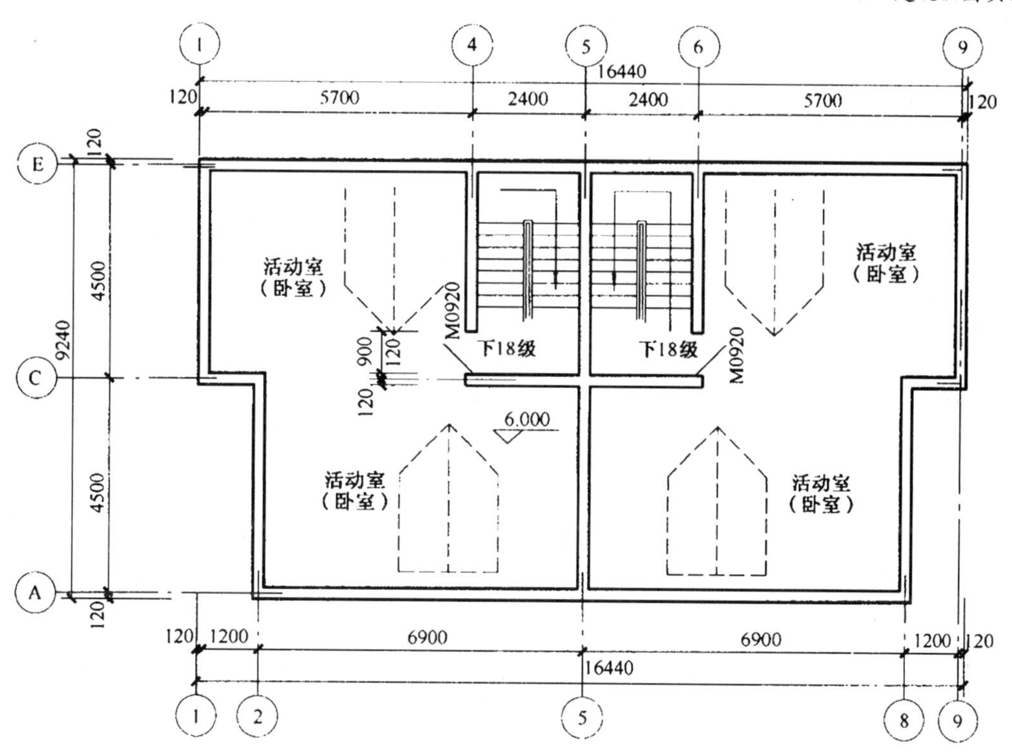

图 3-36 某别墅住宅的三层平面图（1:100）

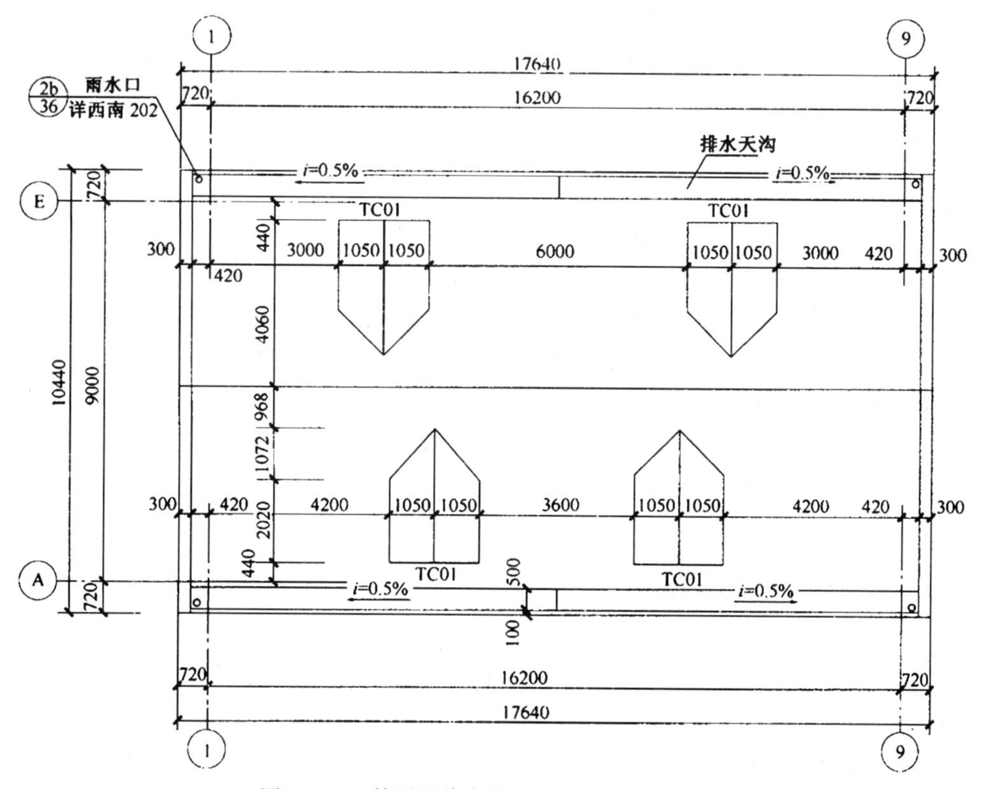

图 3-37 某别墅住宅的屋顶平面图（1:100）

实例36：单层工业厂房平面图识读

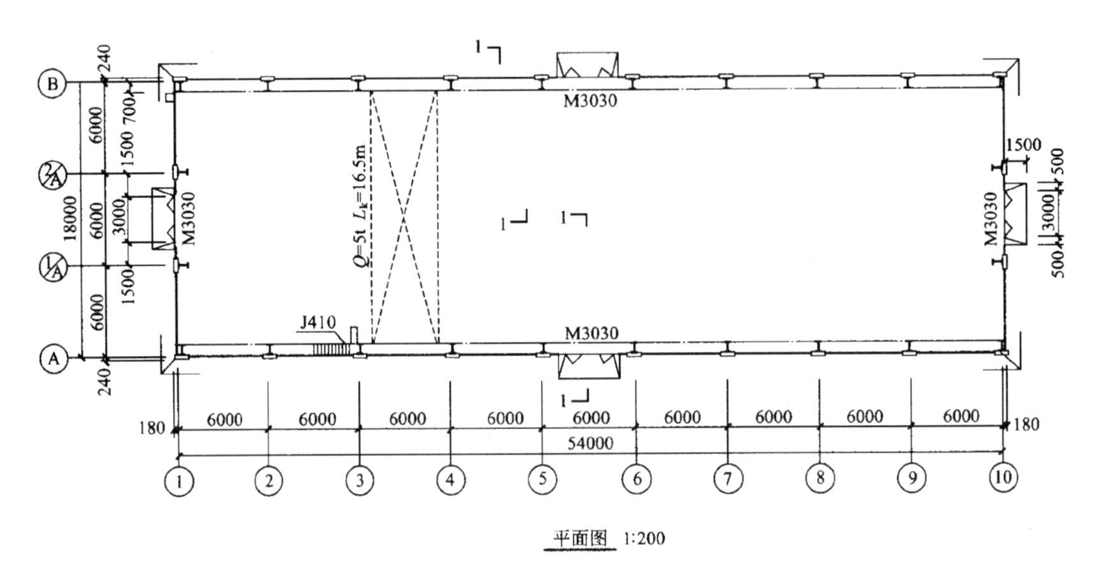

图3－38 单层工业厂房平、立、剖面图

图3－38为单层工业厂房平、立、剖面图，从图中可以了解以下内容：

1）从图3－38的标题栏可知，此为某通用机械厂的机修车间。车间的平面为一矩形，其横向轴线①～⑩共九个开间，柱子轴线之间的距离为54000mm。纵向轴线Ⓐ、Ⓑ通过柱子外侧表面及墙的内沿。

2）车间柱子是工字形断面的钢筋混凝土柱。在车间内设有一台桥式吊车。吊车用图例 ⊠ 表示，注明吊车的起重量（$Q=5t$）与轨距（$L_k=16.5m$）。室内两侧的粗单点长画线，则表示吊车轨道的位置，也是吊车梁的位置。上下吊车用的工作梯，设在②～③开间的Ⓐ轴墙内沿，其构造详图从J410图集选用。车间四向各设大门一个，从图例可以看出，这是折式外开门，编号是M3030（M为门的代号，前“30”为门宽3m，后“30”为门高3m）。为了方便运输，在门入口处设置坡道。

3）在室外四周设置了散水（只在厂房四角画出散水的投影）。在离Ⓑ轴线700mm的山墙处，设置了消防梯。

实例37：厨房平面图识读

图3－39为厨房平面图，从图中可以了解以下内容：

1）本图采用的比例为1:50。

2）详细绘出了厨房中操作台的大小及位置、洗水池及灶台的布置位置，其中操作台宽600mm。

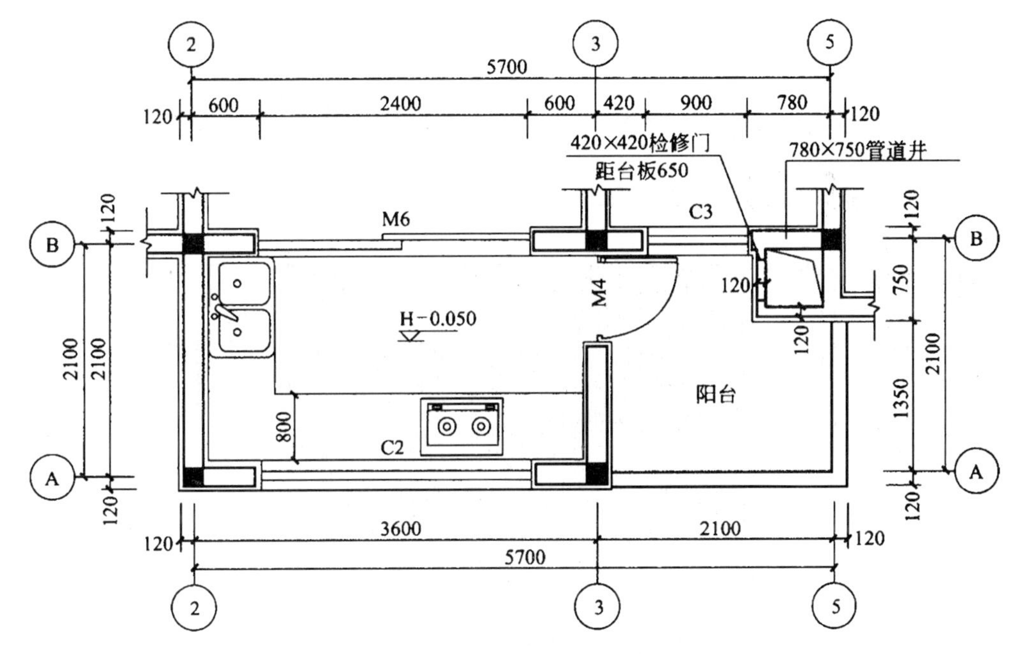

图 3－39 厨房平面图（1:50）

3）看图可知，厨房通过门 M4 与阳台相连，通过门 M6 与室内其他房间相连。其中阳台上有尺寸为 780mm×750mm 的管道井，井壁上开有 420mm×420mm 的检修门一个，检修门距离阳台板 650mm 高。

实例 38：建筑坡屋面排水平面图识读

图 3－40 为建筑坡屋面排水平面图，从图中可以了解以下内容：

1）③～⑦轴及 1/B ～Ⓕ轴之间的屋面为坡屋面，也就是图中填充竖线图例的部分。

2）屋面在Ⓓ轴有一道横向屋脊线，把屋面分为两部分，说明是双坡屋面。其在③轴、⑤轴和⑦轴处设有斜面的挡墙，而在 1/B 轴和Ⓕ轴处则没有设置天沟。下雨的时候，雨水将会顺屋面自由落下，也就是说使用的是自由落水法。

实例 39：建筑平屋面排水平面图识读

图 3－41 为建筑平屋面排水平面图，从图中可以了解以下内容：

1）①～⑤轴及Ⓐ～Ⓒ轴之间的屋面为平屋面。屋面在Ⓐ轴下面有一斜坡檐，其净宽为 620mm，它在本图中只是起到装饰立面的作用，与屋面排水并无关系。

2）由于此屋面面积不大，进深较短，排水区域的划分比较简单，直接采用单方向 2% 的坡度由Ⓐ轴向Ⓒ轴排水的方法。

3）在Ⓒ轴下方 500mm 处设置天沟，将屋面的雨水利用天沟汇集，再通过①轴、③轴及⑤轴附近的落水管排向地面。

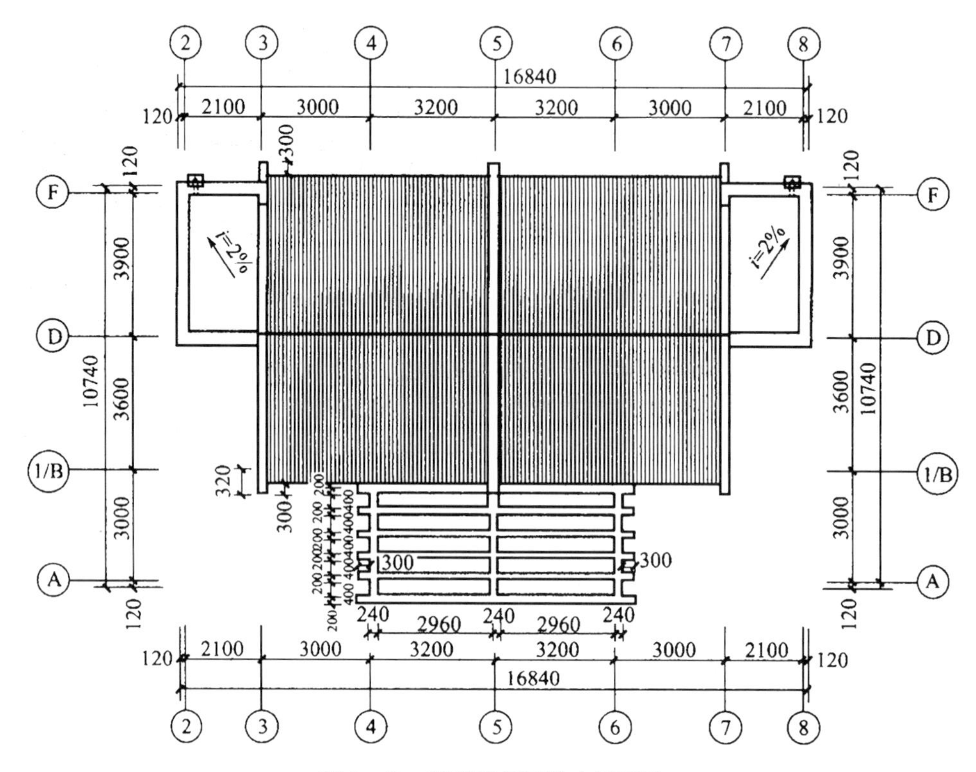

图 3－40 建筑坡屋面排水平面图

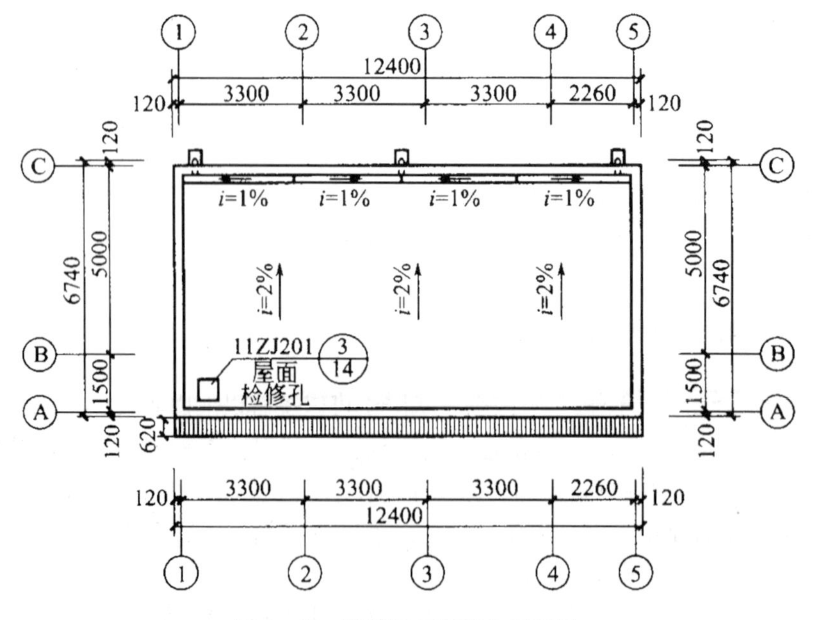

图 3－41 建筑平屋面排水平面图

3.3 建筑立面图识读实例

实例40：某住宅楼⑨～①立面图识读

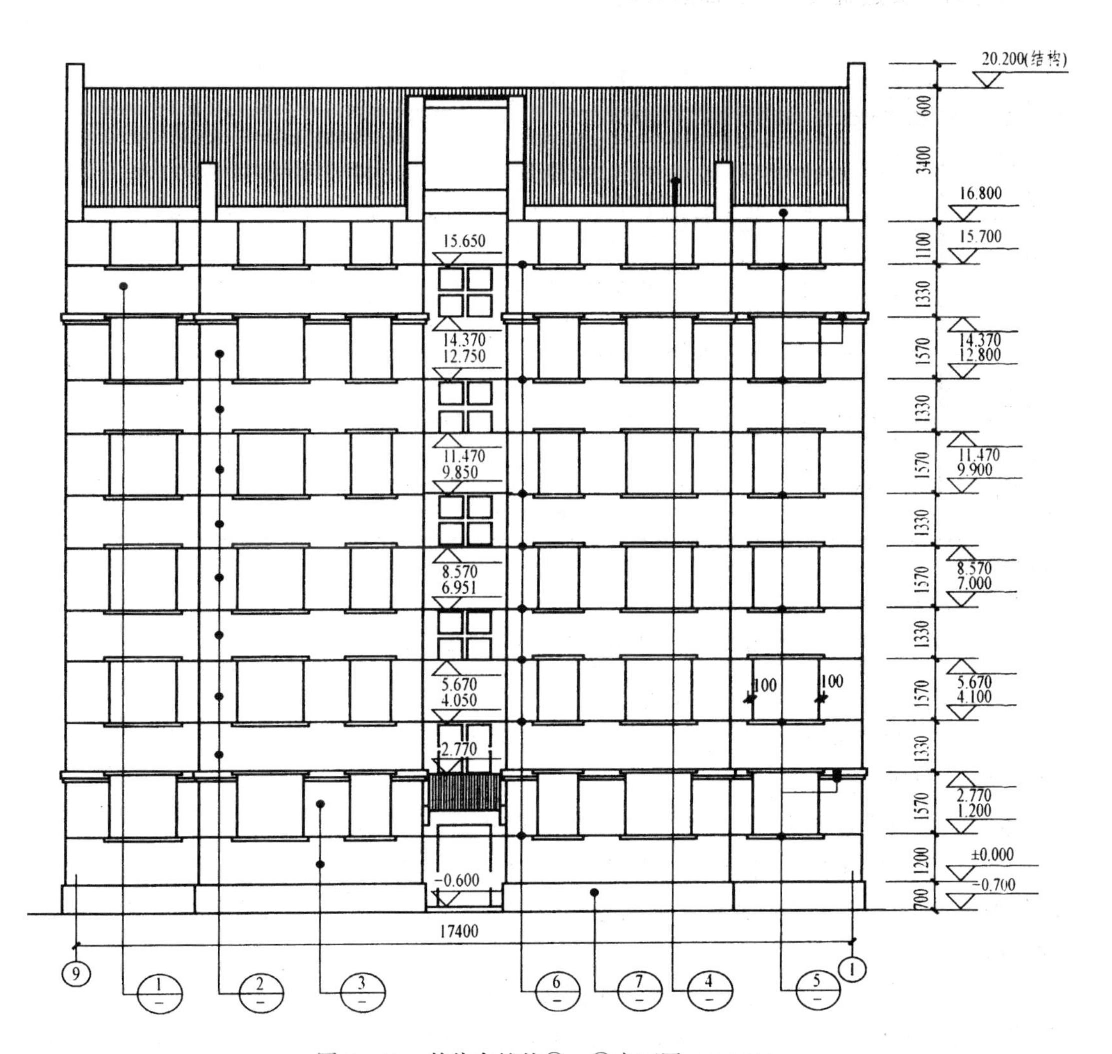

图3－42 某住宅楼的⑨～①立面图（1∶100）

注：①土黄色外墙涂料；②砖红色外墙涂料；
③灰色外墙涂料；④红色瓦屋面；⑤白色外墙涂料；
⑥20宽黑色凹线间距；⑦剁斧石勒脚

图3－42为某住宅楼的⑨～①立面图，从图中可以了解以下内容：

1）立面造型的形式、立面装饰饰面材料的规格和颜色等。

2）图名、比例。该图为⑨～①轴北立面图，比例1∶100。

3）建筑立面的外形、门窗、檐口、阳台、台阶等形状及位置。在立面图上，相同的门窗、阳台、外檐装修、构造做法等。

4）立面图中的标高尺寸。立面图中应标注室内外地坪、檐口、屋脊、女儿墙、雨篷、门窗、台阶等处的标高。

5）建筑外墙表面装修的做法和分格线各部位材料及颜色等。

实例41：某建筑⑪～①立面图识读

图3－43　某建筑⑪～①立面图（1∶100）

图3－43为某建筑⑪～①立面图，从图中可以了解以下内容：

1）从图名或轴线的编号可知该图是房屋北向的立面图，比例与平面图一样（1∶100），以便对照阅读。

2）从图上可看到该房屋一个立面的外貌形状，也可了解该房屋的屋顶、门窗、雨篷、阳台、台阶、勒脚等细部的形式和位置。如主入口在中间，其上方有一连通窗（用简化画法表示）。各层均有阳台，在两边的窗洞左（右）上方有一小洞，为放置空调器的预留孔。

3）从图中所标注的标高可知，此房屋室外地面比室内±0.000低300mm，女儿墙顶面处为9.60m，因此房屋外墙总高度为9.90m。标高一般注在图形外，并做到符号排列整齐、大小一致。若房屋立面左右对称时，一般注在左侧。不对称时，左右两侧均应标注。必要时为了更清楚起见，可标注在图内（如楼梯间的窗台面标高）。

4）从图上的文字说明，了解到房屋外墙面装修的做法，如东、西端外墙为浅红色马赛克贴面，中间阳台和梯间外墙面用浅蓝色马赛克贴面，窗洞周边、檐口及阳台栏板边等为白水泥粉面（装修说明也可在首页图中列表详述）。

5）图中靠阳台边上分别有一雨水管。

实例42：某商场①~⑧立面图识读

图3－44为某商场的①~⑧立面图，从图中可以了解以下内容：

1）图名和比例。图3－44是商场的①~⑧立面图，比例1∶100。

2）建筑物的立面外貌，门窗、雨篷等构件的形式和位置。建筑物的外形轮廓用粗实线表示，室外地坪线用特粗线表示；门窗、阳台、雨篷等主要部分的轮廓线用中实线表示，其他如门窗、墙面分格线等用细实线表示。由图3－44中看出，建筑物①~⑧立面基本上也是矩形，首层MC1是玻璃门连窗，其余各层在该立面上设有玻璃窗，没有门。图3－44中表达了门窗、玻璃幕墙的形状，但开启扇没表示，将在门窗详图中表示。

3）尺寸和标高。立面图的尺寸主要为竖向尺寸，有三道，最外一道是建筑物的总高尺寸；中间一道是层高尺寸；最内一道是房屋的室内外高差，门窗洞口高度，垂直方向窗间墙、窗下墙、檐口高度等细部尺寸。水平方向要标出立面最外两端的定位轴线和编号。由图3－44可知，该商场各层的高度为：首层6m，二层至五层每层都是4.2m，总高23.25m。室内外高差0.15m。

立面图的标高表示主要部位的高度，如室内外标高、各层层面标高、屋面标高等。由图3－44中看出，标高零点定于首层室内地面，室外地坪标高－0.150，二层楼板面标高6.000，三层楼板面标高10.200……依此类推。

4）外部装饰做法。图3－44对立面的装饰做法有较详细的表达。如入口处雨篷的形状和饰面，饰面砖、铝板、大理石等材料的颜色和位置，广告牌、广告灯箱的位置和形状，装饰柱的尺寸，玻璃幕墙的用料等都有表达。

5）详图情况。由索引符号了解详图情况。图3－44中显示屋顶节点、栏杆、装饰柱都有大样，具体位置和详图编号在索引符号中注明。如屋顶节点大样在J－20的1号详图中表示，栏杆大样见标准图集。

实例43：某住宅楼建筑立面图识读（一）

图3－45为某住宅楼建筑立面图，从图中可以了解以下内容：

1）该住宅楼立面图有两个，上图为正立面，即定位轴线1至10立面，下图为背立面，即定位轴线10至1立面。

2）从正立面图上可以看到各层临南向房间的外窗位置及其形式，阳台栏板立面位置、外墙面及墙裙立面形式、屋面挑檐立面形式等。

3）从背立面图上可以看出各层临北向房间的外窗位置及其形式、外墙面及墙裙立面形式，楼梯间入口、第一段楼梯立面，室内台阶立面、雨篷立面等。

4）立面图右侧的标高线，表示外窗、挑檐等各处标高值，标高值以底层室内地面标高为零算起的，高于底层室内地面者为正值，低于底层室内地面者为负值，本图中室外地坪标高值为－0.350，表示室外地坪低于底层室内地面0.35m。标高值的计量单位为“m”。

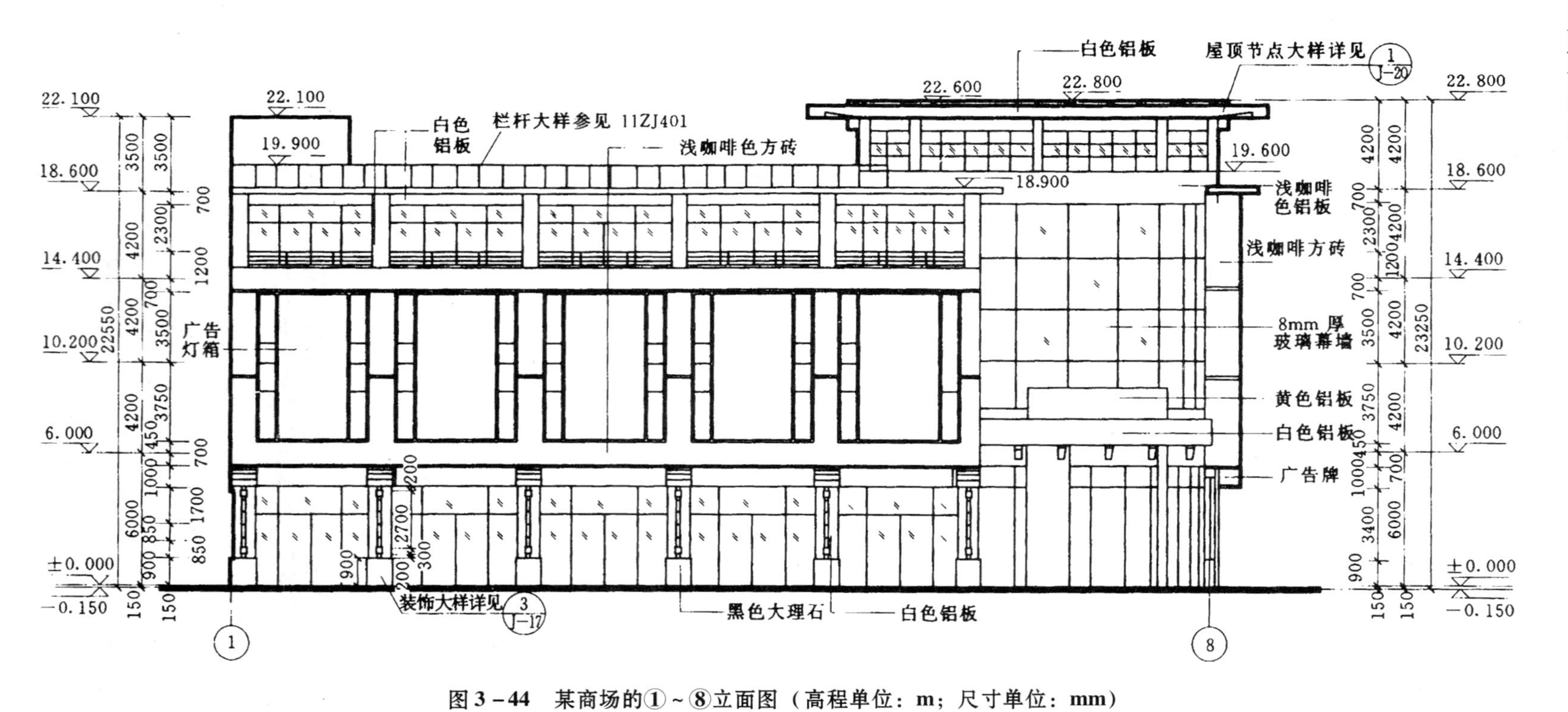

图3-44 某商场的①~⑧立面图（高程单位：m；尺寸单位：mm）

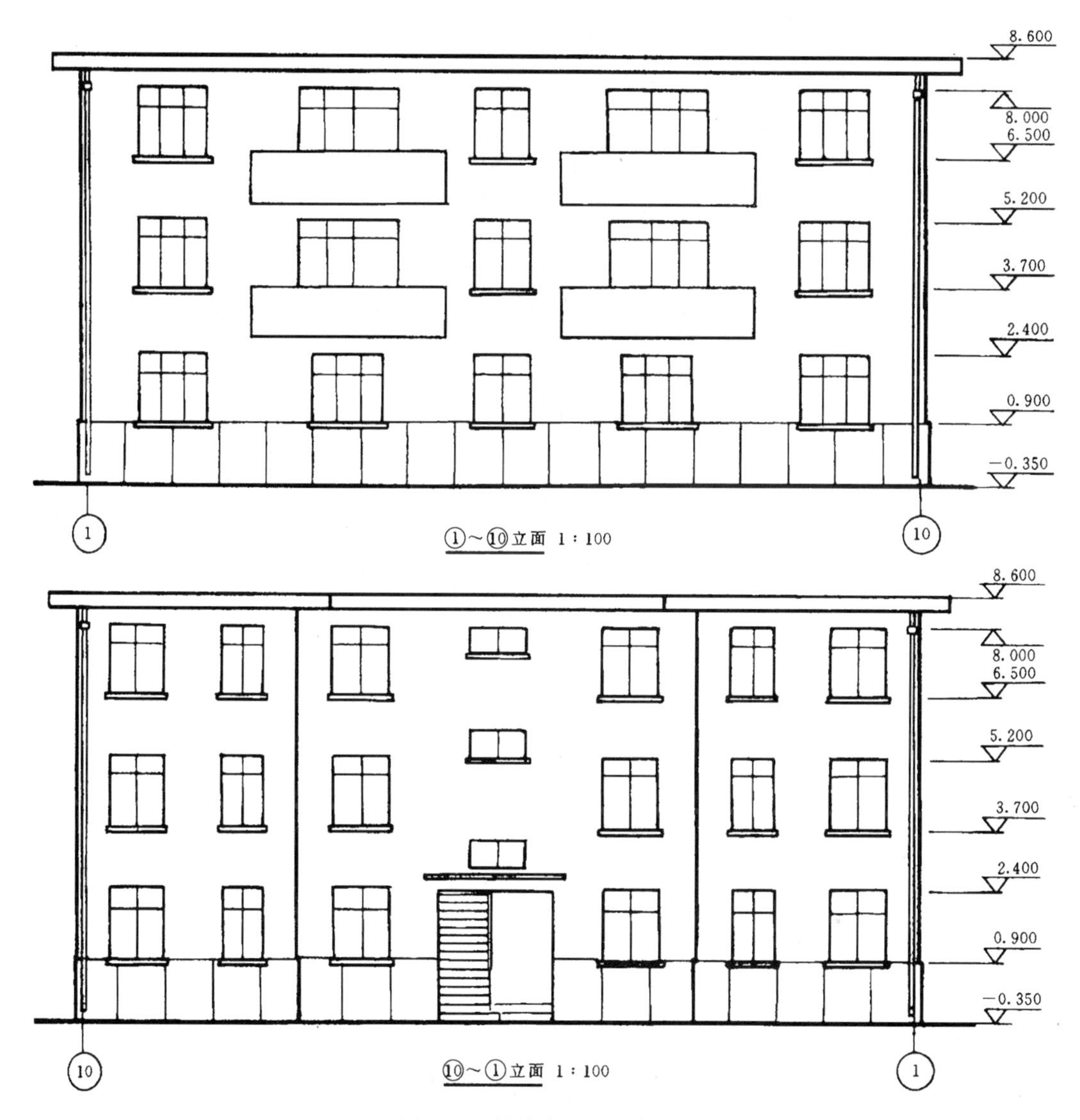

图3-45　某住宅楼建筑立面图

5）外墙裙立面上竖向细线是表示外墙裙抹灰的分格线。

6）每个外窗下边的狭长粗线条表示窗盘立面。

7）外墙底下一道最粗线表示室外地坪线（不画散水）。

实例44：某住宅楼建筑立面图识读（二）

图3-46为某住宅楼建筑立面图，从图中可以了解以下内容：

1）由图3-46可知这是房屋四个立面的投影，用轴线标注着立面图的名称，也可以把它们分别看成是房屋的背立面、正立面、右侧立面、左侧立面四个立面图，图的比例均为1:100；图中表明，该房屋是五层楼，平顶屋面。

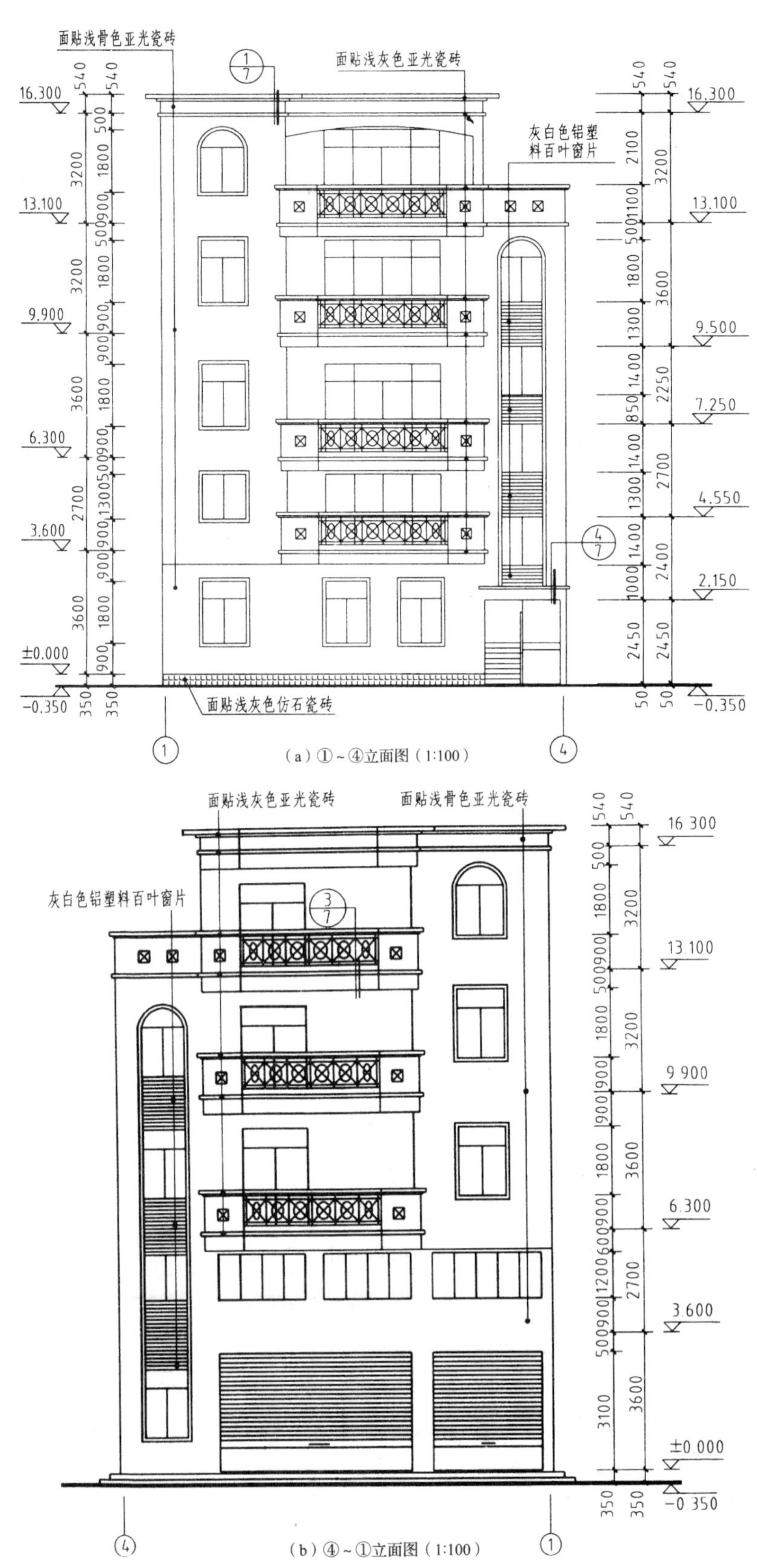

（a）①～④立面图（1:100）

（b）④～①立面图（1:100）

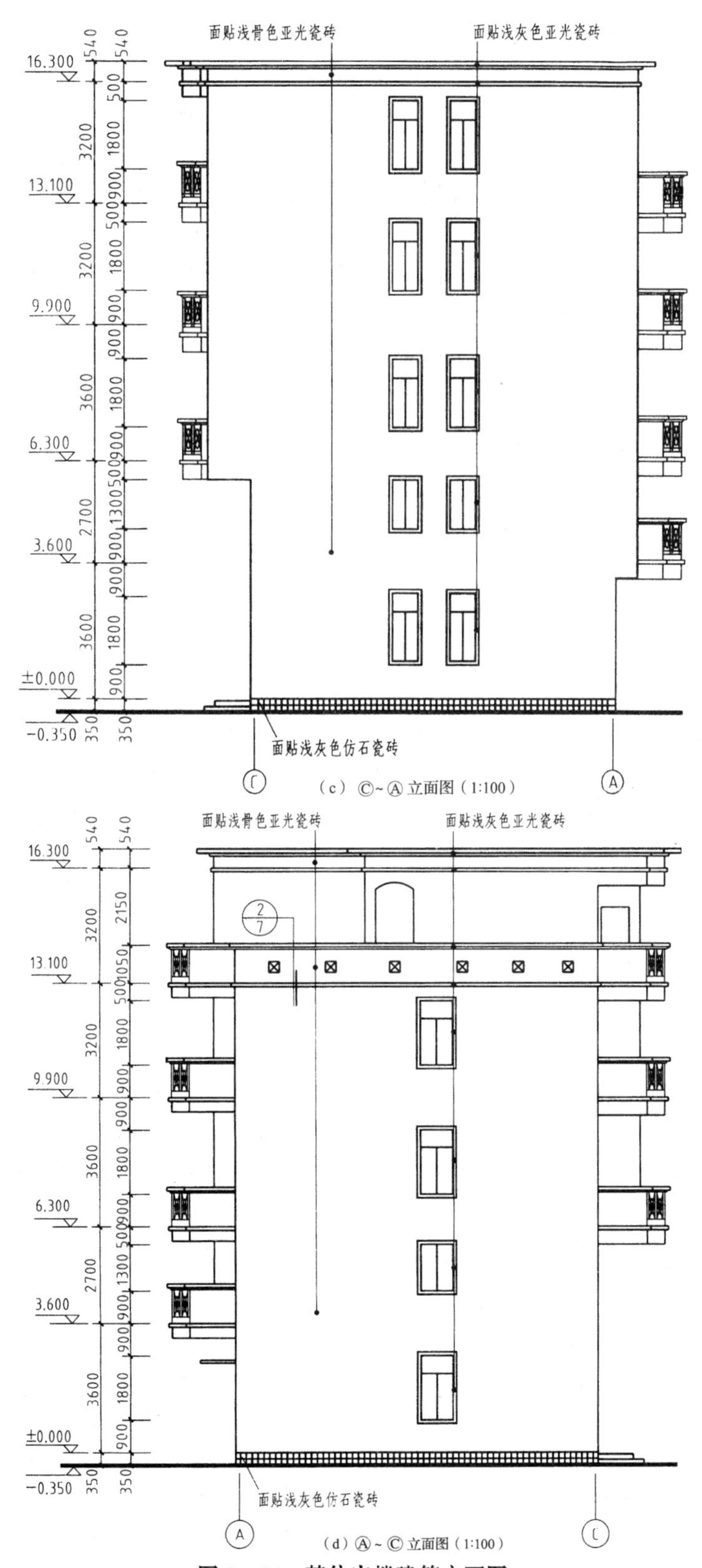

（c）Ⓒ~Ⓐ立面图（1:100）

（d）Ⓐ~Ⓒ立面图（1:100）

图3－46 某住宅楼建筑立面图

2）①～④轴立面图是住宅楼主要出入口一侧的立面图，可看到楼梯出入口的雨篷的位置和外形。

3）④～①轴立面图是底层商店正面一侧的立面图，可看到商店外面室外台阶的位置和外形。

4）Ⓐ～Ⓒ轴左侧立面图，可看到南、北两侧阳台挑出的情况，与①～④轴立面图、④～①轴立面图对照可看到四层露台的外形样式。

5）通过四个立面图可看到整个楼房各立面门窗的分布和式样，屋檐、勒脚、墙面的分格、装修的材料和颜色：如勒脚全是贴浅灰色仿石瓷砖，屋檐口、阳台口都贴浅灰色亚光瓷砖，墙面都贴浅骨色亚光瓷砖等。

6）看立面图的标高尺寸，可知房屋室外地坪为－0.350m。各层楼面标高、各层阳台栏杆面的标高分别为4.550m、7.250m等，女儿墙高为540mm等。

实例45：某武警营房建筑立面图识读

图3－47～图3－50为某武警营房建筑南立面图、北立面图、东立面图和西立面图，从图中可以了解以下内容：

1）南立面图，明确建筑物主要正立面的整体外貌

①明确建筑的外貌形状，与平面图相比较深入了解屋面、雨篷、台阶等细部的形状及位置。图3－47所示南立面图表比例为1∶100。该楼为四层平屋顶。从立面看，建筑物体型除在东侧多一室外楼梯外，其余均对称。主要入口处设有雨篷及坡道，西侧也有一次要出入口。立面上最明显的做法是建筑物顶部有一高出屋面的板，中间竖有高3900mm的旗杆。

②明确建筑的高度。图3－47立面的右侧跟顶部注有标高。如室外地坪为－0.600m，檐口标高为15.300m，最高处为17.800m，以及每层室外楼梯的休息平台的标高。

③明确建筑物外墙各部分的装修做法。从图3－47中可以看出，一层窗台之下的外墙为蘑菇石贴面；上部的外墙面以浅灰色外墙涂料饰面，两层之间的分割带以深灰涂料粉饰；雨篷部位也是以深浅两种涂料粉饰；室外楼梯均为浅灰色外墙涂料。南立面顶部贴有八块磨光花岗石石块。顶部旗杆为ϕ60不锈钢钢管。

④明确索引符号的意义。本例中对于顶部八块磨光花岗石的具体尺寸通过详图索引符号直接绘制在立面图一侧。

由图3－47可以看出，在立面图中不可见的轮廓一律不表示。建筑物的整体外包轮廓画粗实线，室外地坪画加粗线。门窗扇的分格、外墙面上的其他构配件、装饰线等用细实线画出。

2）其他立面图，明确建筑物其他立面的外貌。在对建筑物主要立面的外貌形状有了清晰的了解以后，再了解其他立面图。如图3－48为北立面。此图主要表示了建筑物背立面房间的外窗以及主楼梯间外窗的造型。除了外墙粉刷跟南立面相同外，右侧的标高不再是室外楼梯处的标高，而是标注的建筑物每层楼面的标高。图3－49、图3－50为东西立面图，在西立面图中，主要表达了室外楼梯的投影及相应的标高；东立面图中增加了西侧次要入口处的雨篷尺寸，雨篷厚400mm。

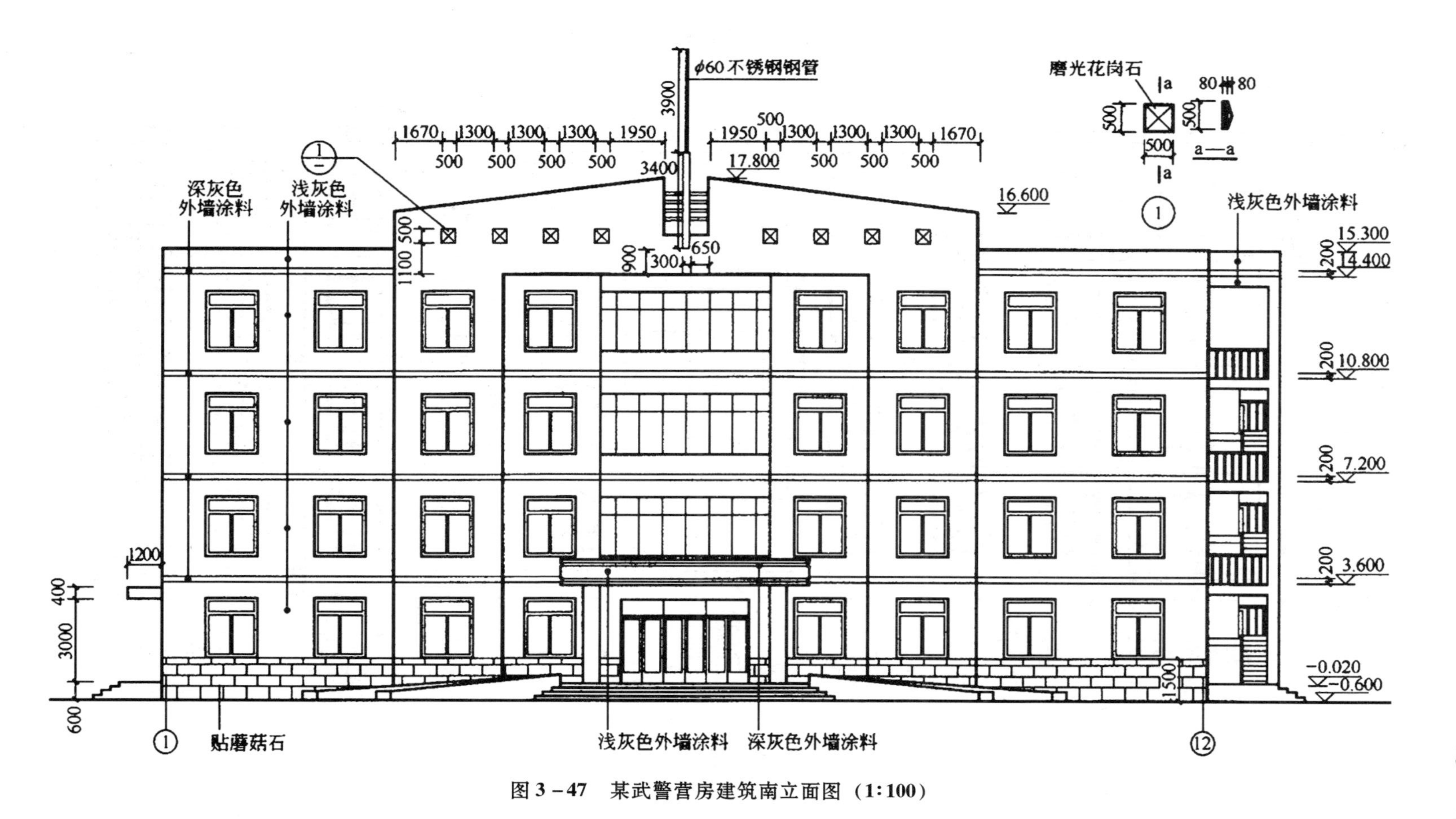

图 3-47 某武警营房建筑南立面图（1:100）

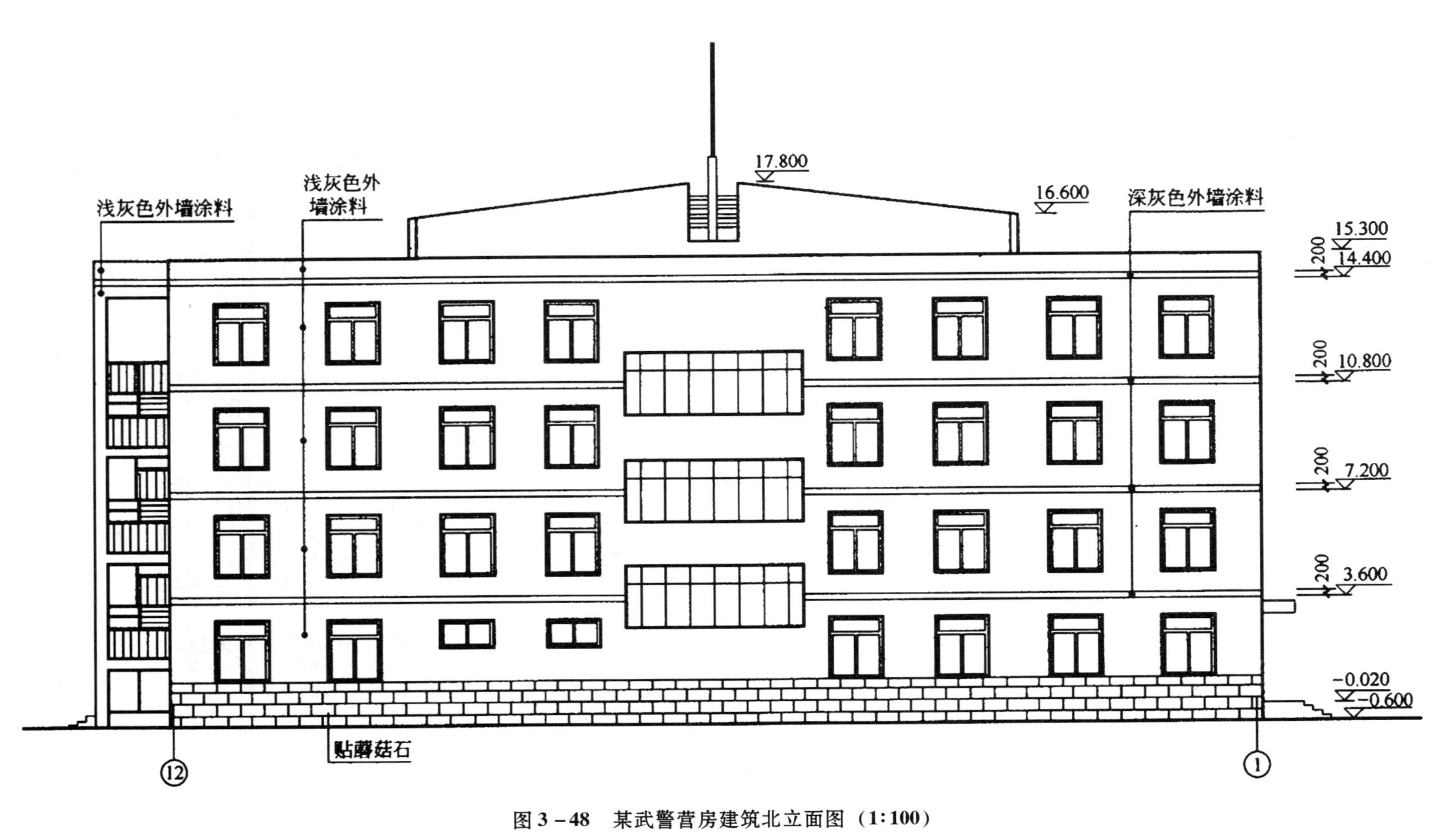

图3－48　某武警营房建筑北立面图（1:100）

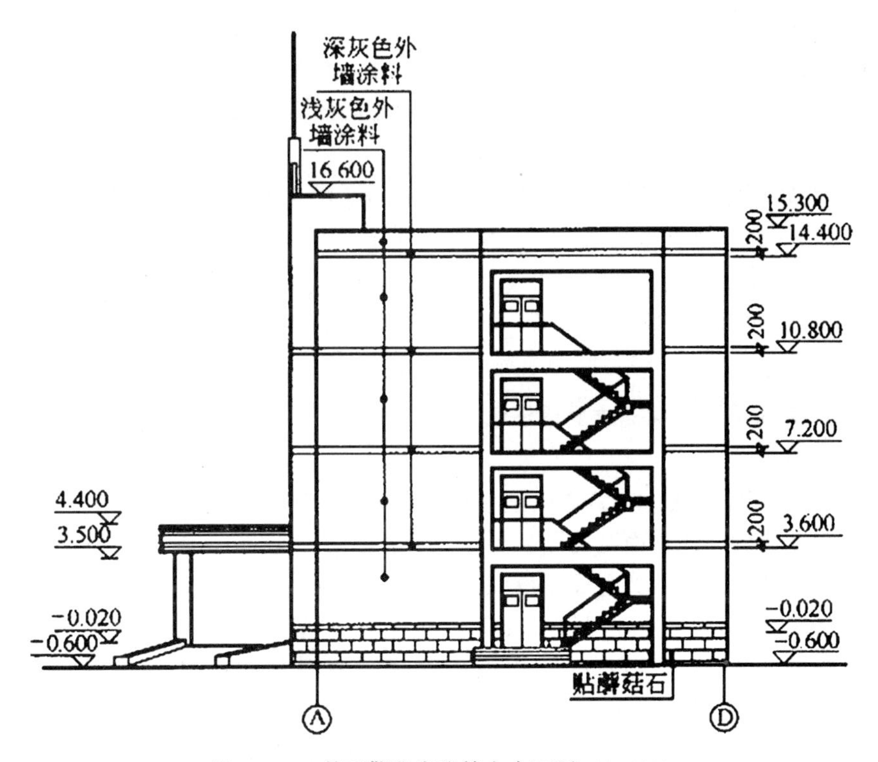

图 3-49　某武警营房建筑东立面图（1:100）

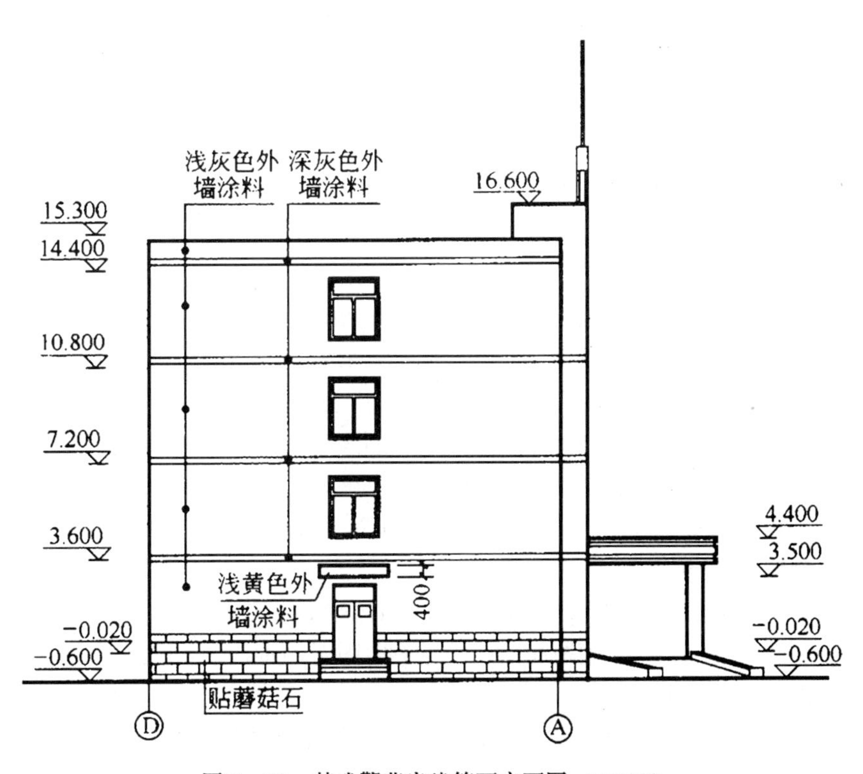

图 3-50　某武警营房建筑西立面图（1:100）

综合以上所示建筑立面图可以看出，在建筑立面图中主要反映以下内容：

①建筑物外形可见的轮廓，门窗、台阶、雨篷、阳台、雨水管等的位置和形状。

②用文字说明建筑外墙、窗台、勒脚、檐口等墙面做法及饰面分格等。

③注出建筑物两端或分段的轴线及编号。

④标高及必需标注的局部尺寸。立面图上的高度尺寸主要是用标高形式标注，包括室内外地面、台阶、门窗洞的上下口、檐口、雨篷、水箱等处的高度。立面图上，一般只注写相对标高尺寸。通常需注写出屋外地坪、楼地面、入口地面、勒脚、窗台、门窗顶及檐口、屋顶等主要部位处的标高。

实例46：某商住楼①～㉑立面图识读

图3－51为某商住楼①～㉑立面图，从图中可以了解以下内容：

1）图名、比例。该立面图的图名是①～㉑立面图，比例1:100，与平面图一致。

2）建筑的外貌。①～㉑立面图反映了一层商店的台阶、门窗、雨篷，二至六层阳面住宅的阳台、门窗形状、坡屋顶以及其上老虎窗的位置和形状。

3）建筑的高度。从该图左右两侧的标高可以了解建筑门窗洞口的标高和阳台的高度，如一层商店的门洞口高度为2850mm，上面住宅的窗洞口高度为1600mm（窗洞口上下标高相减），阳台的高度为1300mm（阳台扶手标高与阳台底面标高的差值），该商住楼总高为22.880＋0.100＝22.980m。

4）建筑物的外装修。建筑的外装修是以文字的形式表示，从图中上下的文字标注可知该楼外立面主色调为橘红色，商店雨篷为淡灰色，一层柱子为深红色，具体做法见工程做法表。

实例47：房屋建筑立面图识读

图3－52为房屋建筑立面图，从图中可以了解以下内容：

1）建筑立面图表示的是建筑物外形上可以看到的全部内容，例如散水、室外台阶、雨水管、花池、勒脚、门头、雨罩、门窗、阳台、檐口和突出屋顶的出入孔、烟道、通风道、水箱间和电梯间、楼梯间等。而此立面图只表明了门头、雨罩、门窗、采光井、勒脚、雨水管、室外台阶、檐口，以及屋面出入孔等。

2）表明建筑物外形高度方向的三道尺寸，也就是此建筑物总高度、分层高度和细部高度。本建筑物的总高度为11.25m，层高分别为3600mm与3300mm，室内外高差为450mm，窗台高900mm等。

3）表明各部位的标高，以便于查找高度上的位置。

4）表明首尾轴线号。立面图为了便于与平面图对照地看，并表明立面图上内容的位置，常需绘制其外形的首尾轴线号。

5）表明外墙各部位建筑装修材料做法，比如图中的外墙28D2。

6）表明局部或外墙索引。

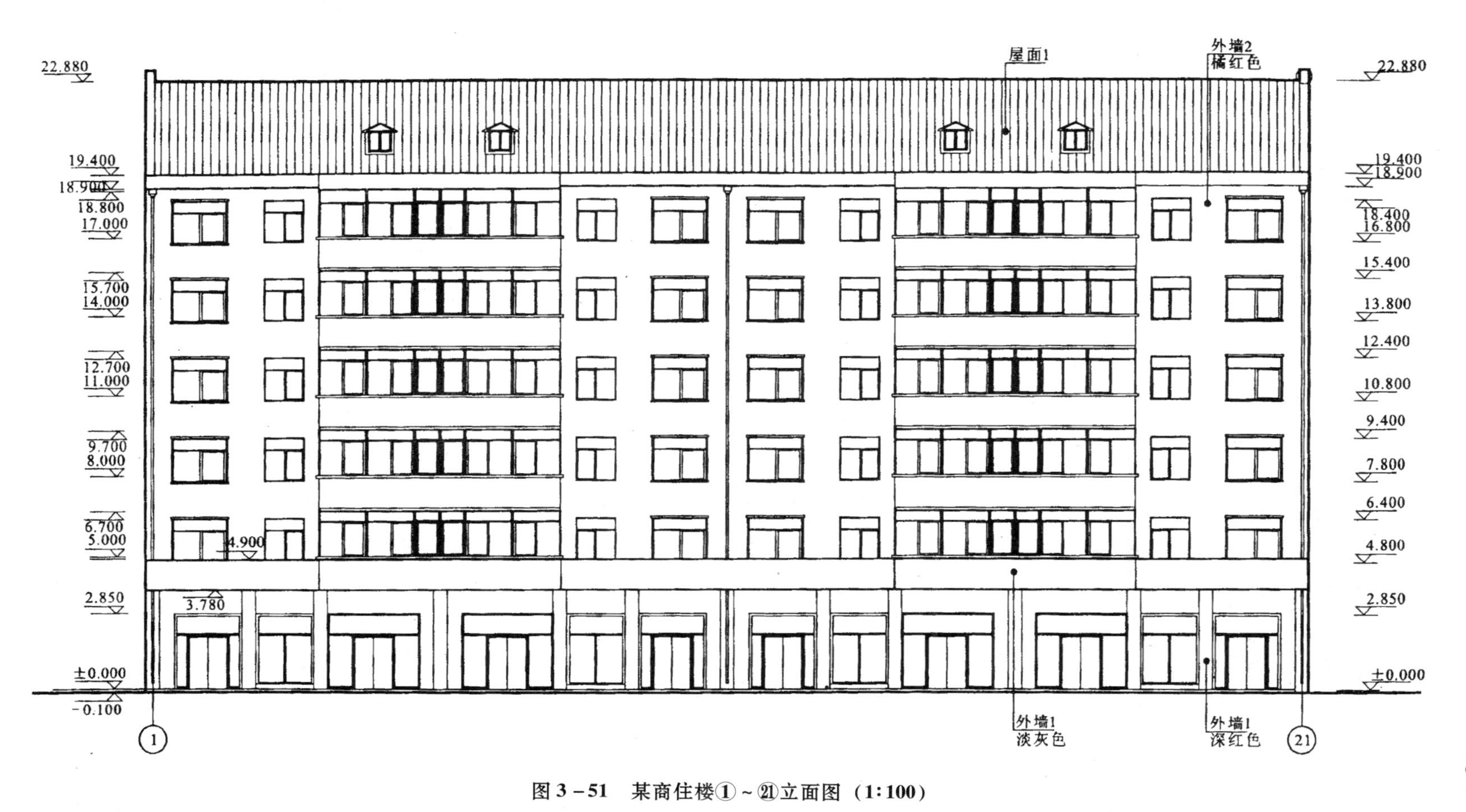

图 3-51　某商住楼①~㉑立面图（1:100）

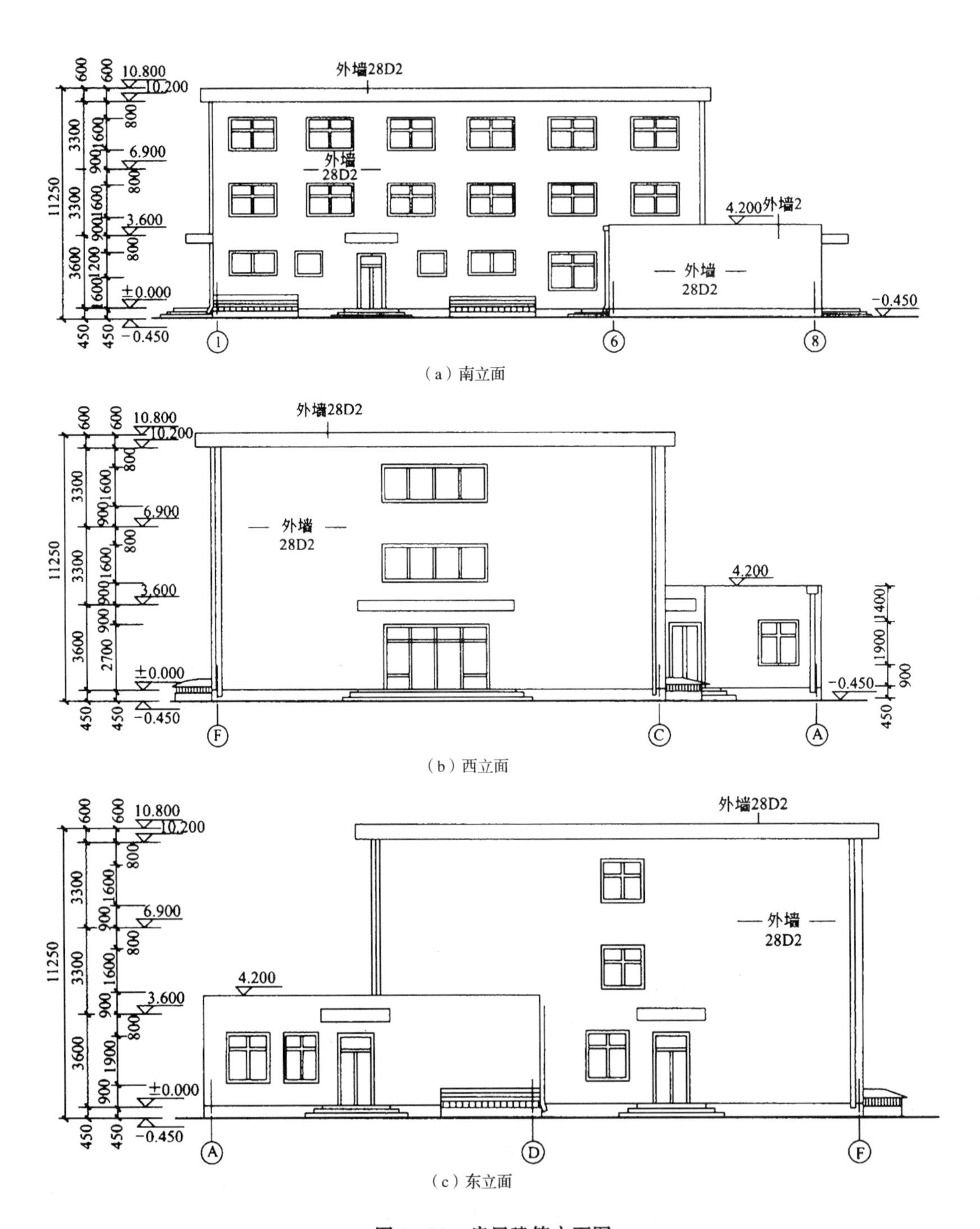

（a）南立面

（b）西立面

（c）东立面

图3-52　房屋建筑立面图

7）表明门窗的式样及开启方式。门的开启方式通常会有平开门、推拉门、弹簧门、转门等。窗的开启方式通常会有平开窗、推拉窗、立转窗、上悬窗、中悬窗、下悬窗、固定窗等。

实例48：房屋建筑①～⑤立面图识读

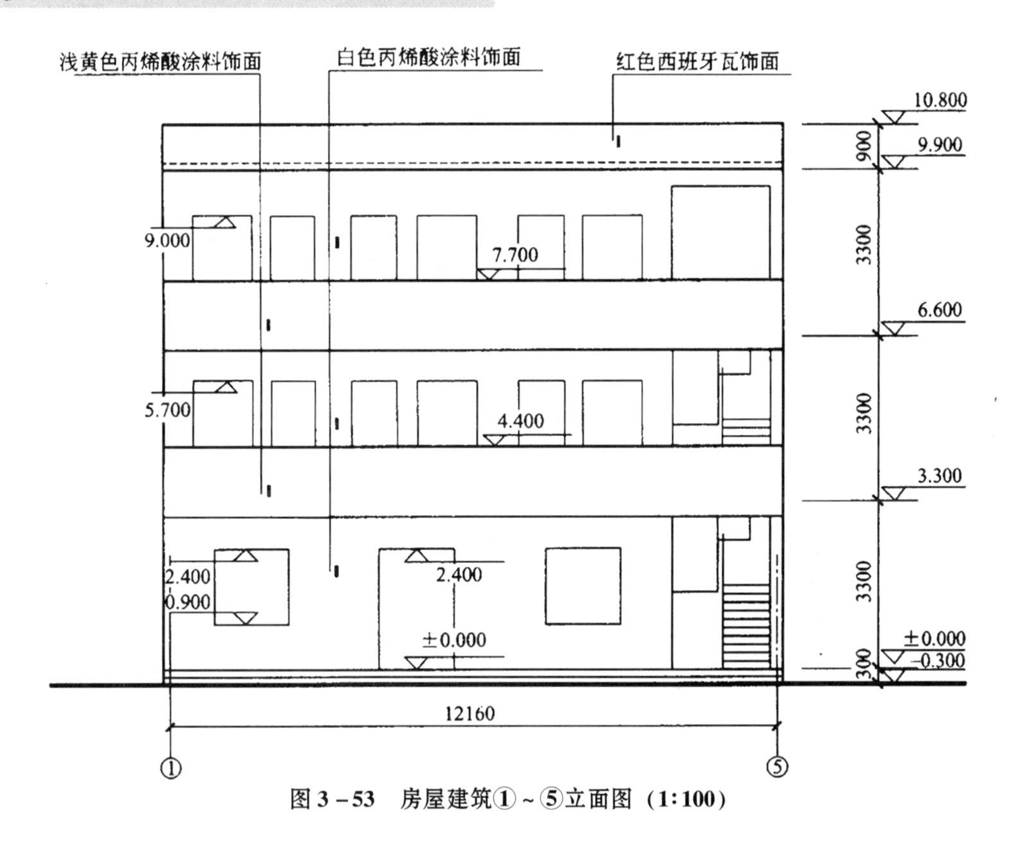

图3－53 房屋建筑①～⑤立面图（1∶100）

图3－53为房屋建筑①～⑤立面图，从图中可以了解以下内容：

1）用轴线标注立面图的名称，图的比例为1∶100，图中表明建筑的层数是三层，①～⑤立面图是房屋的正立面图。

2）从右侧的尺寸、标高可知，该房屋室外地坪为－0.300m。可以看出一层大门的底标高为±0.000，顶标高为2.400；一层窗户的底标高为0.900，顶标高为2.400；二、三层阳台栏板的顶标高分别为4.400、7.700；二、三层门窗的顶标高分别为5.700、9.000；底部因为栏板的遮挡，看不到，所以底标高没有标出。

3）从图中可以看出楼梯位于正立面图的右侧，上行的第一跑位于⑤号轴线处，每层有两跑到达。

4）从顶部引出线看到，建筑的外立面材料由浅黄色丙烯酸涂料饰面，内墙由白色丙烯酸涂料饰面，女儿墙上的坡屋檐由红色西班牙瓦饰面。

实例49：房屋建筑⑤～①立面图识读

图3－54为房屋建筑⑤～①立面图，从图中可以了解以下内容：

1）立面图的名称用轴线标注，图的比例为1∶100，图中表明建筑的层数是三层，⑤～①立面图是房屋的背立面。

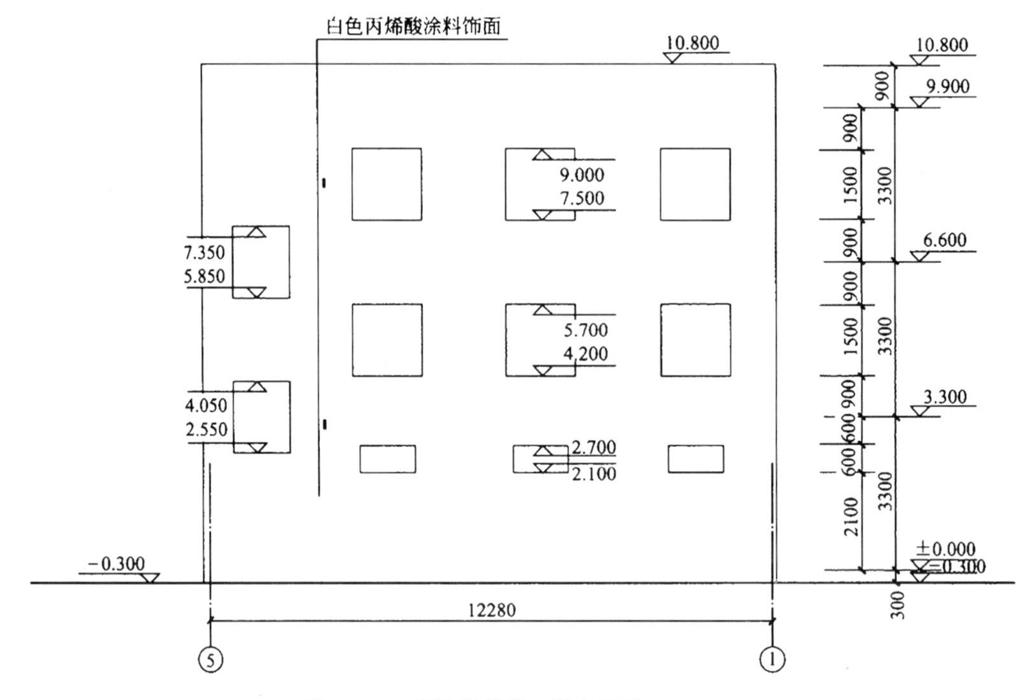

图 3-54　房屋建筑⑤～①立面图（1:100）

2）由右侧的尺寸、标高可知，该房屋室外地坪为 -0.300m。可以知道一层窗户的底标高为2.100，顶标高为2.700；二层窗户的底标高为4.200，顶标高为5.700；三层窗户的底标高为7.500，顶标高为9.000。位于图面左侧的是楼梯间窗户，它的一层底标高为2.550，顶标高为4.050；二层底标高为5.850，顶标为7.350。

实例50：单层工业厂房①～⑪立面图识读

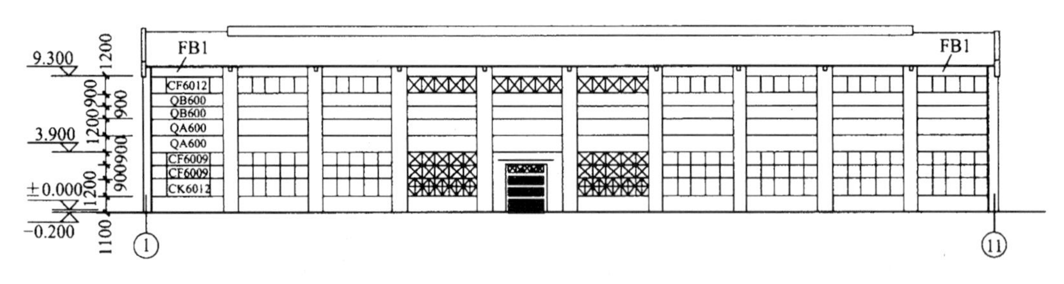

图 3-55　单层工业厂房①～⑪立面图（1:200）

图 3-55 为单层工业厂房①～⑪立面图，从图中可以了解以下内容：

1）由图中可以看到条板墙块的划分、条窗位置及其规格编号。从勒脚至檐口有QA600、QB600、FB1 三种条板和 CK6012、CF6009、CF6012 三种条窗。

2）屋面除两端开间外均设有通风屋脊。厂房墙面是由条板装配而成的，因此图上只标出上下两块条板（或条窗）的顶面与底面标高，中间注出条板和条窗的高度尺寸。条板、条窗、压条以及大门的规格与数量，均需另列表说明。

实例 51：某别墅东立面图识读

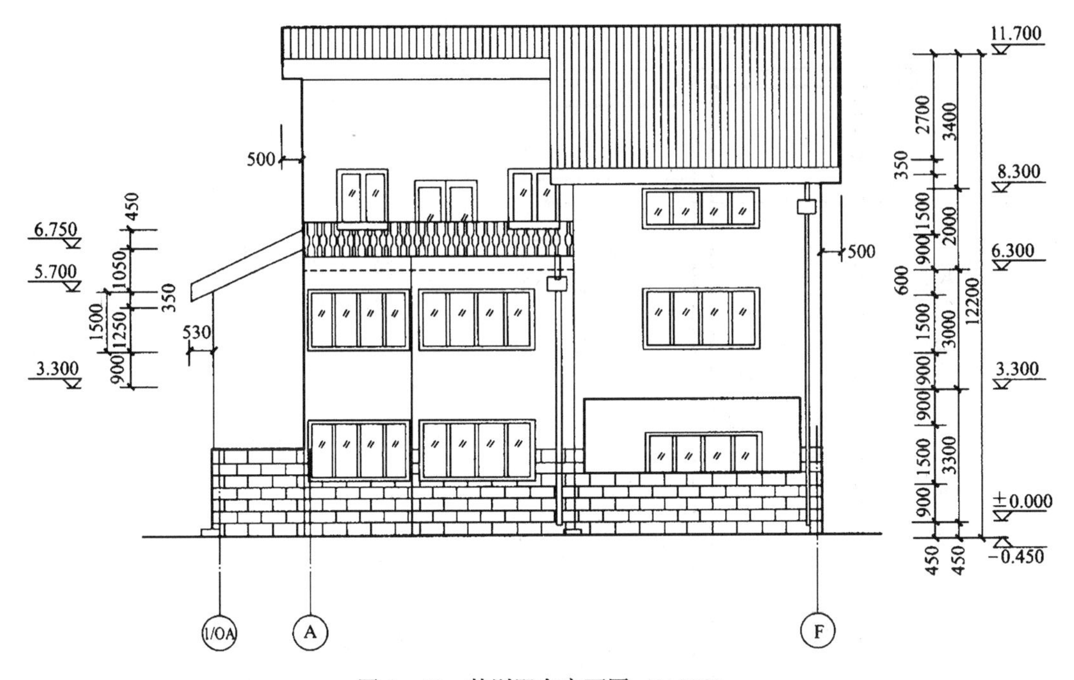

图 3-56 某别墅东立面图（1:100）

图 3-56 为某别墅东立面图，从图中可以了解以下内容：

1）本图比例是 1:100。小别墅屋面坡高、三层的 3#平台及从平台通向室内的门窗位置及形状、平台的栏杆、临近Ⓕ轴屋檐下的雨水斗与雨水管、一层的阳台和由阳台通向室内的门。

2）从Ⓐ轴延伸到 (1/0A) 轴的门厅，这一部分只有两层，其檐口高 5.700m，屋面是坡屋面，由Ⓐ轴坡出，坡出处檐板底高 6.750m；外墙装修有两种形式。

3）没有在变换位置注明尺寸，这时就要看是否有外墙的大样图或是详图。

实例 52：某别墅住宅立面图识读

图 3-57 ~ 图 3-59 均为某别墅住宅的立面图，从图中可以了解以下内容：

1）此住宅共三层，总高 9.968m。

2）整个立面简洁、大方，每个窗洞都加以窗套，以求立面变化，屋顶采用坡屋顶，加上天窗（老虎窗），使立面具有中国传统民居气息，使立面更加生动。

3）立面装修中，主要墙体用奶黄色涂料，其余线脚用白色和蓝灰色涂料及饰面砖。屋面用蓝瓦铺盖，使整个建筑色彩协调、明快。

4）整个建筑一、二层层高为 3.000m，三层是利用坡屋顶下的空间作房间。故层高尺寸为 3.968m，室内外高差为 450mm。通过三级台阶进入室内。

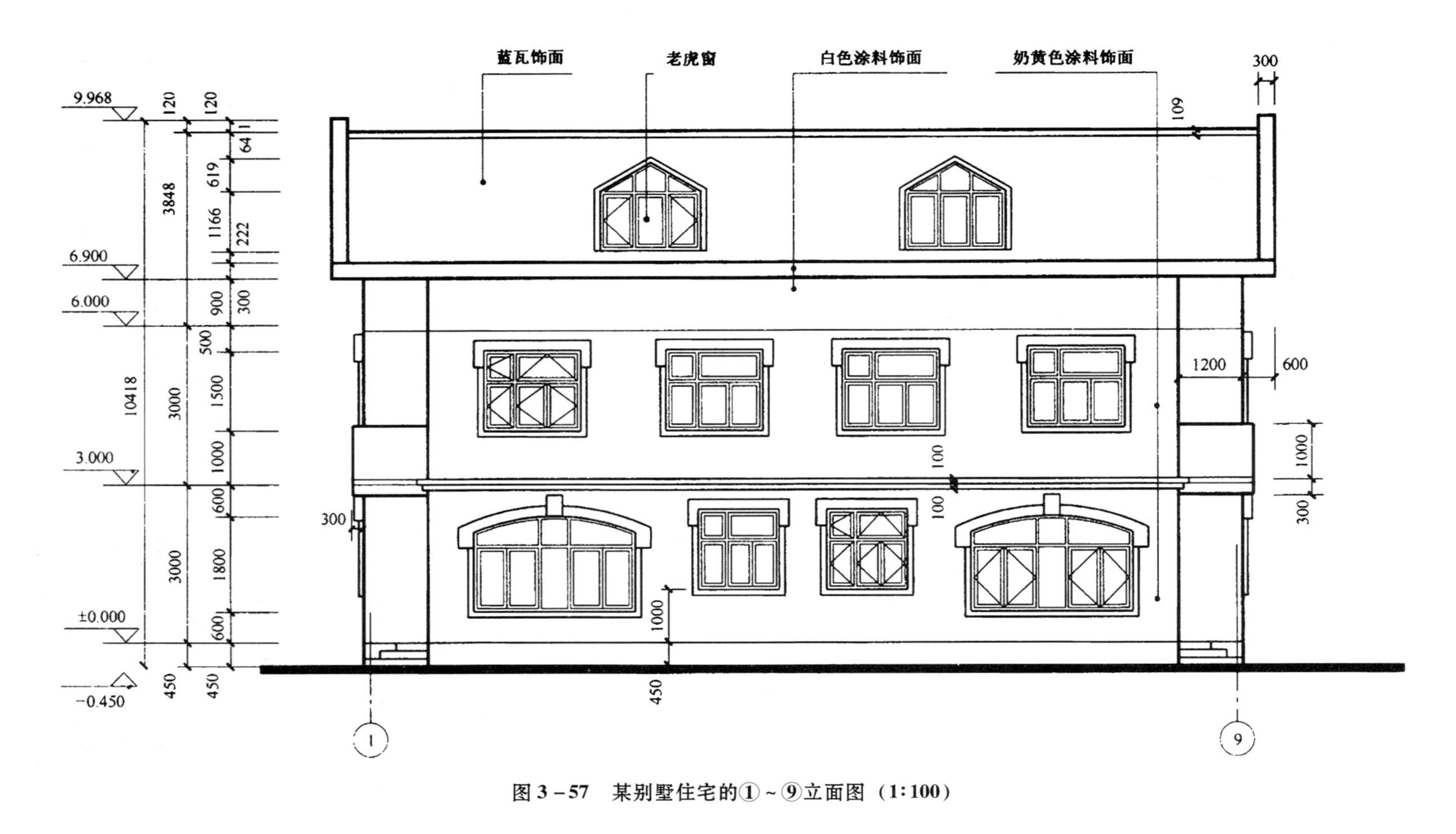

图 3－57　某别墅住宅的①～⑨立面图（1∶100）

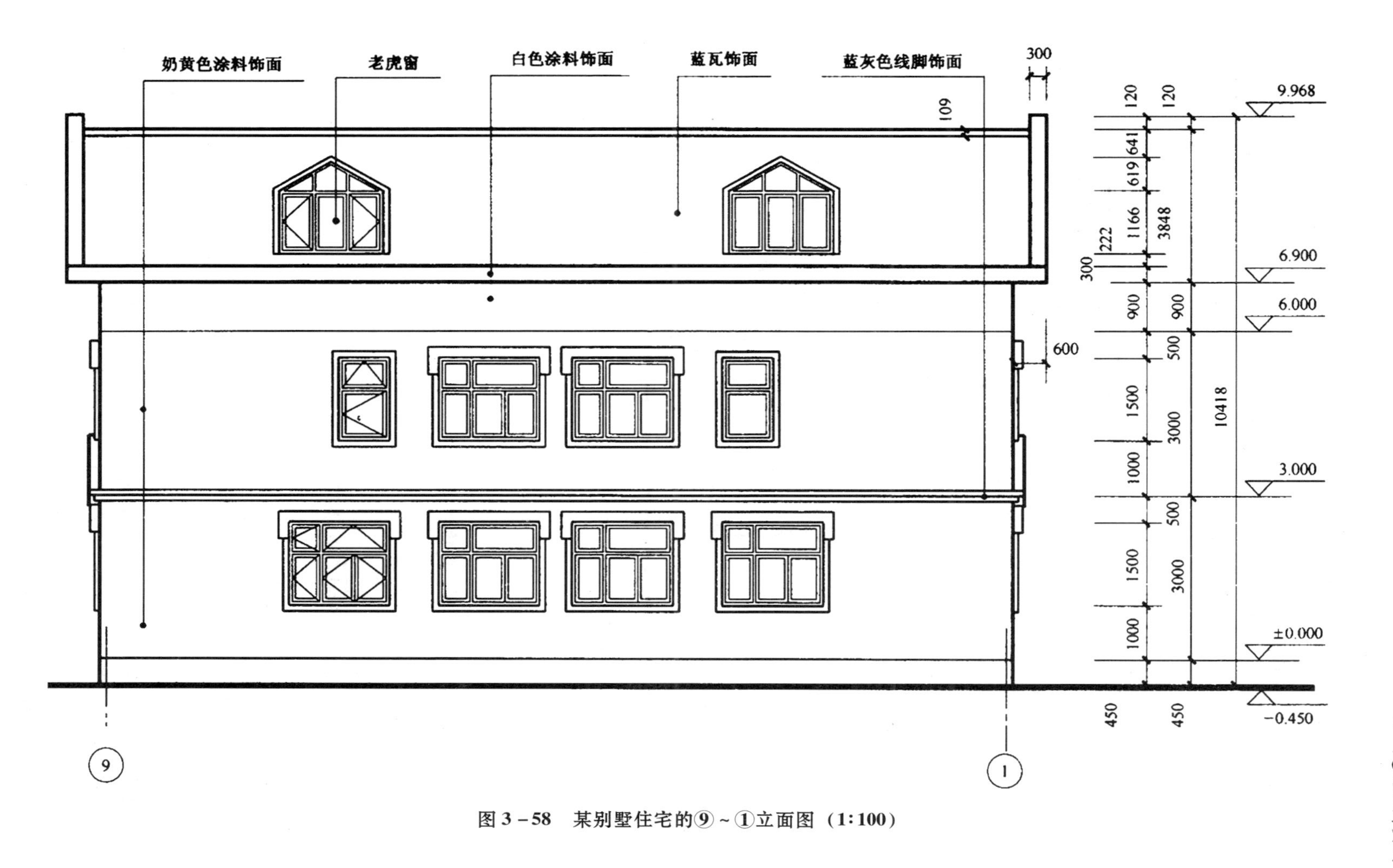

图 3－58　某别墅住宅的⑨～①立面图（1:100）

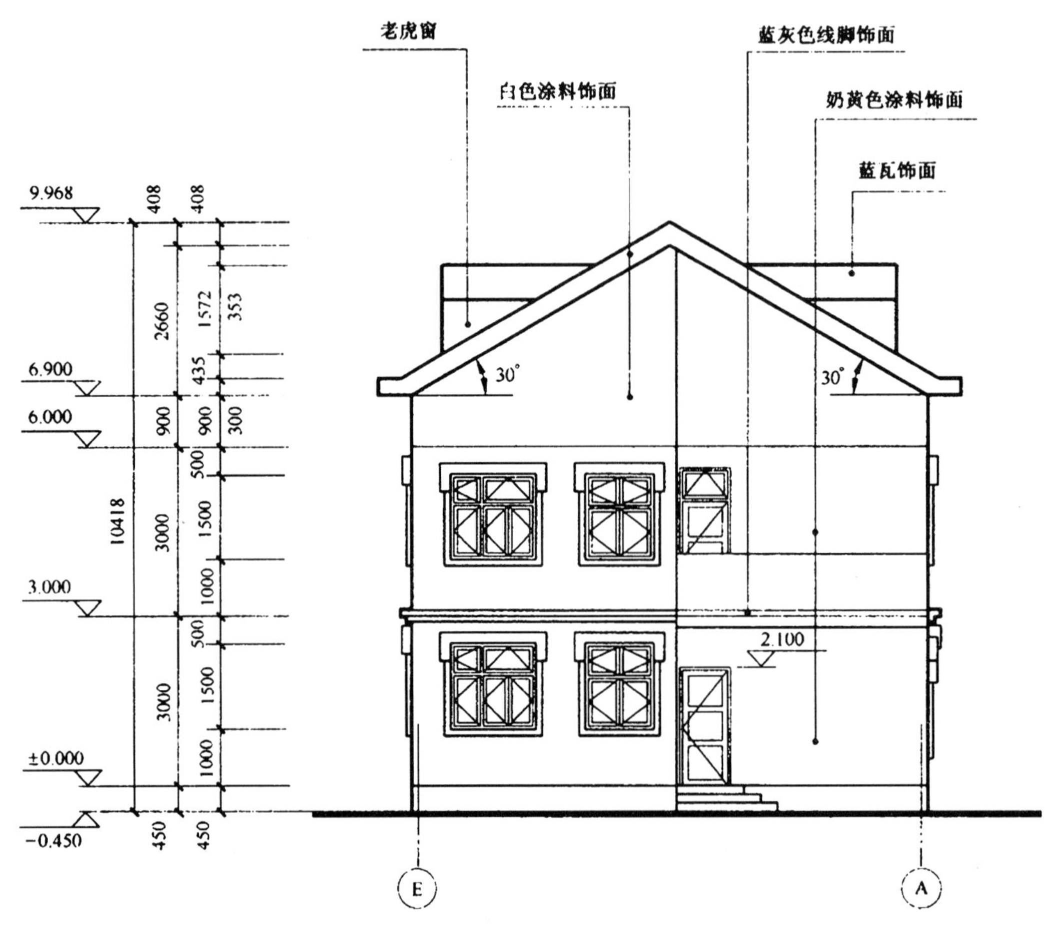

图3－59　某别墅住宅的Ⓔ～Ⓐ立面图（1∶100）

3.4　建筑剖面图识读实例

实例53：某住宅楼剖面图识读（一）

图3－60为某住宅楼剖面图，从图中可以了解以下内容：

1）从底层平面图中1—1剖切线的位置可知，从②～③轴线间通过商店转折到①～②轴间再通过楼梯间所做的阶梯剖切，拿掉房屋剖切线右半部分，所做的左视剖面图。

2）1—1剖面图表明该房屋是五层楼房（包括夹层）、平屋顶，屋顶上四周有女儿墙，钢筋混凝土框架结构。室外地面标高为－0.350m，迈上两步台阶是商店门口，标高为－0.050m，商店内地面标高为±0.000（正负零）。室内夹层，二、三、四层楼地面标高是3.600m、6.300m、9.900m、13.100m。平台标高与夹层之间标高是2.250m，夹层与二层之间标高是4.950m，屋顶标高是16.300m。女儿墙高度为540mm。

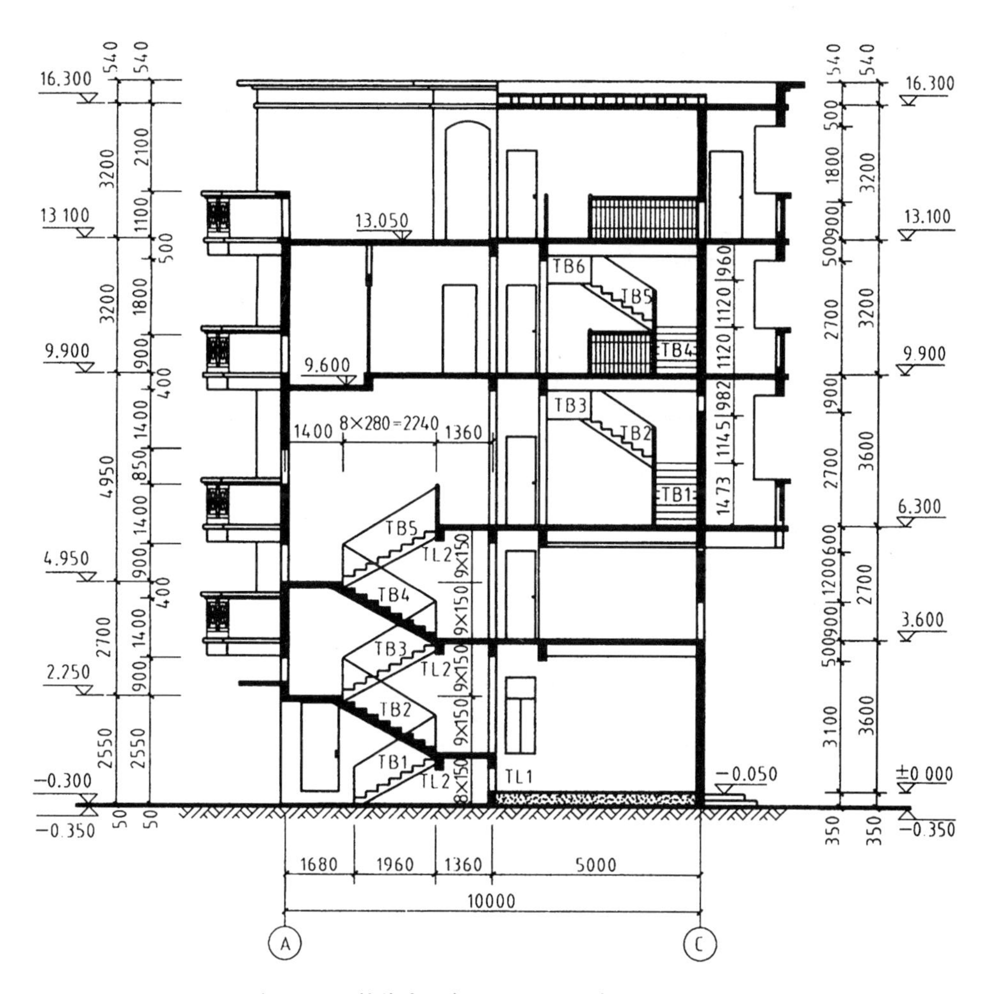

图 3－60 某住宅楼剖面图（1—1 剖面图 1∶100）

实例 54：某住宅楼剖面图识读（二）

图 3－61 为某住宅楼剖面图，从图中可以了解以下内容：

1）图名、比例。与各层平面图对照确定剖切平面的位置及投影方向。剖面图的绘图比例通常与平面图、立面图一致。该图为某住宅楼的Ⅰ－Ⅰ剖面图，比例为 1∶100。

2）房屋内部的构造、结构型式和所用建筑材料等反映各层梁板、楼梯、屋面的结构形式、位置及其与墙（柱）的相互关系等。如图中梁板、楼梯、屋面为现浇钢筋混凝土结构。

3）房屋各部位竖向尺寸。图中竖向尺寸包括高度尺寸和标高尺寸，高度尺寸应标出房屋墙身垂直方向分段尺寸，如门窗洞口、窗间墙等的高度尺寸，标高尺寸了解室内外地面、各层楼面、阳台、楼梯平台、檐口、屋脊、女儿墙、雨篷、门窗、台阶等处的标高。该建筑的层数为六层，屋顶形式为坡屋顶。

4）楼地面、屋面的构造。在剖面图中表示楼地面、屋面的构造时，通常用多层引出线，按其构造顺序加文字说明来表示。有时将这一内容放在墙身剖面详图中表示。如剖面图没有表明地面、楼面、屋顶的做法，这些内容可在墙身剖面详图中表示。

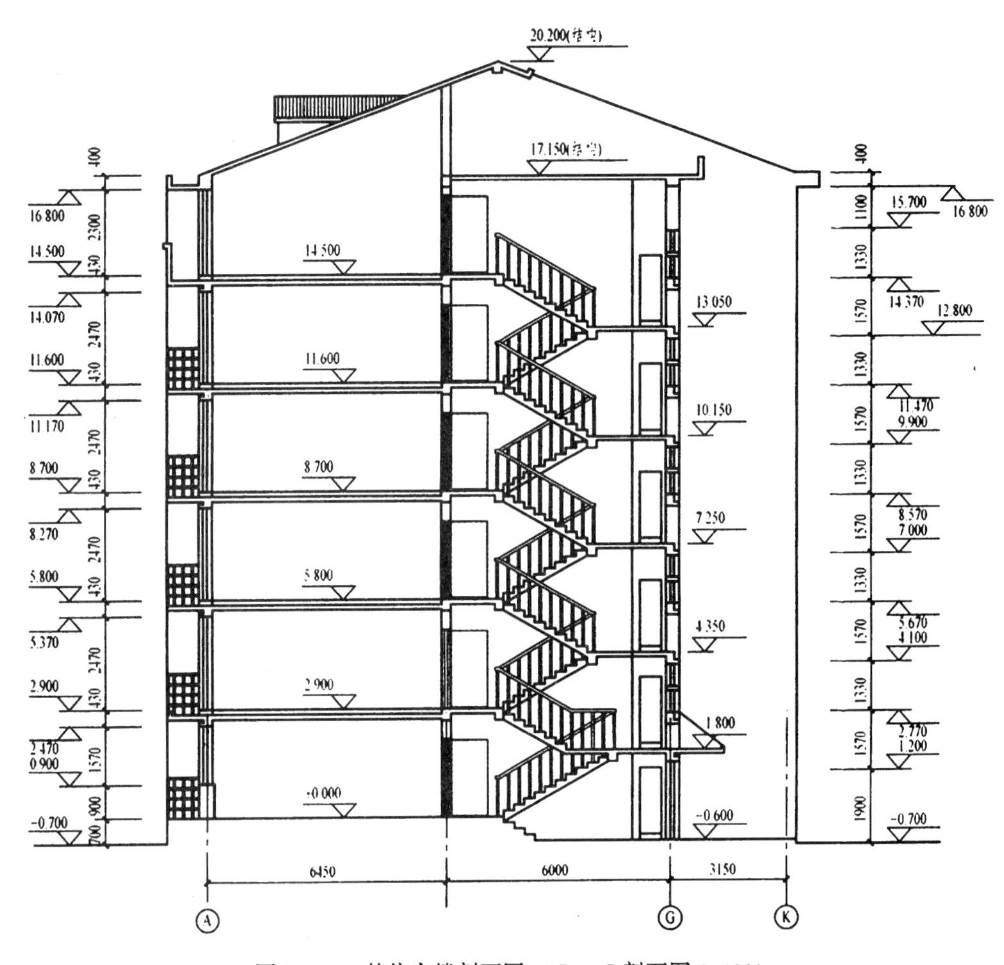

图3－61　某住宅楼剖面图（Ⅰ－Ⅰ剖面图1:100）

实例55：某住宅楼剖面图识读（三）

图3－62为某住宅楼剖面图，从图中可以了解以下内容：

1）该剖面图表示出楼梯间、客厅、阳台等处剖视情况。

2）从剖面图中看出，该住宅楼为三个层次。层高为2.8m。屋顶为平屋面，有外伸挑檐。客厅外墙外侧有挑出阳台（二、三层有阳台，底层无阳台）。楼梯有三段，第一段楼梯从底层到二层为单跑梯；第二段楼梯从二层楼面到楼梯平台，第三段楼梯从楼梯平台到三层楼面，这两段楼梯组成双跑梯，从二层到三层。

3）根据建筑材料图例得知，二、三层客厅楼板为预制板；屋面板全为预制板，楼梯及走道为现浇混凝土。阳台、雨篷也为现浇混凝土。

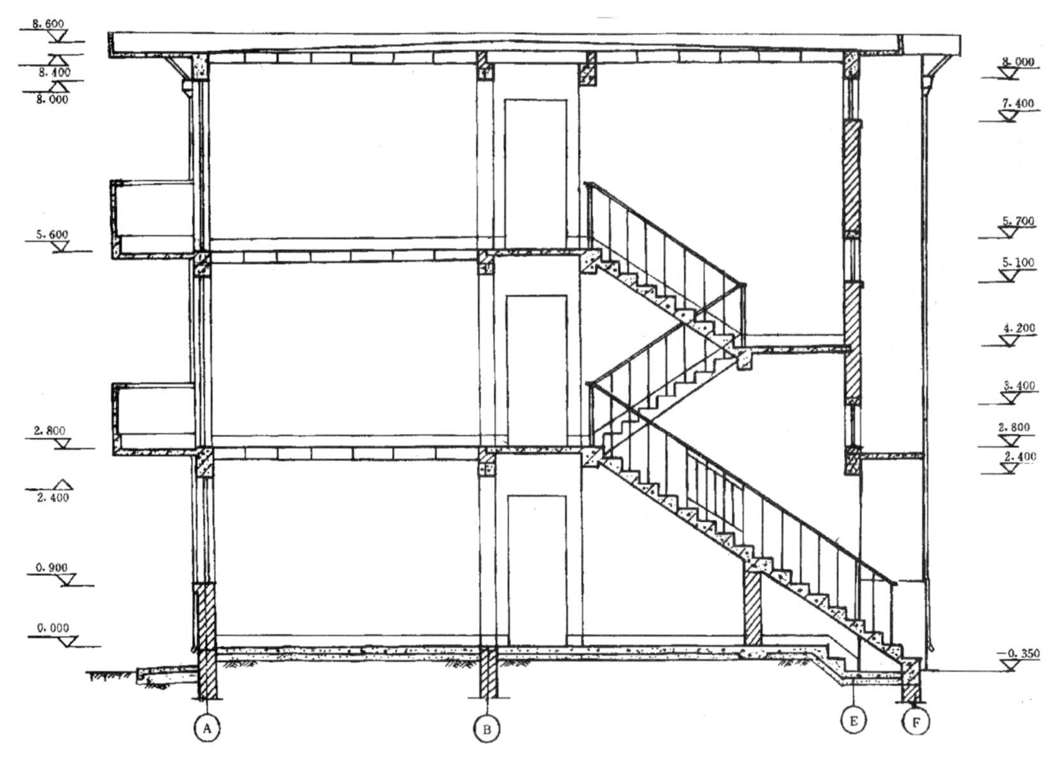

图 3－62 某住宅楼剖面图（1:50）

4）每个外窗及空圈上边有钢筋混凝土过梁。三层外窗上面为挑檐圈梁。阳台门上面为阳台梁。楼梯间入口处上面为雨篷梁。

5）剖面图只表示到底层室内地面及室外地坪线，以下部分属于基础，另见基础图。

6）剖面图两侧均有标高线，标出底层室内地面、各层楼面、屋面板面、外窗上下边、楼梯平台、室外地坪等处标高值。以底层室内地面标高为零，以上者标正值，以下者标负值。

实例 56：某商场 1—1 剖面图识读

图 3－63 为某商场的 1—1 剖面图，从图中可以了解以下内容：

1）图名和比例。图 3－63 是某商场的 1—1 剖面图，比例为 1∶100。

2）剖切平面所在位置和投影方向。从首层平面图中可以得到 1—1 剖切平面所在的位置及投影方向。

3）剖面图所表达的建筑物内部构造情况。剖面图中，地坪线用特粗线表示，一般不画基础部分。由于剖面图所用比例较小，剖切到的砖墙一般不用画图例，钢筋混凝土柱、梁、板、墙涂黑表示。

由图 3－63 可以看到商场分四层，局部五层。自动扶梯布置在中部，水池布置在左上方。还可以看到楼板、梁、墙的布置情况。

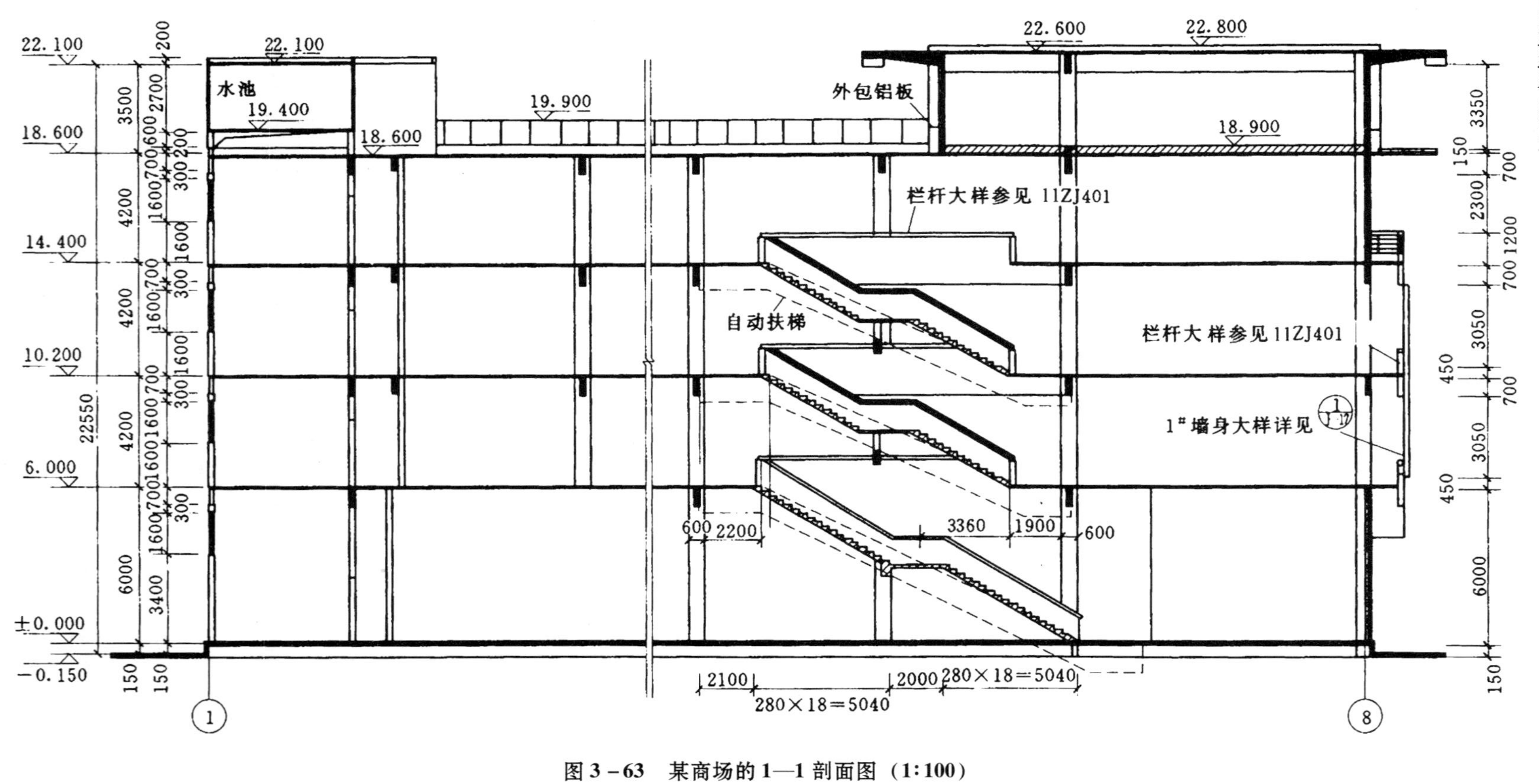

图 3-63 某商场的 1—1 剖面图（1:100）

4）尺寸和标高。建筑剖面图中尺寸和标高的标注与立面图类似，这里不再重复。

5）某些部位的用料说明。通过标注的文字了解某些部位的用料，如图 3－63 中所说明的“外包铝板”、“内捣陶粒混凝土”等。

6）详图情况。由索引符号了解详图情况。图 3－63 中栏杆大样有两种，一种用于楼梯，一种用于窗台，参见图集；墙身大样见 J－17 号图纸中的 1 号详图。

实例 57：某商住楼 1—1 剖面图识读

图 3－64 为某商住楼 1—1 剖面图，从图中可以了解以下内容：

1）图名、比例。从底层平面图上查阅相应的剖切符号的剖切位置、投影方向，大致了解一下建筑被剖切的部分以及未被剖切但可见部分。从一层平面图上的剖切符号可知，1—1 剖面图是全剖面图，剖切后向左面看。

2）被剖切到的墙体、楼板、楼梯以及屋顶。从图中可以看到该楼一层商店和上面住宅楼楼层的剖切情况，屋顶是坡屋顶，前面高后面低，交接处有详图索引符号。楼梯间被剖切开，其中各层的一跑楼梯被剖切到，楼梯间的窗户被剖切开。一层商店的雨篷、楼梯入口都被剖切到。

3）可见的部分。图中可见部分是天窗，前面天窗标高为 21.38m，后面天窗标高为 20.70m。各层楼梯间的入户门可见，高度为 2100mm。

4）剖面图上的尺寸标注。从剖面图中可看出该商住楼地下室层高 2.2m，一层层高 3.9m，其他层高均为 3m。各层剖切到的以及可见的门洞高度均为 2.1m。图的左侧表示阳台的尺寸，右侧表示楼梯间窗口的尺寸。

5）详图索引符号的位置和编号。从图中可见阳台雨篷、楼梯入口雨篷、屋顶屋脊上有索引符号。

实例 58：某建筑 1—1 剖面图识读

图 3－65 为某建筑 1—1 剖面图，从图中可以了解以下内容：

1）从图名和轴线编号与平面图上的剖切位置和轴线编号相对照，可知 1—1 剖面图是一个剖切平面通过楼梯间，剖切后向左进行投射所得的横向剖面图。

2）从图中画出房屋地面至屋面的结构形式和构造内容，可知此房屋垂直方向承重构件（柱）和水平方向承重构件（梁和板）是用钢筋混凝土构成的，所以它是属于框架结构的形式。从地面的材料图例可知为普通的混凝土地面，又根据地面和屋面的构造说明索引（如图中的 $\frac{2}{20}$ 和 $\frac{1}{20}$），可查阅它们各自的详细构造情况。

3）图中标高都表示为与 ±0.000 的相对高度尺寸。如三层楼面标高是从首层地面算起为 6.00m，而它与二层楼面的高差（层高）仍为 3.00m。图中只标注了门窗洞的高度尺寸。楼梯因另有详图，其详细尺寸可不在此注出。

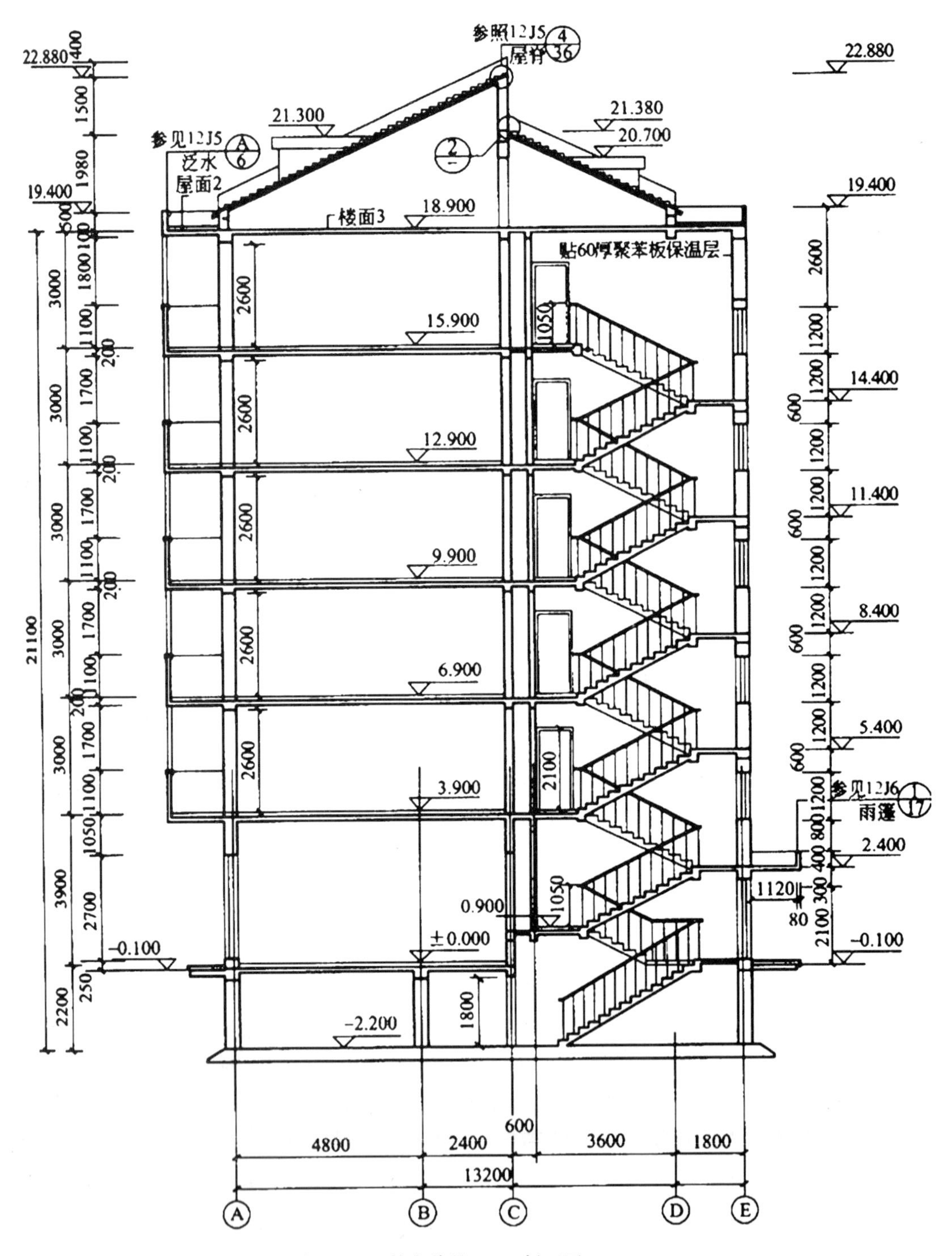

图3-64　某商住楼1—1剖面图（1:100）

4）从图中标注的屋面坡度可知，该处为一单向排水屋面，其坡度为3%（其他倾斜的地方，如散水、排水沟、坡道等，也可用此方式表示其坡度）。如果坡度较大，可用$_1\overset{4}{\triangle}$的形式表示，读作1:4。直角三角形的斜边应与坡度平行，直角边上的数字表示坡度的高宽比。

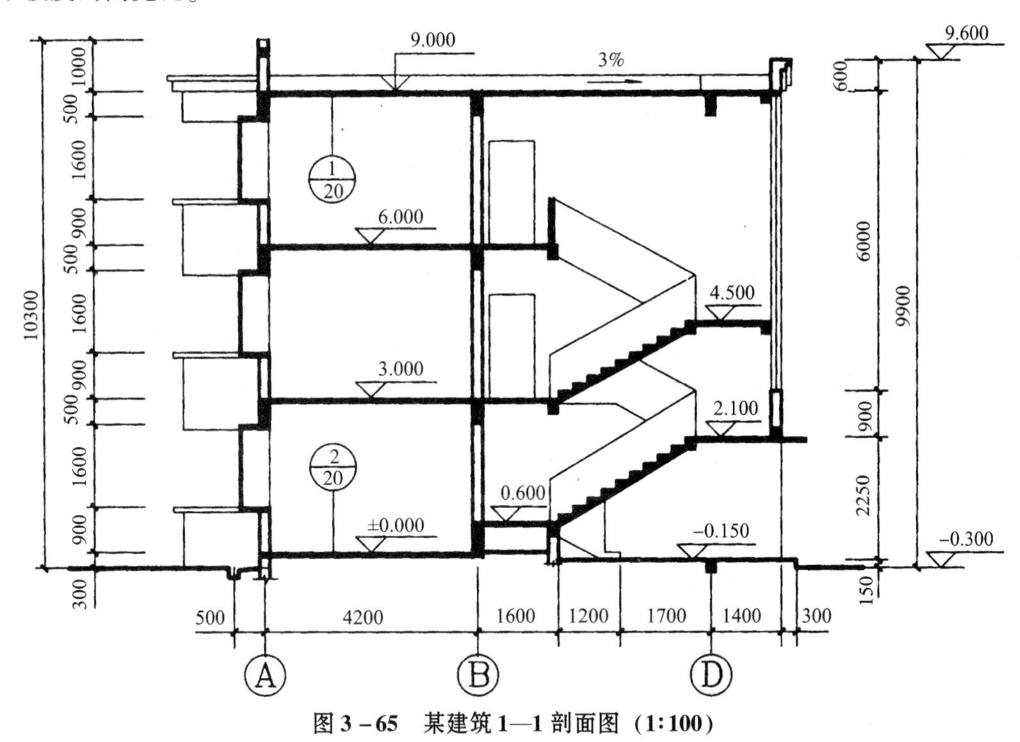

图3-65 某建筑1—1剖面图（1:100）

实例59：某学校男生宿舍楼剖面图识读

图3-66为某学校男生宿舍楼的剖面图，从图中可以了解以下内容：

1）看图名及比例可知，这两个剖面图分别是1—1、2—2剖面图，比例为1:100。对应建筑的底层平面图，找到剖切的位置及投射的方向。

2）1—1、2—2剖面图表示的都是建筑Ⓐ~Ⓕ轴之间的空间关系。由于剖切的位置不同，所以所要表达的要点也不一样。1—1剖面图主要表达的是宿舍房间及走廊的部分；2—2剖面图主要表达的是楼梯间的详细布置及与宿舍房间的关系。

3）由1—1剖面图可以知道，该房屋为五层楼房，平屋顶，屋顶四周有女儿墙，为混合结构。屋面排水采用材料找坡2%的坡度；房间的层高分别为±0.000m、3.300m、6.600m、9.900m、13.200m。屋顶的结构标高为16.500m。宿舍的门高度都是2700mm，窗户高度为1800mm，窗台离地900mm。走廊端部的墙上中间开设一窗，其高度为1800mm。剖切到的屋顶女儿墙的高度为900mm，墙顶标高为17.400m。能够看到的但未剖切到的屋顶女儿墙高低不一，它们的高度分别为2100mm、2700mm、3600mm。墙顶标高为18.600m、19.200m、20.100m。从建筑底部标高可知，该建筑的室内外高差为450mm，底部的轴线尺寸标明，宿舍房间的进深尺寸为5200mm，走廊宽度为2600mm。另外有局部房间尺寸凸出主轴线，比如Ⓐ轴到Ⓑ轴间距1500mm，Ⓔ轴到Ⓕ轴间距900mm。

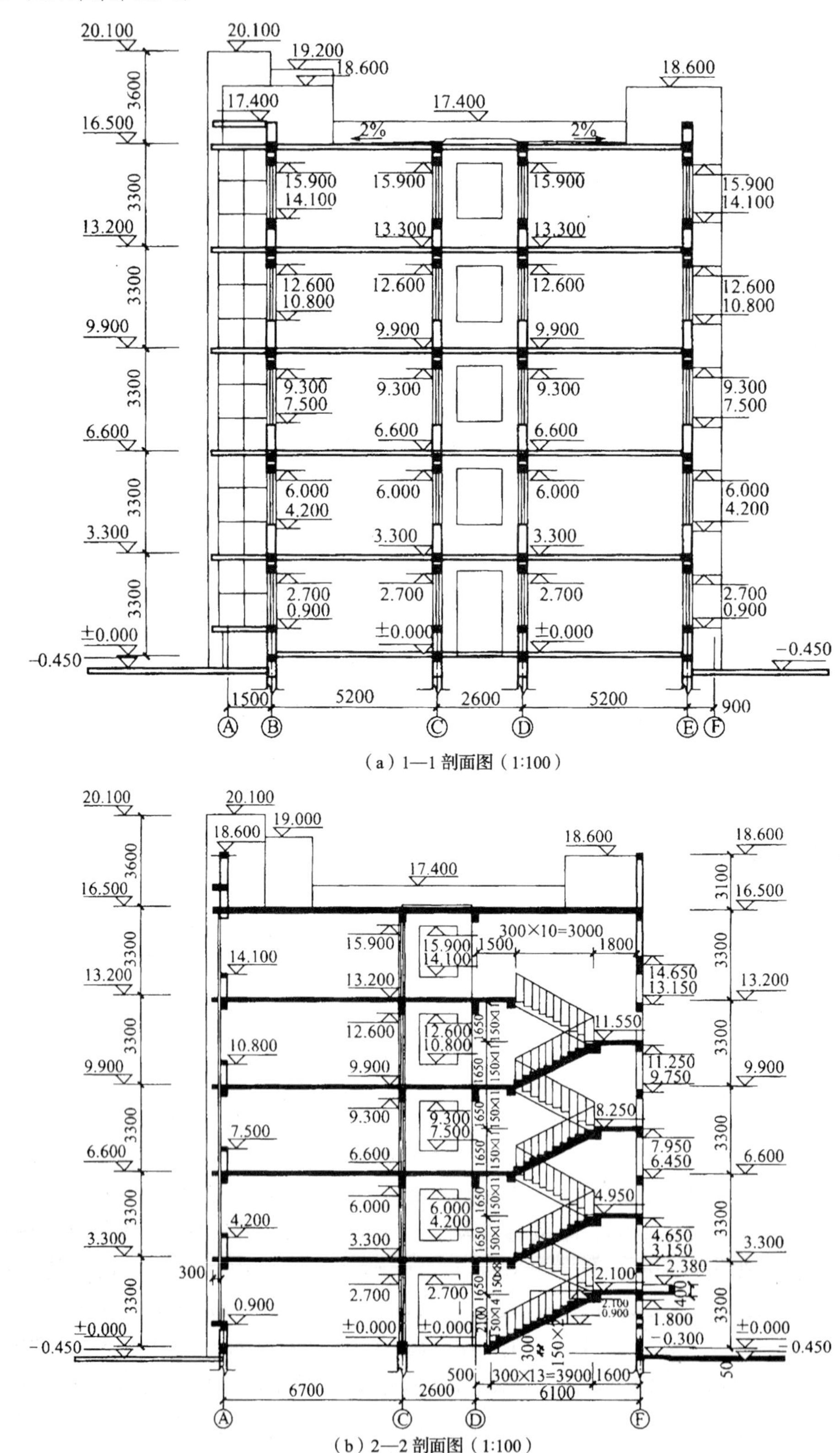

（a）1—1 剖面图（1:100）

（b）2—2 剖面图（1:100）

图 3－66　某学校男生宿舍楼的剖面图

4）从2—2剖面图可知建筑的出入口及楼梯间的详细布局。在Ⓕ轴处是建筑的主要出入口，在门口设有坡道，高150mm（由室外地坪标高－0.45m及楼梯间门内地面标高－0.300m可算出）；门高2100mm（由门的下标高为－0.300m，上标高1.800m得出）；在门口上方设有雨篷，其高度为400mm，顶标高为2.380m。进入到楼梯间，地面标高为－0.300m，经过两个总高度为300mm的踏步上到一层房间的室内地面高度（即±0.000m标高处）。

5）每层楼梯都是由两个梯段组成。除一层之外，其余梯段的踏步数量及宽高尺寸均相同。一层的楼梯有些特殊，设置成了长短跑。也就是第一个梯段较长（共有13个踏步面，每个踏步均为300mm，共有3900mm长），上的高度较高（共有14个踏步高，每个踏步高均为150mm，共有2100mm高）；第二个梯段较短（共有7个踏步面，每个踏步均为300mm，共有2100mm长），上的高度较低（共有8个踏步高，每个踏步高度均为150mm，共有1200mm高）。这样做的目的主要是将一层楼梯的转折处的中间休息平台抬高，使行人能在平台下顺利通过。可以看出，休息平台的标高为2.100m，地面标高为－0.300m，因此下面空间高度（包含楼板在内）为2400mm。除去楼梯梁的高度350mm，平台下的净高为2050mm。二层到五层的楼梯均由两个梯段组成，每个梯段均有11个踏步，每个踏步高150mm、宽300mm，所以梯段的长度为300mm×11＝3300mm，高度为150mm×11＝1650mm。在楼梯间休息平台的宽度均为1800mm，其标高分别为2.100m、4.950m、8.250m、11.550m。在每层楼梯间都设置有窗户，窗的底标高分别为3.150m、6.450m、9.750m、13.150m，窗的顶标高分别为4.650m、7.950m、11.250m、14.650m。每层楼梯间的窗户距中间休息平台高1500mm。

6）与1—1剖面图所不同的是，走廊底部是门的位置。门的底标高为±0.000m，顶标高为2.700m。1—1剖面图的Ⓓ轴线标明的是被剖切到的是一堵墙；而2—2剖面图只是画了一个单线条，并且用细实线标注，它说明走廊与楼梯间是相通的，该楼梯间不是封闭的楼梯间，人流是可以直接走到楼梯间再上到上面几层的。单线条是可看到的楼梯间两侧墙体的轮廓线。

7）另外，在Ⓐ轴线处的窗户设置方法与普通窗户不太一样。它的玻璃不是直接安在墙体中间的洞口上的，而是附在墙体的外侧，并且通上一直到达屋顶的女儿墙的装饰块处的。实际上，它就是一个整体的玻璃幕墙，在外立面看，是一个整块的玻璃。玻璃幕墙的做法有明框与隐框之分，其详细做法可以参考标准图集。每层层高处在外墙外侧伸出装饰性的挑檐，挑檐宽300mm，厚度同楼板一样。每层窗洞口的底标高分别为0.900m、4.200m、7.500m、10.800m、14.100m，窗洞口顶标高由每层的门窗过梁来确定（用每层层高减去门窗过梁的高度可以得到）。

实例60：建筑剖面图识读

图3－67为建筑剖面图，从图中可以了解以下内容：

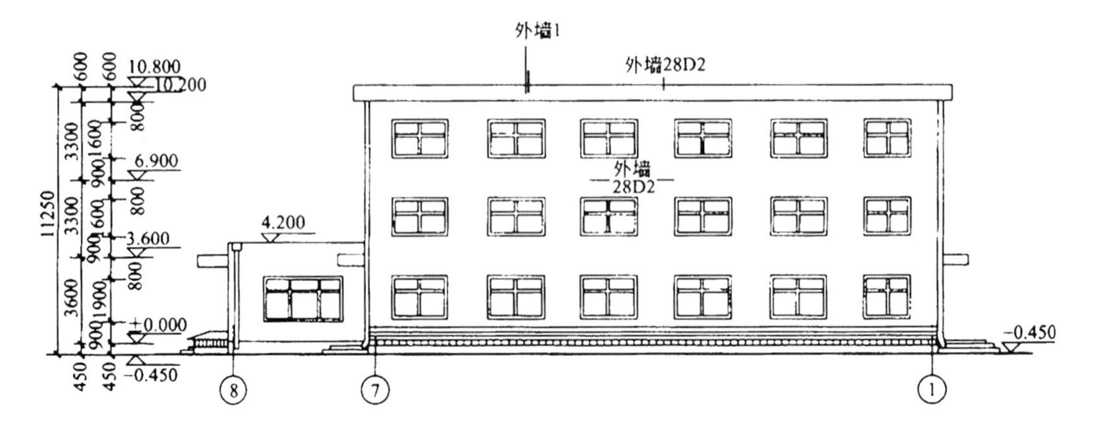

（a）北立面

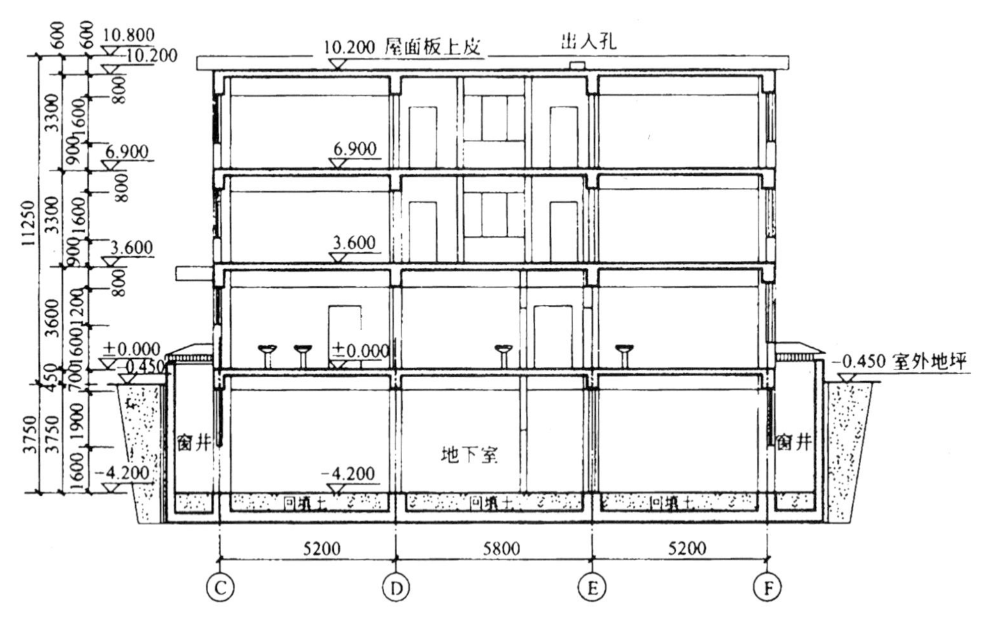

（b）1—1 剖面图

图 3-67 建筑剖面图

注：室内做法参见外墙剖面及材料做法表。

1）表明被剖到建筑物内部的上下分层及屋顶的形式，反映梁、板、柱以及墙之间的关系。此建筑为地上三层，地下一层，平屋顶。

2）显示出高度方向上的三道尺寸及标高。

3）还可显示室内各部位的装修做法。

4）在图中不能表达清楚的地方，可用索引符号表明。

实例61：单层工业厂房1—1剖面图识读

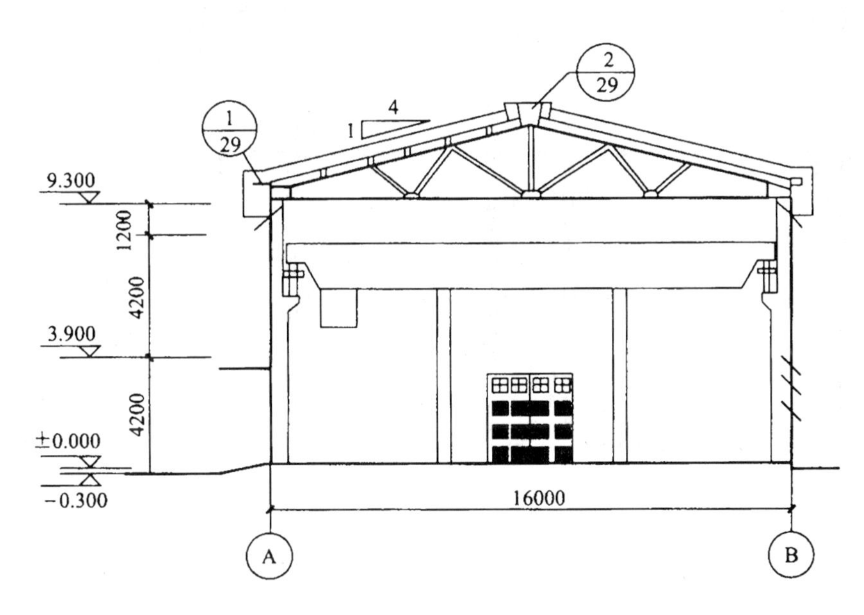

图3-68 单层工业厂房1—1剖面图（1:200）

图3-68为单层工业厂房1—1剖面图，从图中可以了解以下内容：

1）从平面图中的剖切位置线可以知道，1—1剖面图为一阶梯剖面图。从图中可看到带牛腿柱子的侧面，T形吊车梁搁置在柱子的牛腿上，桥式吊车则架设在吊车梁的轨道上（吊车是用立面图例表示）。

2）从图中还可知道屋架的形式，屋面板的布置、通风屋脊的形式以及檐口天沟等情况。对剖面图中的主要尺寸均应细读，比如柱顶、轨顶、室内外地面标高和墙板、门窗各部位的高度尺寸。

实例62：某办公楼建筑剖面图识读

图3-69为某办公楼建筑剖面图，从图中可以了解以下内容：

1）涂黑的部分是钢筋混凝土楼板和梁，房屋的楼层高度是3400mm。

2）剖切到的办公室的门高度是2000mm，阳台门高度是2750mm。还剖切到了阳台上的窗户，走廊的窗户并未剖切到，但投影时可以看到。

3）从剖面图中可以很清楚地看出，窗台高度为900mm，窗户高度为1850mm，窗上的梁高是650mm。

4）房屋顶部是钢筋混凝土平屋顶，而且屋顶上还安装了彩钢板。屋顶挑檐的厚度为80mm，伸出屋面是350mm，高出屋面是450mm。

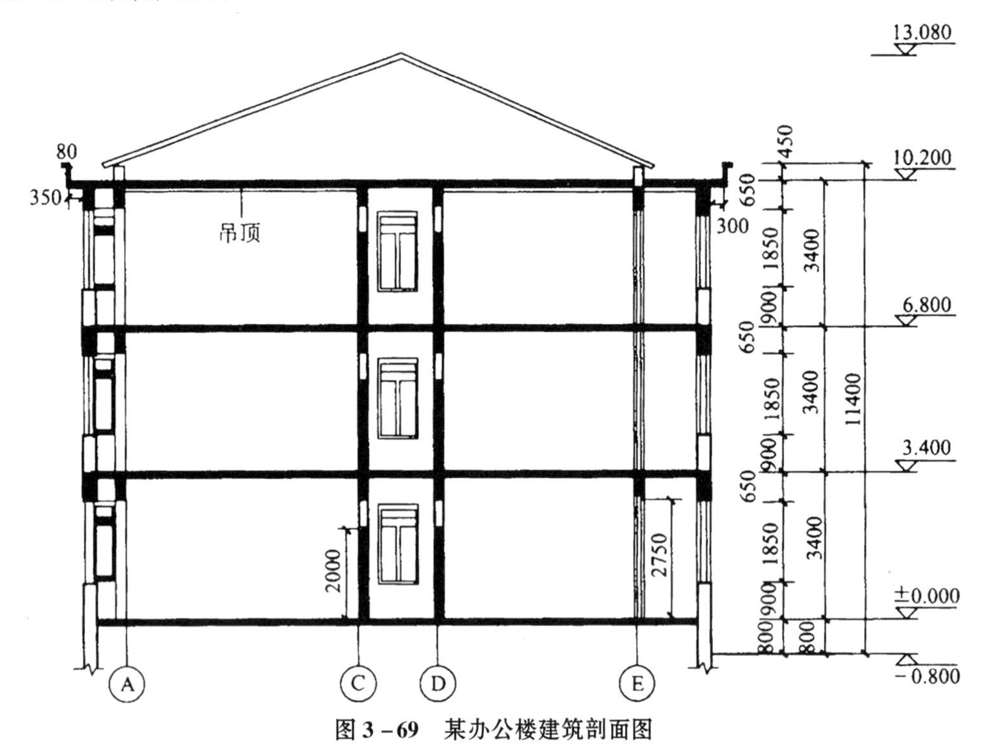

图3-69 某办公楼建筑剖面图

实例63：某武警营房楼建筑剖面图识读

图3-70、图3-71分别为某武警营房楼建筑1—1、2—2剖面图，从图中可以了解以下内容：

1）1—1剖面图中绘制出了楼梯间、走廊和门厅的剖面，而2—2剖面图只剖切到普通房间及走廊。

2）从图中可以看出，被剖到的墙体有Ⓐ轴线墙体、Ⓑ轴线墙体、Ⓒ轴线墙体和Ⓓ轴线墙体以及墙体上面的门窗洞口。其中Ⓑ轴线底层为门厅，二层之上为房间，故底层只有可见的走廊轮廓线，二层之上剖到的则都是墙体。底层门厅处，详细表示出雨篷竖向的尺寸，以及竖向分割条的尺寸。底层与Ⓐ轴线距离600mm为门厅处的分户门，高度为3000mm。

3）1—1剖面剖切到南外墙上的弧形窗C3，由图可知，此弧形窗下部墙体为轻质墙，采用轻质墙图例表示出来。看屋面部分可知，屋面向两侧排水，坡度为2%。

4）在1—1剖面图中，主要可见部分为两侧外墙上的窗子轮廓、一层走廊处的分隔门、走廊的轮廓线、室外雨篷柱的轮廓线。楼梯间处，未剖到的楼梯段的投影为可见部分。屋面处女儿墙的轮廓以及屋面上翻梁的轮廓也均为可见部分。其中翻梁长2400mm，高1300mm，与屋顶平面图相一致。

5）在1—1、2—2剖面图中，均有旗杆的可见轮廓投影，也都用中粗实线表示。

6）在1—1剖面中，主要的尺寸有楼梯处踏步的高度、扶手的线性尺寸等。从图中可以看出，该楼各层层高均为3.6m。

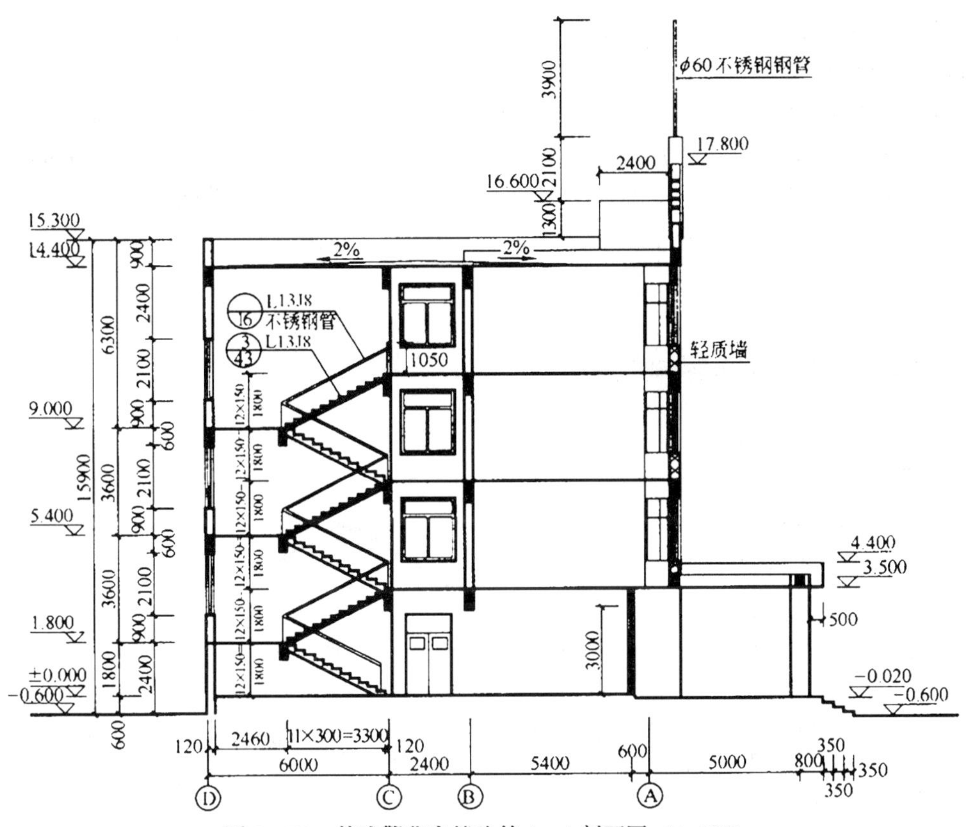

图 3－70 某武警营房楼建筑 1—1 剖面图（1:100）

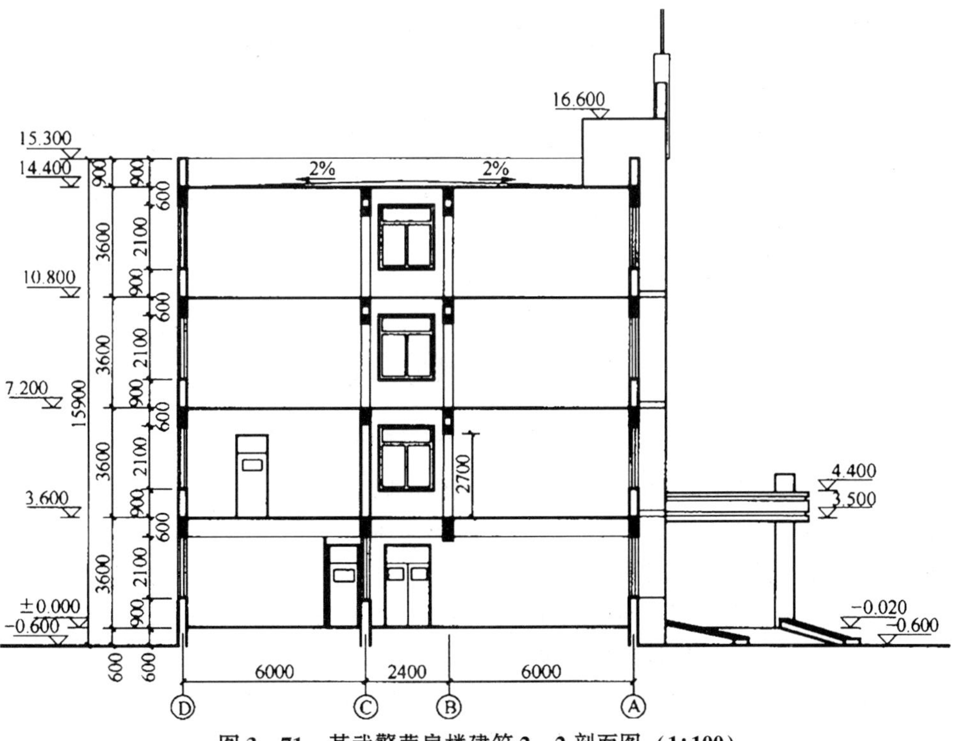

图 3－71 某武警营房楼建筑 2—2 剖面图（1:100）

7）在1—1剖面图上标注了雨篷处的标高及尺寸。雨篷板底标高为3.500m，板顶标高为4.400m。

8）在2—2剖面图中标注出门窗高度和定位尺寸及各层层高、建筑物总高。除了标高，图中还标注了门窗洞口的竖向高度，其中分户门为2700mm，外窗高为2100mm。

9）在1—1剖面中，对于剖到的墙体，砖墙不表示图例，轻质墙体以图例表示出。对于剖到的楼板、楼梯梯段板、过梁、圈梁，材料均为钢筋混凝土，在建筑剖面图中则涂黑表示。

实例64：某别墅住宅剖面图识读

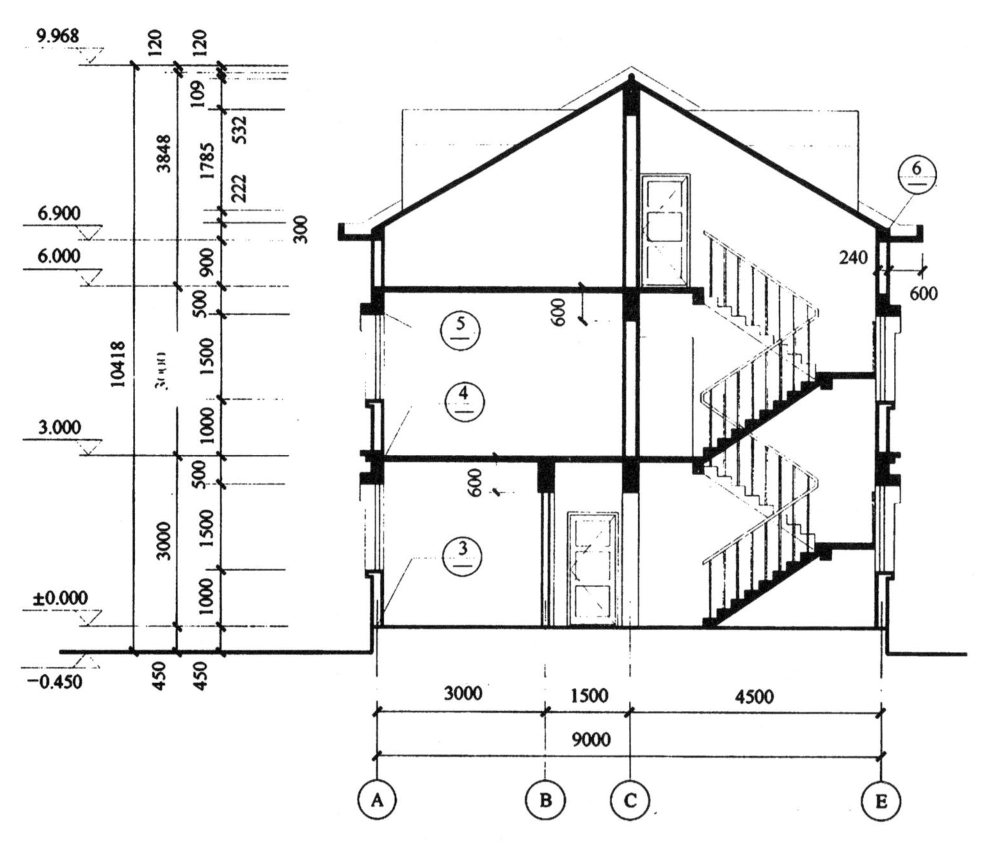

图3－72　某别墅住宅楼的剖面图（1∶100）

图3－72为某别墅住宅楼的剖面图，从图中可以了解以下内容：

1）此建筑物共三层，底层、二层的层高都为3000mm，三层是利用坡屋顶下的构造空间，故层高有低有高。建筑总高10418mm，室内外高差450mm。从左边的外部尺寸还可以看出，各层窗台至楼地面高度为900mm，窗洞口高1500mm。

2）图中还表达了从底楼上到三楼的楼梯及坡屋顶的形式。由于本剖面图比例为1∶100，故构件断面除钢筋混凝土梁、板涂黑表示外，墙及其他构件不再加画材料图例。

3）图中墙身及天沟另有详图画出，故此处都有详图索引标志。

3.5 建筑详图识读实例

实例 65：建筑楼梯详图识读

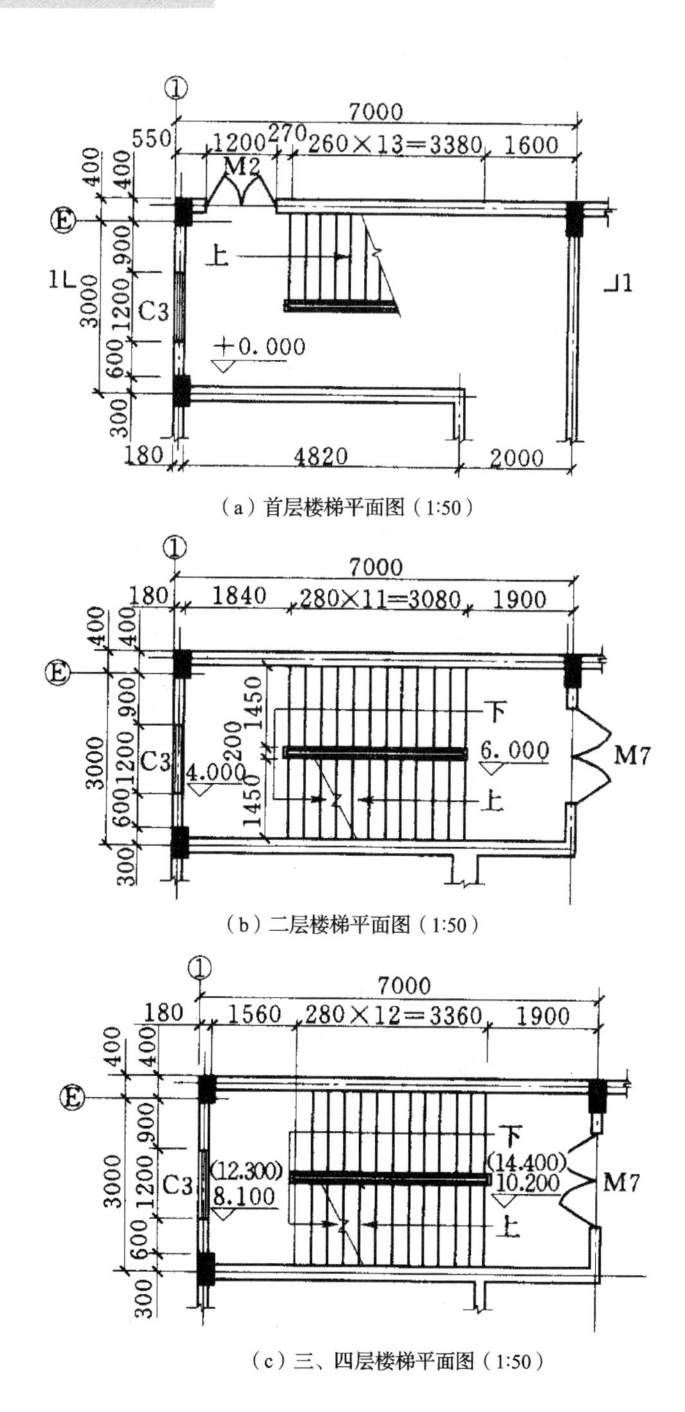

（a）首层楼梯平面图（1:50）

（b）二层楼梯平面图（1:50）

（c）三、四层楼梯平面图（1:50）

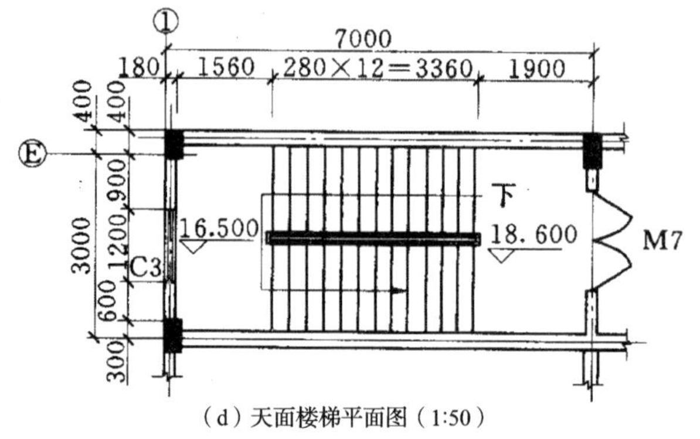

（d）天面楼梯平面图（1:50）

图 3－73　首层至屋面楼梯平面图

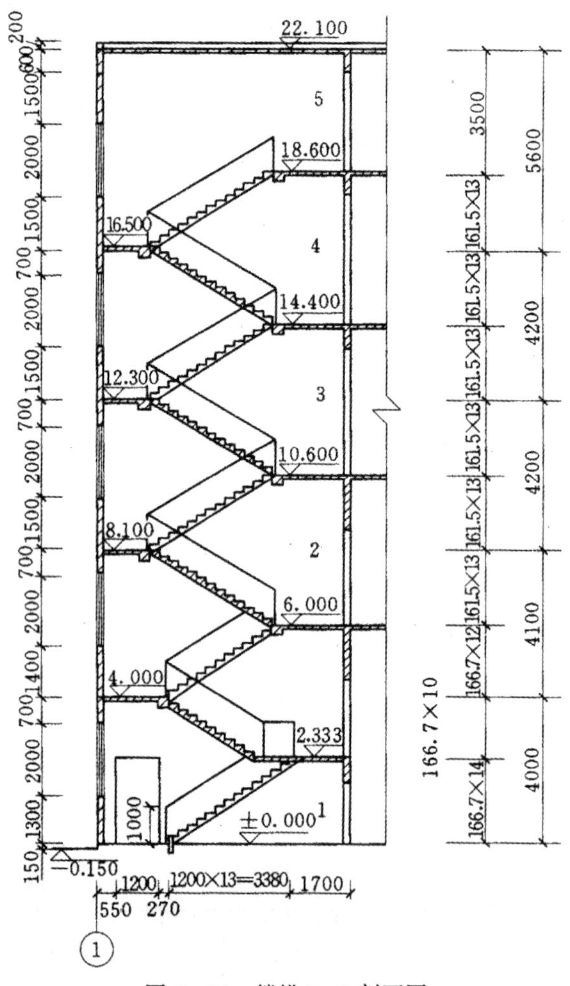

图 3－74　楼梯 1－1 剖面图

图 3－73 为首层至屋面楼梯平面图，图 3－74 为楼梯 1－1 剖面图，从图中可以了解以下内容：

1）图名和比例。图 3－73 是首层至屋面楼梯平面图，比例是 1∶50。注意各层楼梯平面图的区别。图 3－74 是 1－1 楼梯剖面图，比例为 1∶50，剖切平面的位置和投影方向在首层楼梯平面图中表示。

2）楼梯的类型和走向。该楼梯首层为三跑楼梯，其余层为双跑楼梯，由标注的“上”、“下”箭头可知楼梯的走向。

3）楼梯间的尺寸。由图3－73中标注的尺寸可知，楼梯间的开间为3000mm，进深为7000mm。

4）休息平台的宽度和标高。休息平台分为中间平台和楼层平台。如三层楼梯平面图中，中间平台净宽1560mm，楼层平台宽1900mm；二层、三层之间的中间平台标高为8.10m，楼层平台的标高是10.20m。

5）梯段的级数、水平长度和踏步面的宽度、高度。这些数据都可以由图3－73中标注的尺寸得到。如三层楼梯平面图中标注“280×12＝3360”，说明这一梯段共12＋1＝13级，每级踏步面的宽度是280mm，所以这一梯段的水平长度是3360mm。对应剖面图中该段的尺寸标注为“161.5×13＝2100”，说明这一梯段共13级，每级踏步的高度是161.5mm，这一梯段的高度是2100mm。

实例66：楼梯底层平面图识读

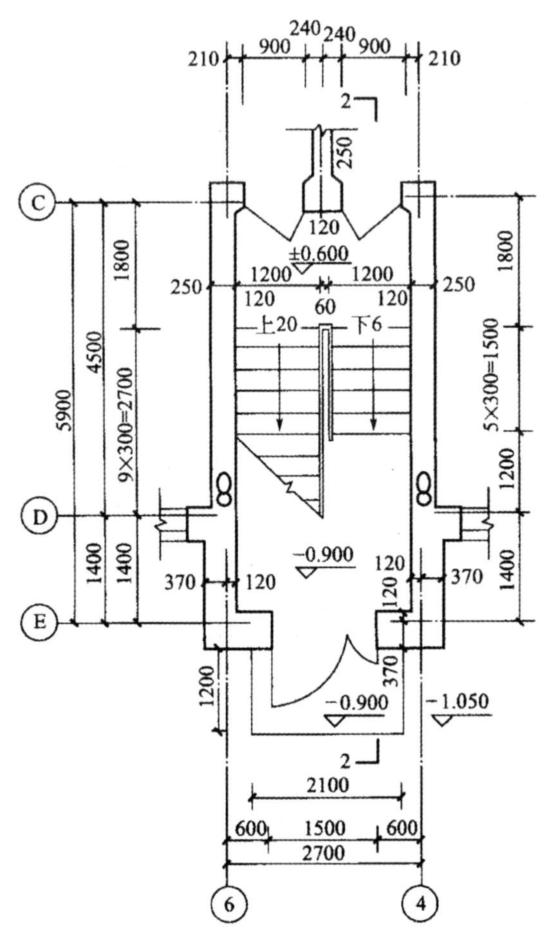

图3－75　楼梯底层平面图（1∶50）

图3-75为楼梯的底层平面图，从图中可以了解以下内容：

1）它实际上就是底层建筑平面图楼梯间的放大图，其定位轴线相同于相应的建筑平面图。

2）在底层平面图中，剖切后的45°折断线，应该从休息平台的外边缘画起，将第一梯段的踏步数全部显示出来。由图可知，该楼底层至二层的第一梯段为10级踏步，其水平投影应为9格，水平投影的格数=踏步数-1。从休息平台的外边缘的距离取9×300mm（300mm为踏步宽）的长度后则可将楼梯的起步线确定出来。图中箭头指明了楼梯的上下走向，旁边的数字表示踏步数。“上20”是指由此向上20个踏步可以到达二层楼面；“下6”是指由一层地面到出口处，需向下走6个踏步。

3）在楼梯底层平面图上，楼梯起步线至休息平台外边缘的距离，被标出9×300mm=2700mm的形式，其目的就是为了一并将梯段的踏步尺寸标出。

实例67：楼梯二层平面图识读

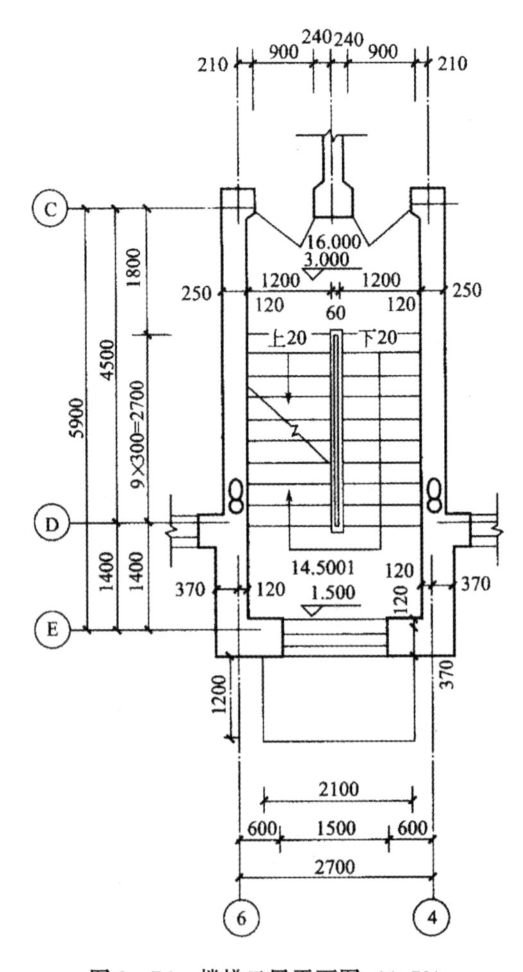

图3-76 楼梯二层平面图（1:50）

图 3－76 为楼梯二层平面图，从图中可以了解以下内容：

1）图中所示为楼梯的中间层平面图，它是沿着二、三层的休息平台以下将梯段剖开所得。

2）二层楼梯平面图中的 45°折断线，画在梯段的中部。在画有折断线的一边，折断线的一侧表示为下一层的第一梯段上的可见踏步及休息平台，而在扶手的另一边，则表示的是休息平台以上的第二段踏步。

3）在图中该段（第二段）画有 9 个等分格，说明该段有 10 个踏步，水平投影格数＋1＝踏步数。

实例 68：楼梯顶层平面图识读

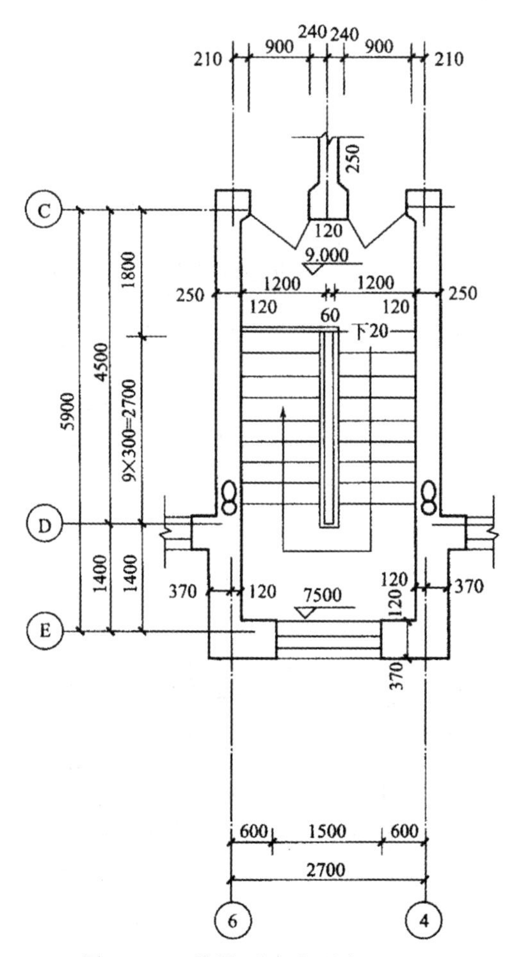

图 3－77 楼梯顶层平面图（1:50）

图 3－77 为楼梯顶层平面图，从图中可以了解以下内容：

1）图中所示为楼梯的顶层平面图，因为此时的剖切平面位于楼梯栏杆（栏板）以上，梯段未被切断，所以在楼梯顶层平面图上不画折断线。

2）图中表示的是下一层的两个梯段及休息平台，箭头只指向下楼的方向。

实例69：建筑楼梯平面图识读（一）

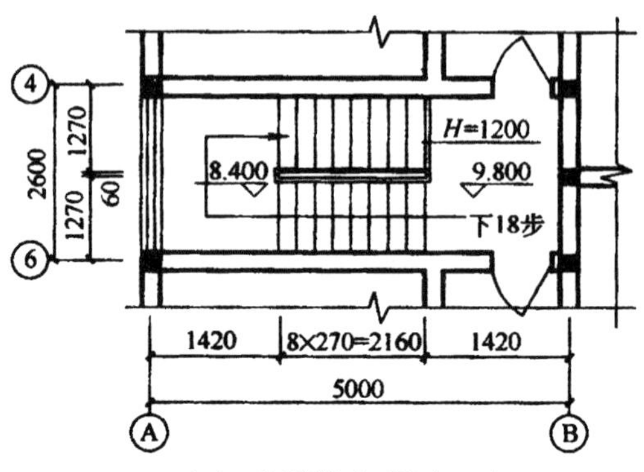

（a）顶层楼梯平面图（1:50）

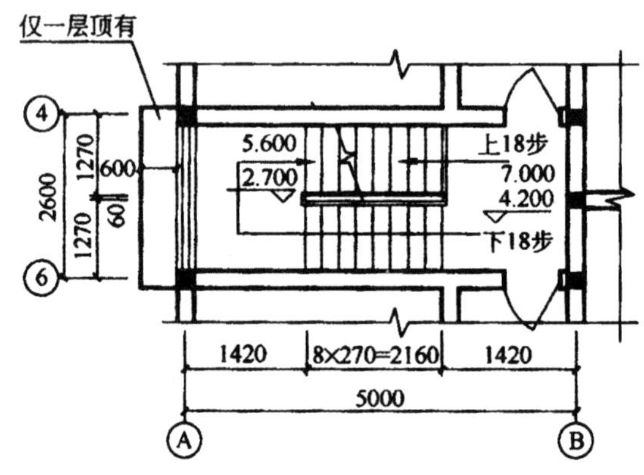

（b）标准层楼梯平面图（1:50）

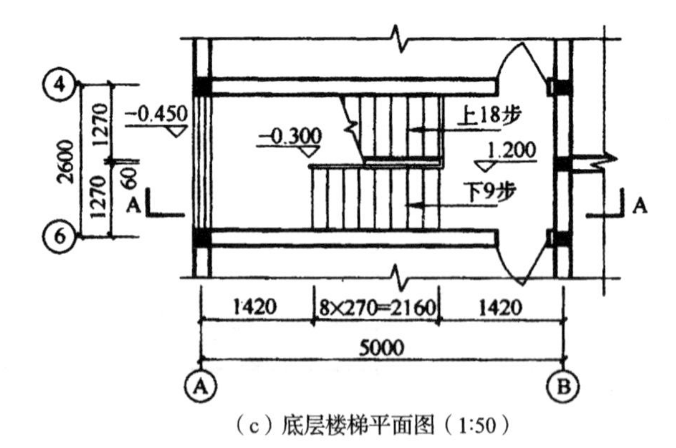

（c）底层楼梯平面图（1:50）

图3－78　楼梯平面图

图3－78为楼梯平面图，从图中可以了解以下内容：

1）楼梯位在Ⓐ～Ⓑ轴线和④～⑥间。

2）楼梯间开间2600mm（其中梯井宽60mm），进深5000mm。休息平台宽度1420mm，楼层第一级踏步距Ⓑ轴线1420mm。

3）图中梯段宽 8×270＝2160mm，表明从室外到一层楼面有九级踏步。

4）从本层楼面到上层楼面，共 18 级踏步。

5）楼梯间地面的标高为 1.200m（4.200m、7.000m、9.800m），休息平台地面标高 2.700m（5.600m、8.400m）。

实例 70：建筑楼梯平面图识读（二）

图 3－79 为建筑楼梯平面图，从图中可以了解以下内容：

1）楼梯在建筑平面图中的位置及有关轴线的布置。对照图 3－79 可知，此楼梯位于横向⑥～⑧（⑲～㉑、㉖～㉚、㊱～㊳）轴线、纵向Ⓔ～Ⓛ轴线之间。

2）楼梯间、梯段、梯井、休息平台等处的平面形式和尺寸以及楼梯踏步的宽度和踏步数。该楼梯间平面为矩形与矩形的组合，左部分为楼梯间，右部分为电梯间。楼梯间的开间尺寸为 2600mm，进深为 6200mm，电梯间的开间尺寸为 2600mm，进深为 2200mm；楼梯间的踏步宽为 260mm，踏步数一层为 14 级，二层以上均为 9＋9＝18 级。

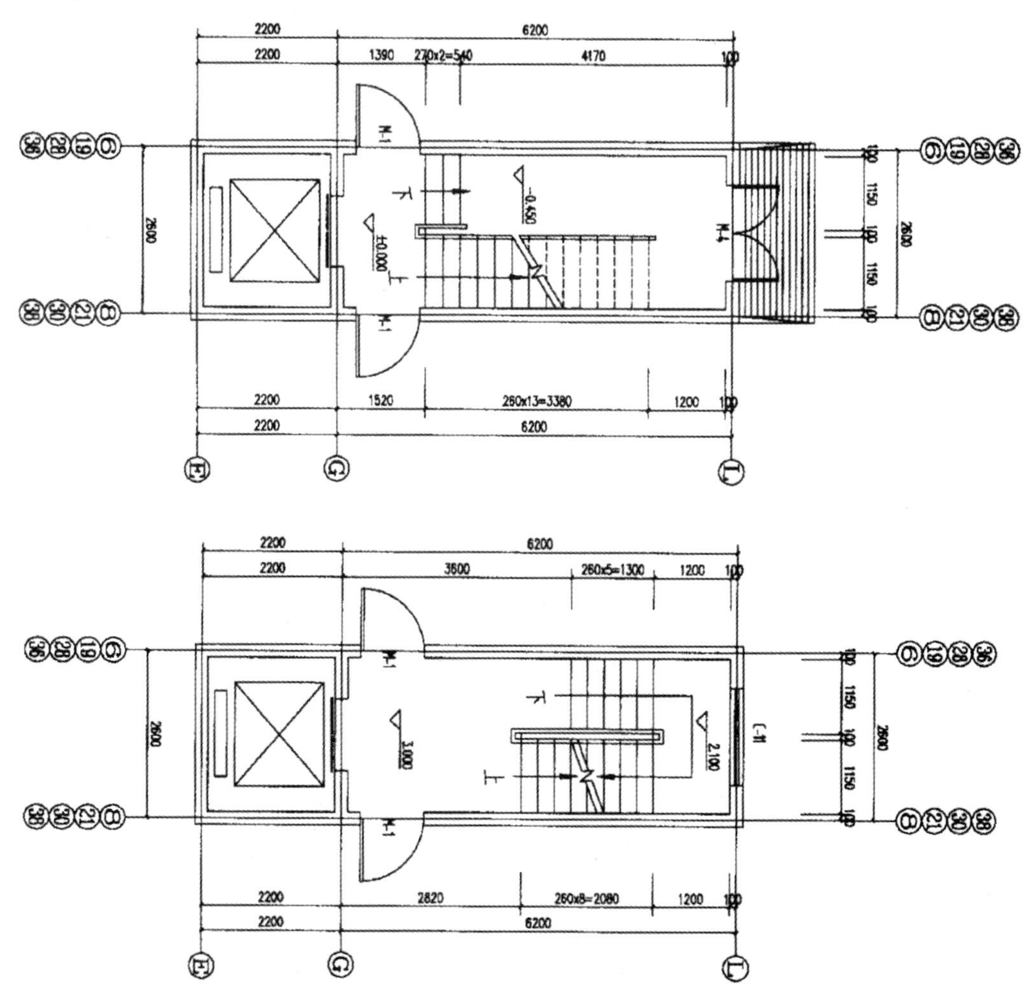

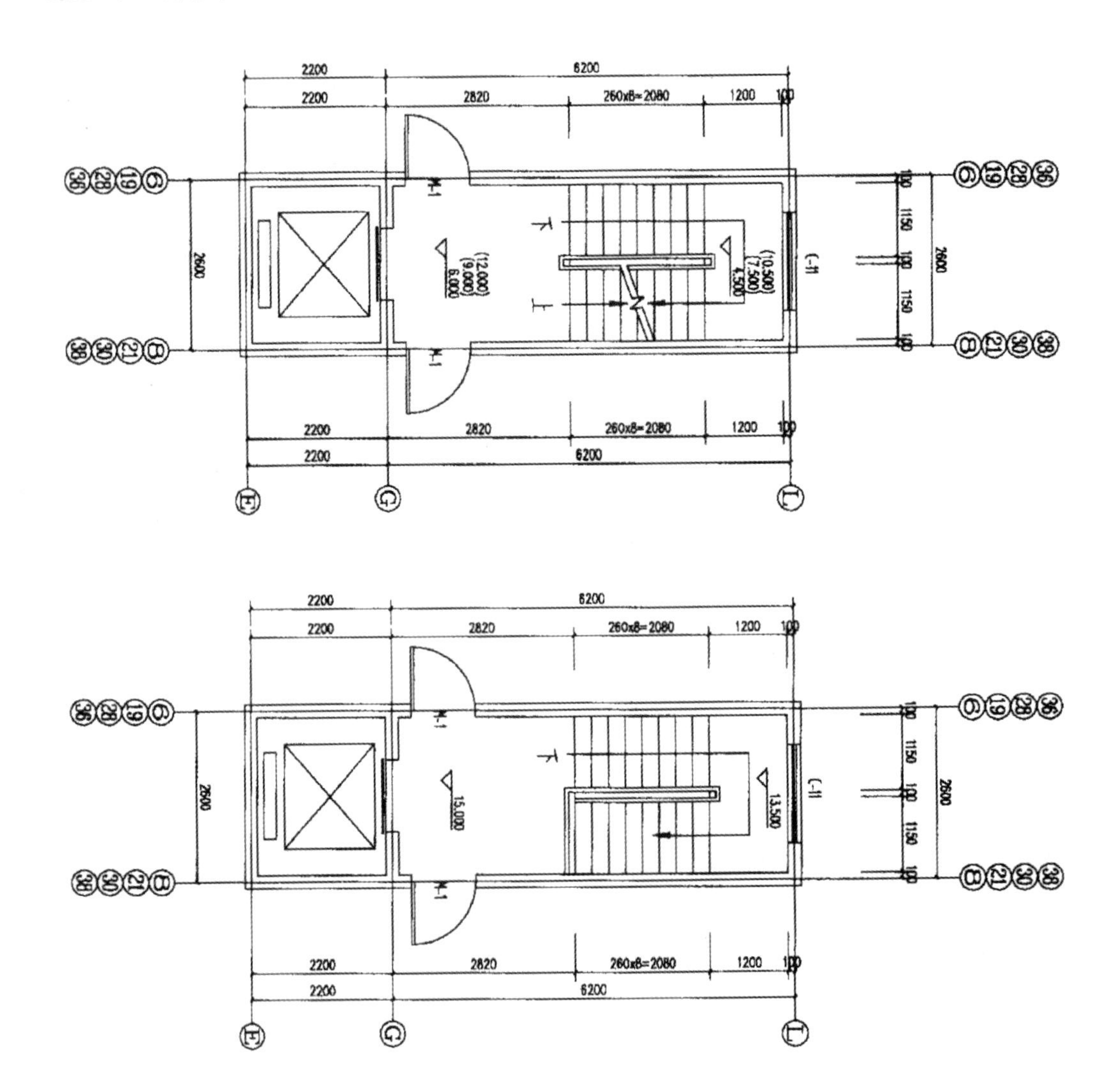

图3－79　建筑楼梯平面图

3）楼梯的走向及上、下起步的位置。由各层平面图上的指示线，可看出楼梯的走向，第一个梯段最后一级踏步距Ⓛ轴1300mm。

4）楼梯间各楼层平面、休息平台面的标高。各楼层平面的标高在图中均已标出。

5）中间层平面图中不同梯段的投影形状。中间层平面图既要画出剖切后的上行梯段（注有“上”字），又要画出该层下行的完整梯段（注有“下”字）。继续往下的另一个梯段有一部分投影可见，用45°折断线作为分界，与上行梯段组合成一个完整的梯段。各层平面图上所画的每一分格，表示一级踏面。平面图上梯段踏面投影数比梯段的步级数少1，如平面图中往下走的第一段共有14级，而在平面图中只画有13格，梯段水平投影长为260×13＝3380mm。

6）楼梯间的墙、门、窗的平面位置、编号和尺寸。楼梯间的墙为200mm；门的编号分别为M－1、M－4；窗的编号为C－11。门窗的规格、尺寸详见门窗表。

7）楼梯剖面图在楼梯底层平面图中的剖切位置及投影方向。

实例 71：建筑楼梯剖面图识读（一）

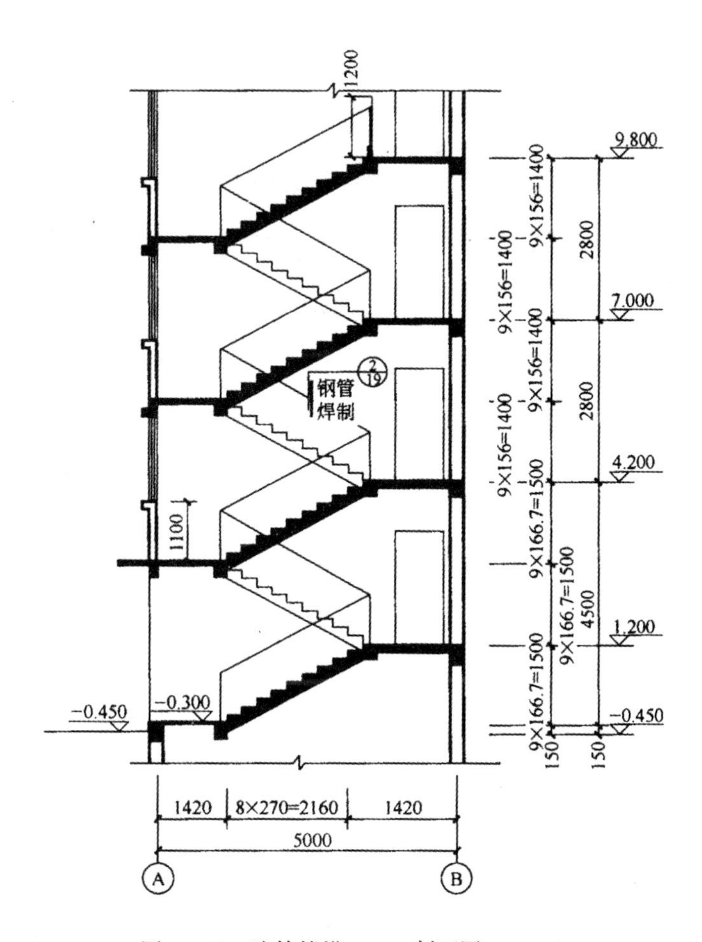

图 3－80　建筑楼梯 A－A 剖面图（1∶50）

图 3－80 为建筑楼梯 A－A 剖面图，从图中可以了解以下内容：

1）本图采用 1∶50 的比例。

2）楼梯间的进深为 5000mm，位于Ⓐ和Ⓑ轴线间。梯段长度 2160mm 在楼梯平面图中已经表示。

3）一层楼面标高为 1. 200m，由于一层层高为 3000mm，其余楼层层高为 2800mm。因此为了使每层楼的踏步数相同，都为 18 级，一层楼梯踏步高为 166. 7mm，二层之上踏步高为 150mm，所有踏步宽均为 270mm。

4）楼梯扶手采用钢管焊制，扶手高 1100mm，顶层护栏高 1200mm。当标注与梯段板坡度相同的倾斜栏杆栏板的高度尺寸时，应从踏面的中部起垂直到扶手顶面的距离；标注水平栏杆栏板的高度尺寸，应以栏杆栏板所在地面为起始点量取。

实例 72：建筑楼梯剖面图识读（二）

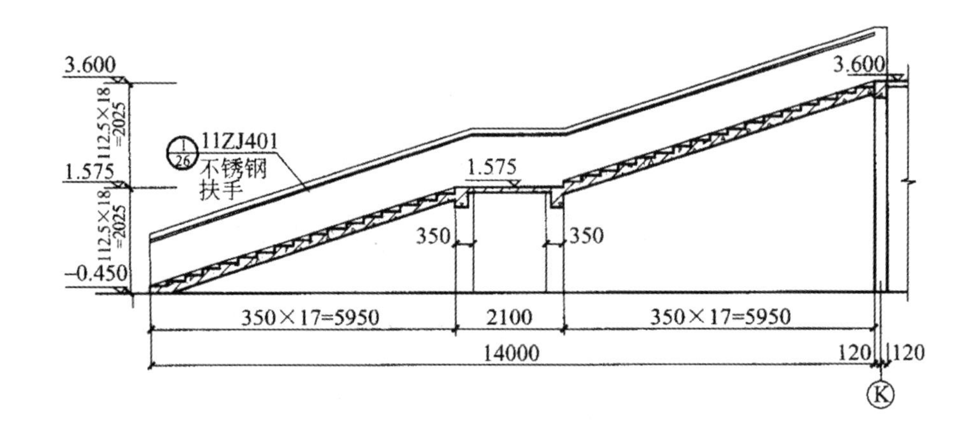

图 3-81 建筑楼梯 A-A 剖面图（1:50）

图 3-81 为建筑楼梯 A-A 剖面图，从图中可以了解以下内容：

1）图名、比例。由 A-A 剖面图（图 3-81），可在楼梯底层平面图中找到相应的剖切位置和投影方向，比例为 1:50。

2）轴线编号和轴线尺寸。该剖面墙体轴线编号为 K，其轴线尺寸为 14000mm。

3）房屋的层数、楼梯梯段数、踏步数。该楼梯为室外公共楼梯，只有一层，梯段数和踏步数详见 A-A 剖面图。它是由两个梯段和一个休息平台组成的，尺寸线上的“350mm × 17 = 5950mm”表示每个梯段的踏步宽为 350mm，由 17 级形成；高为 112.5mm；中间休息平台宽为 2100mm。

4）楼梯的竖向尺寸和各处标高。A-A 剖面图的左侧注有每个梯段高“18 × 112.5mm = 2025mm”，其中“18”表示踏步数，“112.5mm”表示踏步高，并且标出楼梯平台处的标高为 1.575m。

5）踏步、扶手、栏板的详图索引符号。从剖面图中的索引符号可知，扶手、栏板和踏步均从标准图集 11ZJ401 中选用。

实例 73：某办公楼楼梯剖面图识读

图 3-82 为某办公楼楼梯 1-1 剖面图，从图中可以了解以下内容：

1）此图的比例是 1:50，是从楼梯上行的第一个梯段剖切的。楼梯梯段长为 3000mm，踏面宽度均为 300mm，楼梯休息平台宽度为 1450mm。

2）楼梯每层都有两个梯段，每一个梯段均为 11 级踏步，每级踏步高为 154.5mm，每个梯段高为 1700mm。

3）楼梯间窗户、窗台高度以及扶手的高度均是 1000mm。

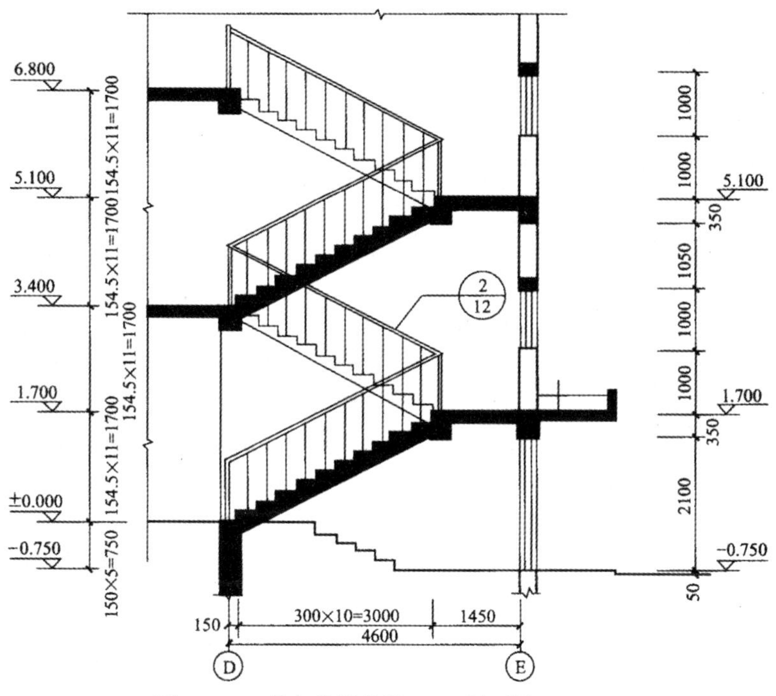

图 3-82 某办公楼楼梯 1-1 剖面图（1:50）

实例 74：某商住楼楼梯平面图识读

图 3-83 为某商住楼楼梯平面图，从图中可以了解以下内容：

1）楼梯间在建筑中的位置。从定位轴线的编号可知楼梯间的位置。

2）楼梯间的开间、进深，墙体的厚度，门窗的位置。从图中可知，该楼梯间开间为 2600mm，进深 6000mm；墙体的厚度为外墙 370mm，内墙 240mm。

3）楼梯段、楼梯井和休息平台的平面形式、位置，踏步的宽度和数量。从图中可以看到，每层平面图中有两跑梯段，表明该楼梯是双跑式，每跑楼梯段的踏步数不等，在地下室楼梯平面图中，地下室的梯段为一跑，踏步数 13 个，梯段长度为 270mm × 13 = 3510mm，一层入楼门后需上 6 个踏步，踏步尺寸为 300mm × 5 = 1500mm，上二层第一跑梯段 9 个踏步，梯段长度 300mm × 9 = 2700mm，其余相同，梯段宽度为 1250 - 120 = 1130mm，梯井的宽度为 100mm，平台的宽度为 1200mm。

4）楼梯的走向以及上下行的起步位置。该楼梯走向如图中箭头所示，两面平台的起步尺寸分别为：地下室 1170mm，其他层 1980mm。

5）楼梯段各层平台的标高。图中地下室地面标高为 -2.200m，入口处地面标高为 ±0.000m，其余平台标高分别为 0.9m、2.4m、3.9m、5.4m、6.9m、8.4m、9.9m、11.4m、12.9m、14.4m 和 15.9m。

6）在一层平面图中了解楼梯剖面图的剖切位置及剖视方向。在一层平面图中可以看到，剖切符号在楼梯间的右侧，该位置可以剖切到每层的第一跑楼梯，以及楼梯间的门窗洞口及管道间的门洞口。

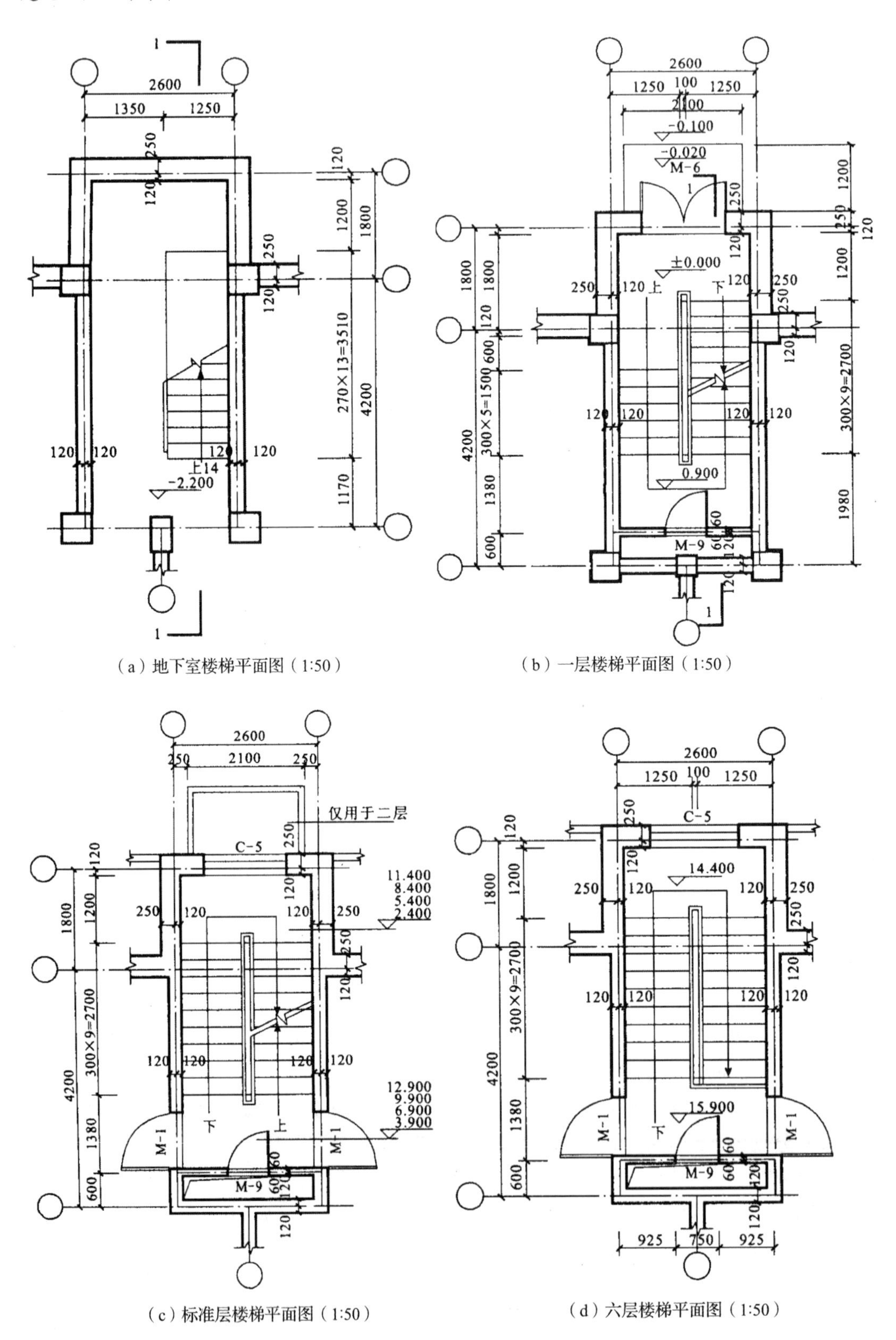

图 3-83　某商住楼楼梯平面图

实例75：某住宅楼梯平面图识读

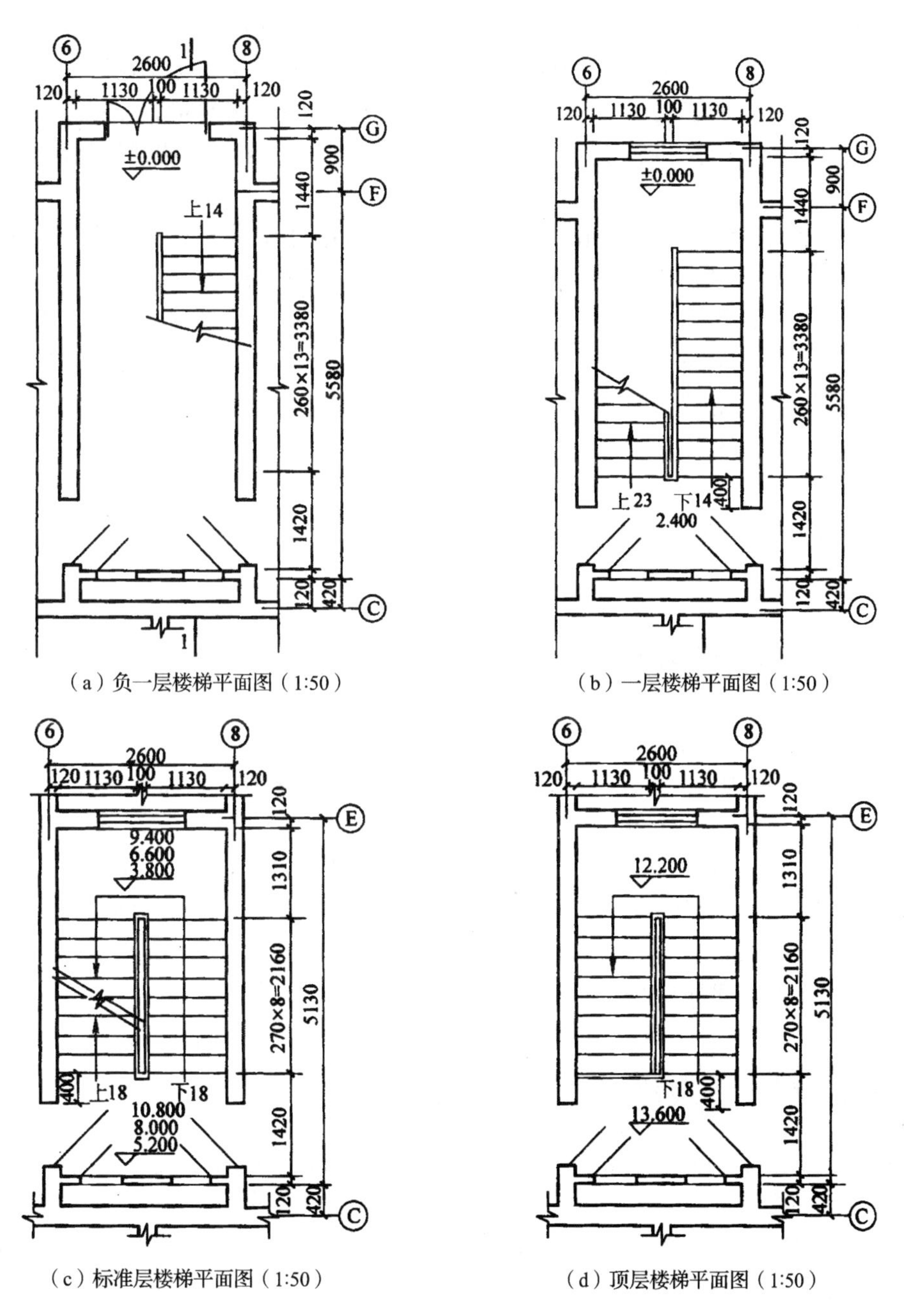

（a）负一层楼梯平面图（1:50）

（b）一层楼梯平面图（1:50）

（c）标准层楼梯平面图（1:50）

（d）顶层楼梯平面图（1:50）

图3－84　某住宅楼梯平面图

图3－84为某住宅楼梯平面图，从图中可以了解以下内容：

1）各层楼梯平面图都应当标出该楼梯间的轴线。从楼梯平面图中所标注的尺寸，可了解楼梯间的开间和进深尺寸，还可以了解楼地面和平台面的标高以及楼梯各组成部分的详细尺寸。

从图中还可以看出，中间层梯段的长度是8个踏步的宽度之和即（270mm×8＝2160mm），但中间层梯段的步级数是9（18/2）。这是因为每一梯段最高一级的踏面与休息平台面或者楼面重合（即将最高一级踏面做平台面或楼面），所以平面图中每一梯段画出的踏面（格）数，总比踏步数少一，即：踏面数＝踏步数－1。

2）负一层平面图中只有一个被剖到的梯段。图中注有“上14”的箭头表示从储藏室层楼面向上走14步级可以达一层楼面，梯段长260mm×13＝3380mm，表明每一踏步宽260mm，共有13＋1＝14级踏步。在负一层平面图中，一定要注明楼梯剖面图的剖切符号等。

3）一层平面图中注有“下14”的箭头表示从一层楼面向下走14步级可以达储藏室层楼面，“上23”的箭头表示从一层楼面向上走23步级可以达二层楼面。

4）标准层平面图表示了二、三、四层的楼梯平面，此图中没有再画出雨篷的投影，其标高的标注形式应当注意，括号内的数值为替换值，是上一层的标高标准层平面图中的踏面，上下两梯段都画成完整的。上行梯段中间画有一与踢面线呈30°的折断线。折断线两侧的上下指引线箭头是相对的。

5）顶层平面图的踏面是完整的，只有下行，所以梯段上没有折断线。楼面临空的一侧装有水平栏杆。顶层平面图画出了屋顶檐沟的水平投影，楼梯的两个梯段均为完整的梯段，只注有“下18”。

实例76：某住宅楼梯剖面图识读

图3－85为某住宅楼梯1－1剖面图，从图中可以了解以下内容：

1）楼梯剖面图中应当注出楼梯间的进深尺寸和轴线编号，地面、平台面、楼面等的标高，梯段、栏杆（或栏板）的高度尺寸（建筑设计规范规定：楼梯扶手高度应自踏步前缘量至扶手顶面的垂直距离，其高度不应小于900mm），其中梯段的高度尺寸与踢面高和踏步数合并书写，例如1400均分9份，表示有9个踢面，每个踢面高度为1400mm/9＝155.6mm。

2）应注出楼梯间外墙上门、窗洞口、雨篷的尺寸与标高。

实例77：某商住楼楼梯剖面图识读

图3－86为某商住楼楼梯剖面图，从图中可以了解以下内容：

1）楼梯的构造形式。从图中可知该楼梯的结构形式为板式楼梯，双跑。

2）楼梯在竖向和进深方向的有关尺寸。从楼层标高和定位轴线间的距离可知该楼地下室层高为2200mm，以上各层层高为3000mm，楼梯间进深6000mm。

3）楼梯段、平台、栏杆、扶手等的构造和用料说明。本图中用详图索引符号表示栏杆、扶手的做法。

4）被剖切梯段的踏步级数。从图中可知地下室157mm×14≈2200mm表示第一梯段上有14个踏步，每踏步高157mm，整个梯段垂直高度为2200mm，进楼门后的首跑梯段为150mm×6＝900mm，上面的梯段均为150mm×10＝1500mm。

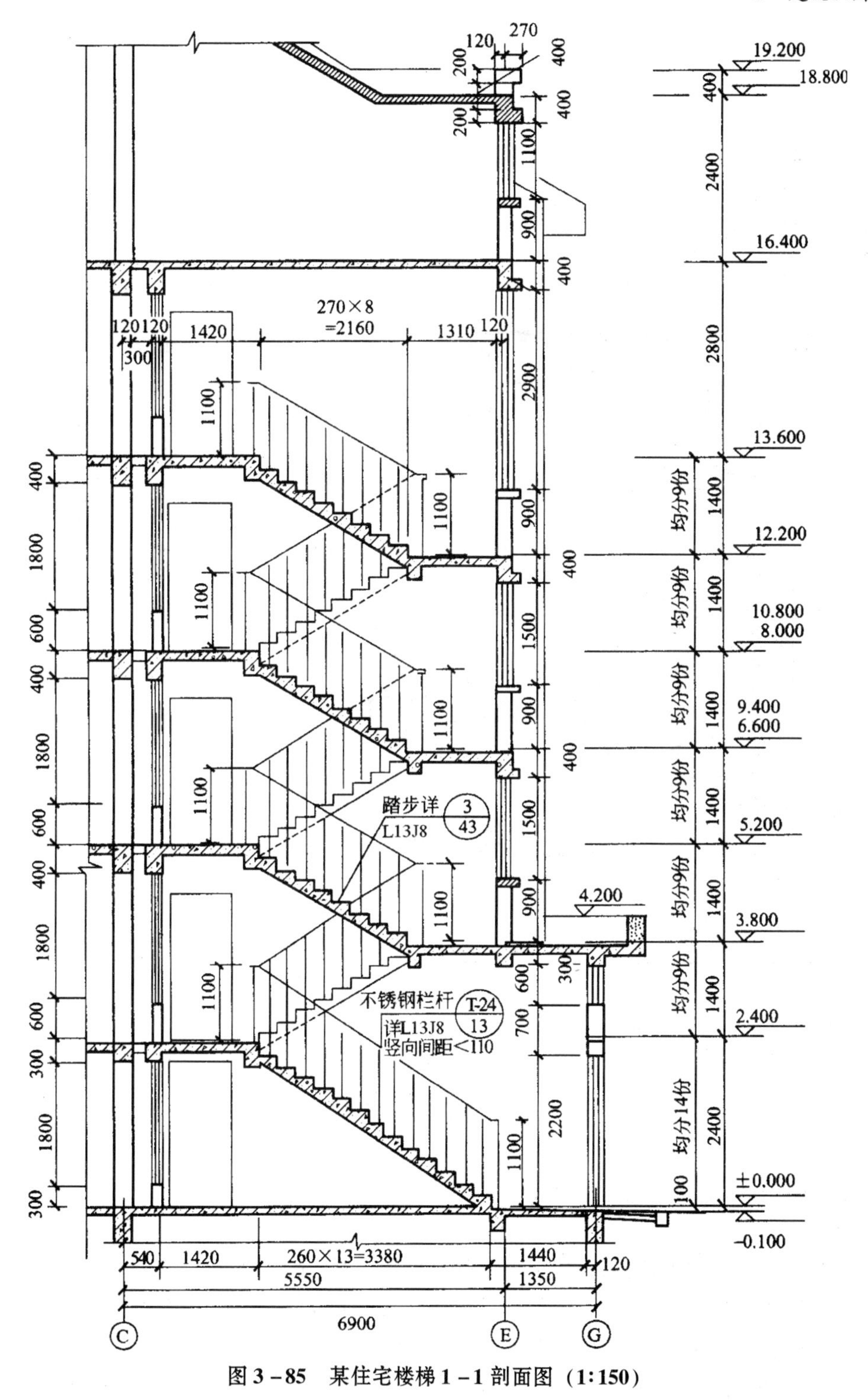

图 3-85 某住宅楼梯 1-1 剖面图（1:150）

5）图中的索引符号。该图除楼梯栏杆的索引符号外，还有 3 个索引符号，分别是楼门雨篷的做法（见标准图集）、屋脊的构造做法（见标准图集），前后屋面相交处的做法，见图 3-86②号详图。

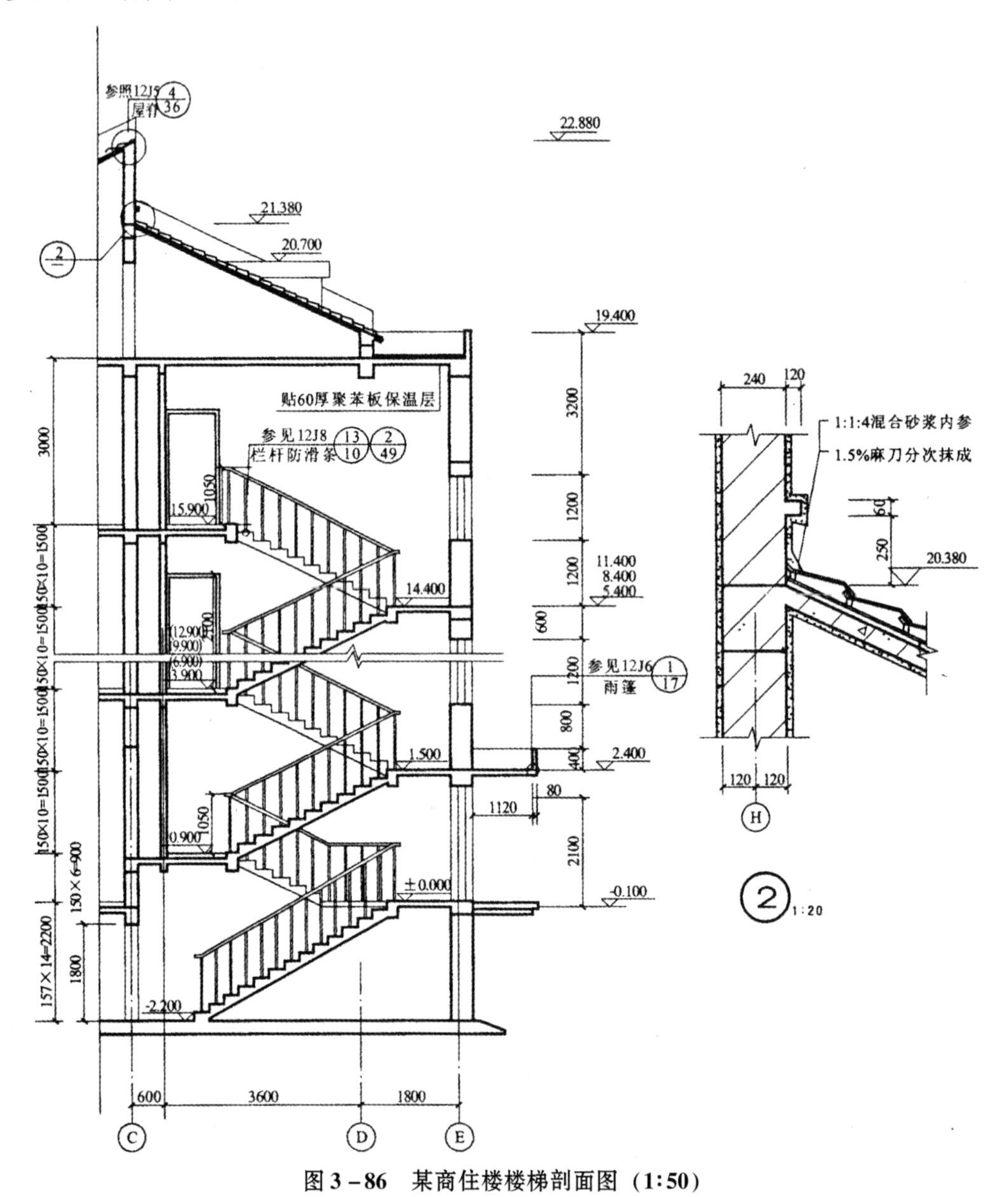

图 3－86　某商住楼楼梯剖面图（1:50）

实例 78：建筑外墙墙身详图识读（一）

图 3－87 为建筑外墙墙身详图，从图中可以了解以下内容：

1）该墙的位置、厚度及其定位。从图中可知该墙为外纵墙，轴线编号是Ⓐ，墙厚 370mm，定位轴线与墙外皮相距 250mm，与墙内皮相距 120mm。

2）竖向高度尺寸及其标注形式。在详图外侧标注一道竖向尺寸，从室外地面至女儿墙顶，各尺寸如图所示。在楼地面层和屋顶板标注标高，注意中间层楼面标高采用 2. 800mm、5. 600mm、8. 400mm、11. 200m 上下叠加方式简化表达，图样在此范围中只画中间一层。在图的下方，标注了板式基础的尺寸和地下室地面标高等。

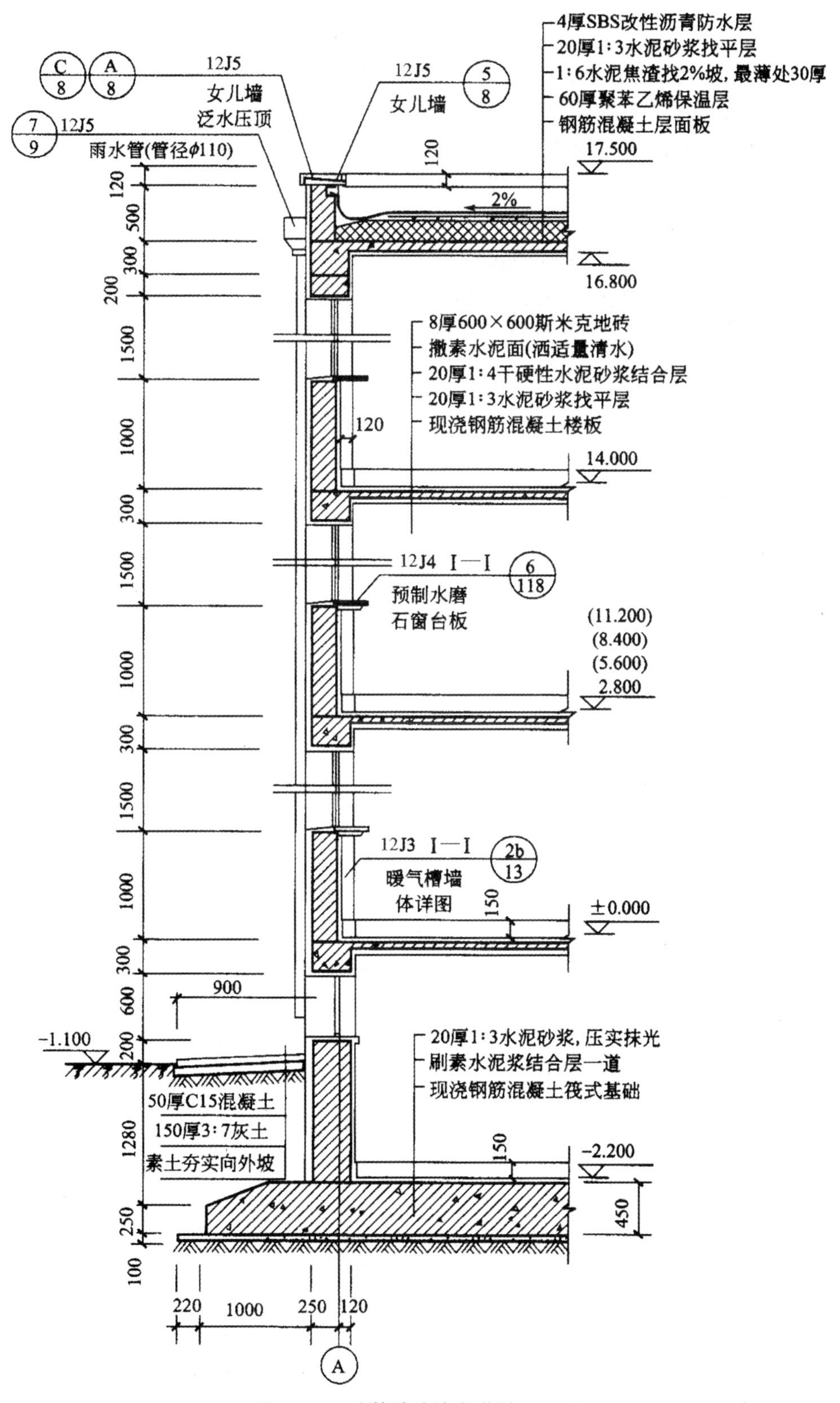

图3-87　建筑外墙墙身详图（1:25）

3）墙脚构造。从图中可知该住宅楼有地下室，地下室底板是钢筋混凝土，最大厚度为450mm，起承重作用，地下室地面做法如图所示，采用分层共用引出线方式表达。地下室顶板即首层楼板为现浇钢筋混凝土。楼板下地下室的窗洞高为600mm，洞口上方为圈梁兼过梁，圈梁高300mm。

图中散水的做法是下面素土夯实并垫坡，其上为150mm厚3∶7灰土，最上面为50mm厚C15混凝土压实抹光。一层窗台下暖气槽做法详见标准图集12J3 Ⅰ—Ⅰ。

4）各层梁、板、墙的关系。如图中所示，各层楼板下方都设有现浇钢筋混凝土圈梁与楼板成为一体，且为圈梁兼过梁的构造，梁截面宽度为370mm、高度300mm。楼地层做法在楼层位置标注，分层做法如图所示。

5）檐口部位的构造。如图所示为女儿墙檐口做法，墙下的圈梁与屋面板现浇成为一体。女儿墙厚240mm、高500mm，上部压顶为钢筋混凝土（厚度最大处为120mm，压顶斜坡坡向屋面一侧）。该楼屋顶做法是：现浇钢筋混凝土屋面板，上面铺60mm厚聚苯乙烯泡沫塑料板保温层，1∶6水泥焦渣找坡2%，最薄处厚30mm，在找坡层上做20mm厚1∶3水泥砂浆找平层，上做4mm厚SBS改性沥青防水层。檐口位置的雨水管、女儿墙泛水压顶均采用标准图集12J5中的相应详图。

实例79：建筑外墙墙身详图识读（二）

图3-88为建筑外墙剖面详图，从图中可以了解以下内容：

1）该图为建筑剖面图中外墙身的放大图，比例为1∶30。

2）图中不仅表示了屋顶、檐口、楼面、地面等构造以及与墙身的连接关系，而且表示了窗、窗顶、窗台等处的构造情况。

3）圈梁、过梁均为钢筋混凝土构件，楼板为钢筋混凝土空心板，均用钢筋混凝土图例绘制表示。外墙为240mm厚砖墙，也以图例表示出。

4）该图绘制了室外散水与室内地面节点、楼面节点、檐口节点三个节点的详图组合。

5）从图中可以看出，室内地面为混凝土地面，做法：在100mm厚C20混凝土上用10mm厚水泥砂浆找平，上铺500mm×500mm瓷砖。在室内地面与墙身基础的相连处设有水泥砂浆防潮层，一般用粗实线表示。本图中窗台的做法比较简单，没有窗台板也没有外挑檐。室外为混凝土散水，做法：在素土夯实层上铺100mm厚C15混凝土，面层为20mm厚1∶2水泥砂浆。

6）图中檐口采用女儿墙形式，高度为900mm。屋面做法为油毡保温屋面，保温层采用60mm厚蛭石保温层，并兼2%找坡作用。防水层采用二毡三油卷材防水，上撒绿豆沙。

7）在楼层节点处的标高，其中7.200与10.800用括号括起来，表示与此相应的高度上，该节点图仍然适用。此外，图中还注明了高度方向的尺寸及墙身细部大小尺寸。如墙身为240mm，室外散水宽为900mm。

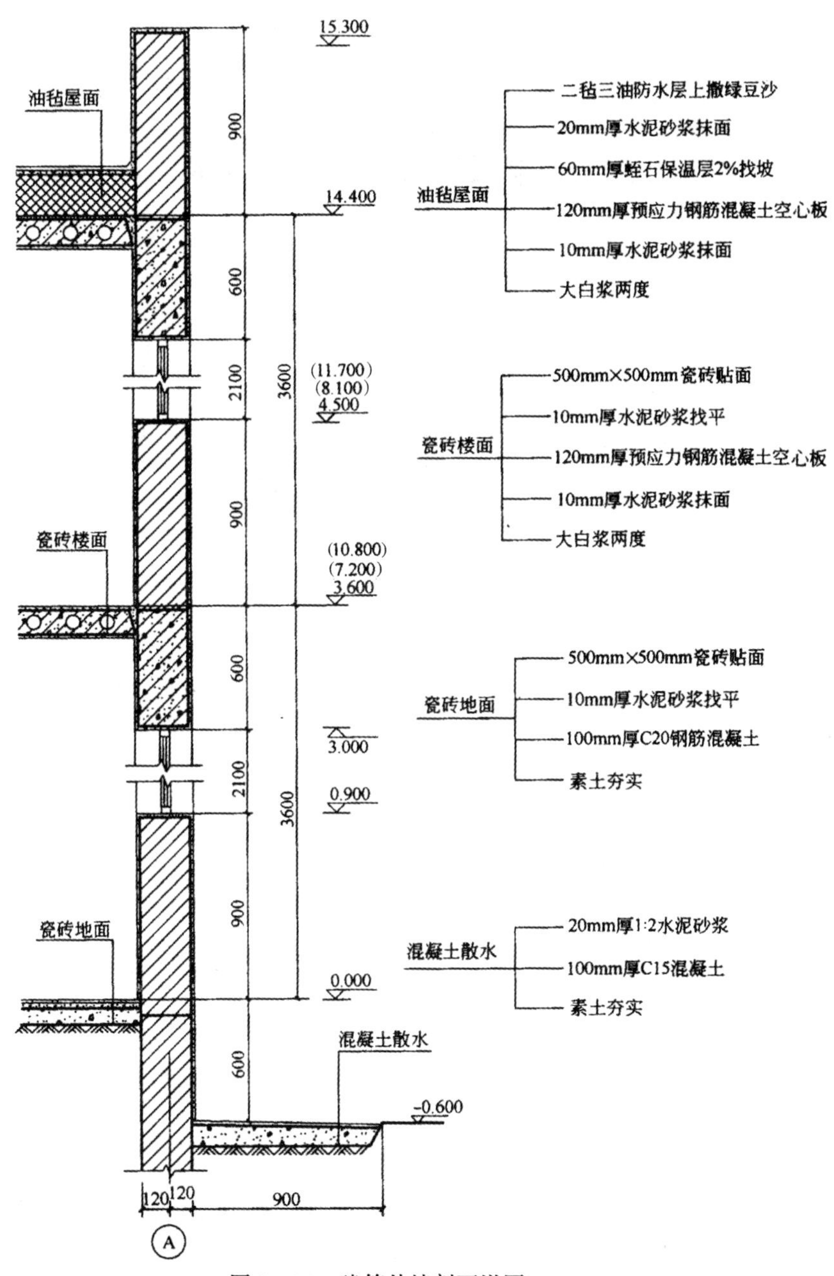

图 3－88　建筑外墙剖面详图（1:30）

实例 80：建筑外墙墙身详图识读（三）

图 3－89 为建筑外墙墙身详图，从图中可以了解以下内容：

1）该图为建筑外墙墙身详图，比例为 1:20。

2）该详图适用于Ⓐ轴线上的墙身剖面，砖墙的厚度为 240mm，居中布置（以定位轴线为中心，其外侧为 120mm，内侧也为 120mm）。

3）由图可知，楼面、屋面均为现浇钢筋混凝土楼板构造。

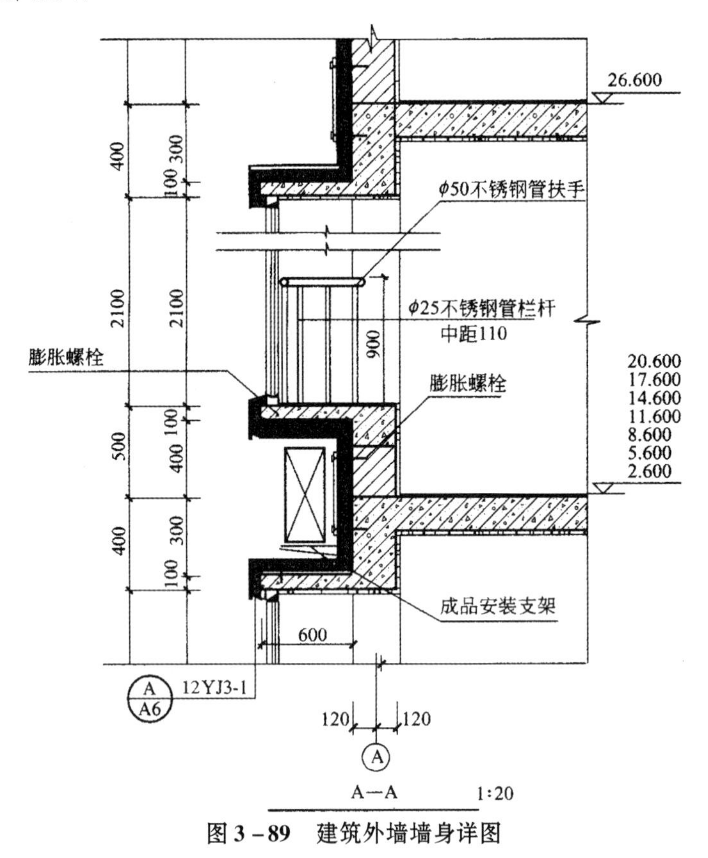

图3-89　建筑外墙墙身详图

实例81：某商住楼外墙墙身详图识读

图3-90为某商住楼外墙墙身详图，从图中可以了解以下内容：

1）墙身详图的图名和比例。从图3-90可知该详图为某轴线墙身详图，比例为1:20，该图通过折断符号分为四部分，分别是墙角部分、一层雨篷部分、中间各层楼板与外墙连接部分和檐口部分。

2）墙脚构造。该墙脚部分包括：

①　地下室的地面构造做法，从图中可知地下室地面从下向上的构造做法是素土夯实、100mm厚混凝土垫层、防水层、250mm厚钢筋混凝土、素水泥浆结合层一道，面层为20mm厚1:2水泥砂浆压实赶光。

②　地下室防水做法，参见标准图集12J2。

③　地下室通风做法，采用直径为150mm的钢管通风，位置为-0.400m。

④　首层地面做法，参见标准图集12J1。

3）一层雨篷做法。从图中可知，雨篷外挑长度1500mm，其上泛水、防水做法参见标准图集12J5，内窗台板做法见12J7，外窗台做法参见标准图集12J3，楼层地面做法参见标准图集12J1。

4）中间节点。从图中可知，窗口滴水做法见标准图集12J3，楼面做法参见标准图集12J1。

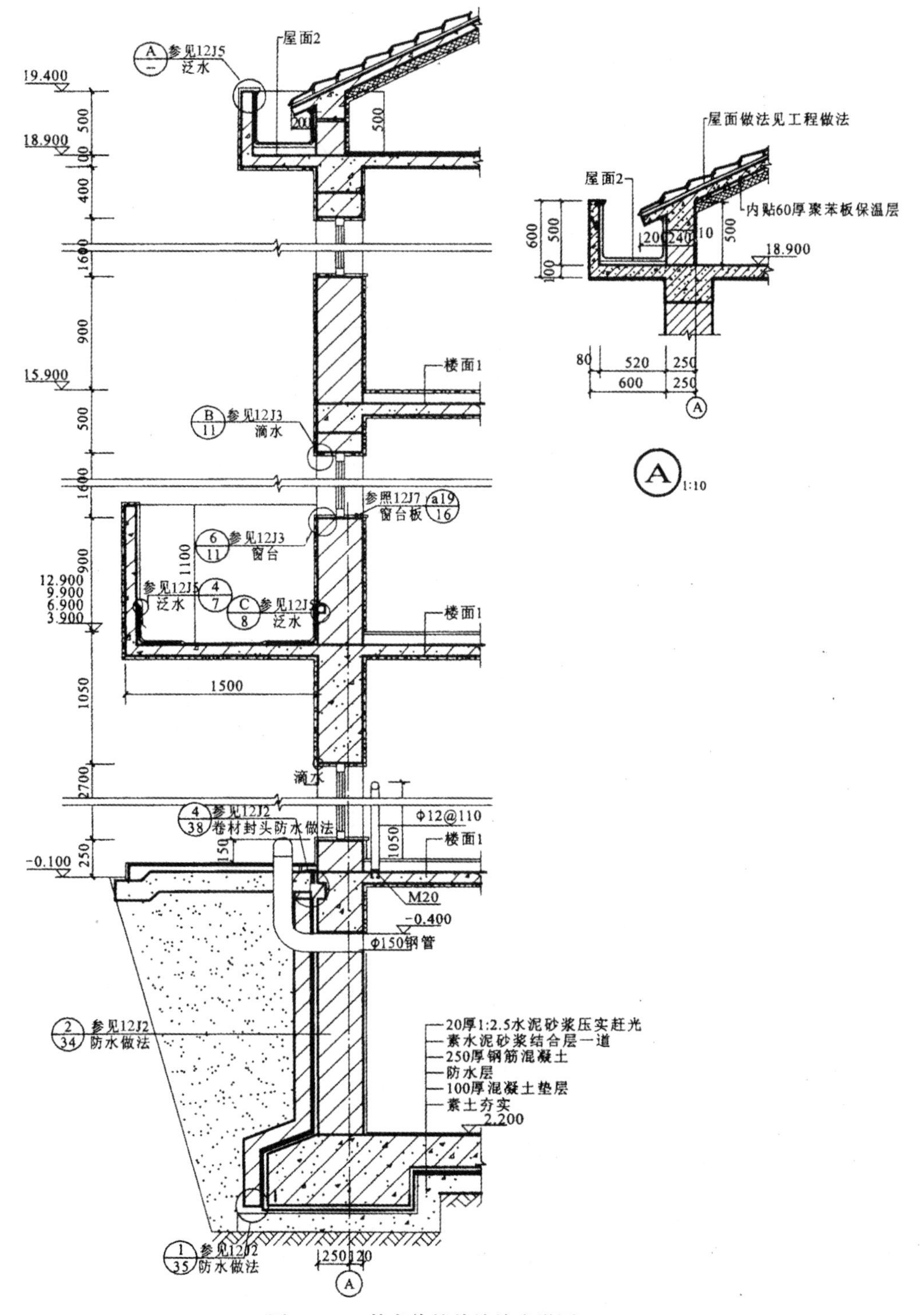

图 3－90 某商住楼外墙墙身详图（1:20）

5）檐口部位。在檐口部分又有一索引符号，使得檐口的详细尺寸见详图Ⓐ，从图中可知，檐口外挑长度 600mm，高度也为 600mm，屋面出挑 200mm，屋面具体做法参见标准图集 12J1，钢筋混凝土屋面板下贴 60mm 厚聚苯板保温层。

实例82：某别墅外墙详图识读

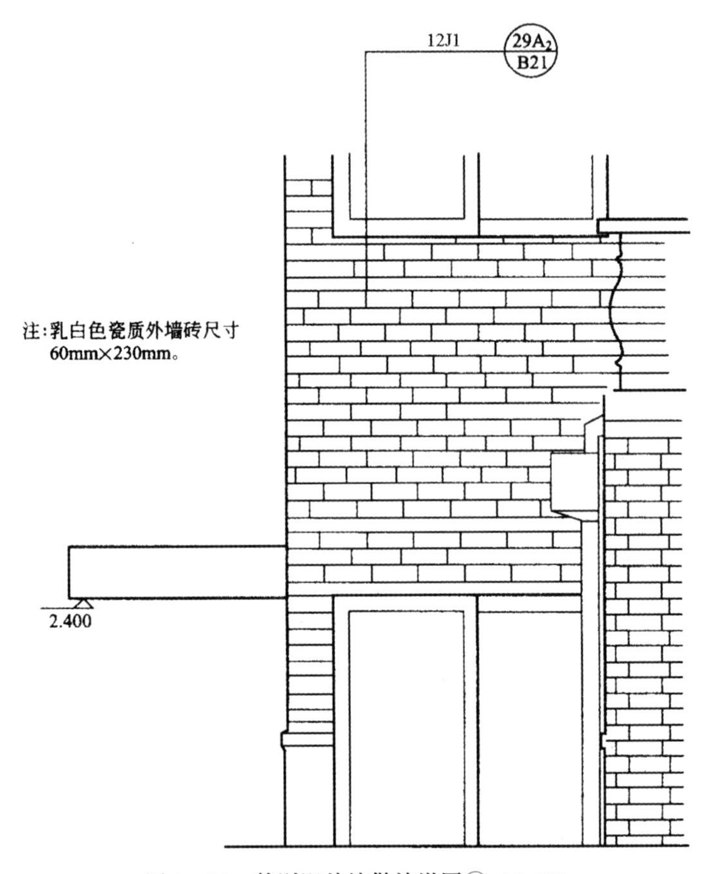

图3－91　某别墅外墙做法详图②（1:20）

图3－91、图3－92分别为某别墅外墙详图，从图中可以了解以下内容：

1）由图3－91可知外墙做法是采用国标12J1，材料则采用的是瓷质外墙砖，其尺寸为60mm×230mm，颜色为乳白色，并采用瓷砖的粘贴形式。

2）图3－92是外墙一的分格尺寸以及做法。

实例83：某办公楼公共卫生间详图识读

图3－93为某办公楼公共卫生间详图，从图中可以了解以下内容：

1）由于在各层建筑平面图中，采用的比例较小，一般为1:100，所表示出的卫生间某些细部图形太小，无法清晰表达，所以需要放大比例绘制，选择的比例一般为1:50或1:20。以此来反映卫生间的详细布置与尺寸标注，这种图样称为卫生间详图。

2）根据图示的定位轴线和编号，可以很方便地在各层平面图中确定此图样的位置。因为比例稍大，图中清楚地绘出了墙体、门窗、主要卫生洁具的形状和定位尺寸。其中，卫生洁具为采购成品，不用标注详细尺寸，只需定位即可。

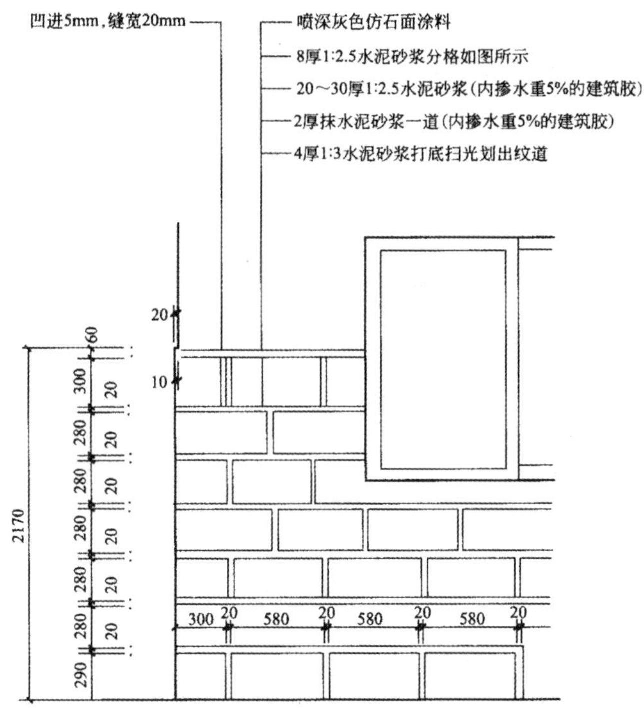

图3－92　某别墅外墙做法详图③（1:20）

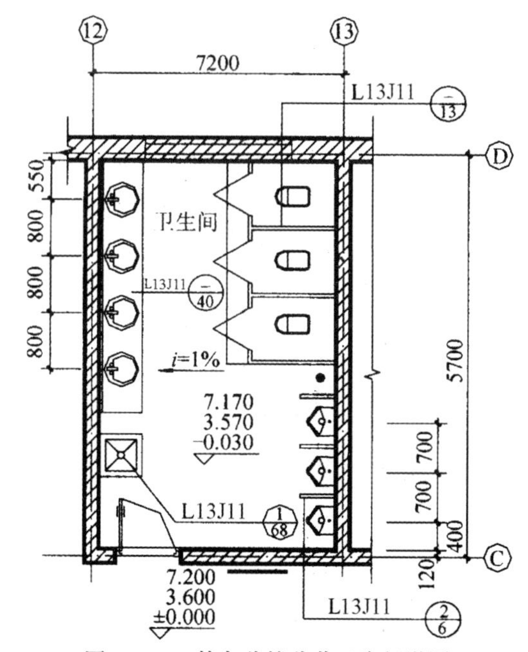

图3－93　某办公楼公共卫生间详图

3）图中的两处标高符号，不但指明了卫生间室内和门外走廊的建筑标高，而且表明该平面图对一～三层都适用。箭头显示了排水方向，坡度为1%。图中的四个指向索引分别说明了洗手盆台面、污水池和厕位隔断、隔板所引用的标注图位置。

4）图中还绘出了完整的实心砖墙图例等。

实例84：某别墅住宅的外墙墙身详图识读

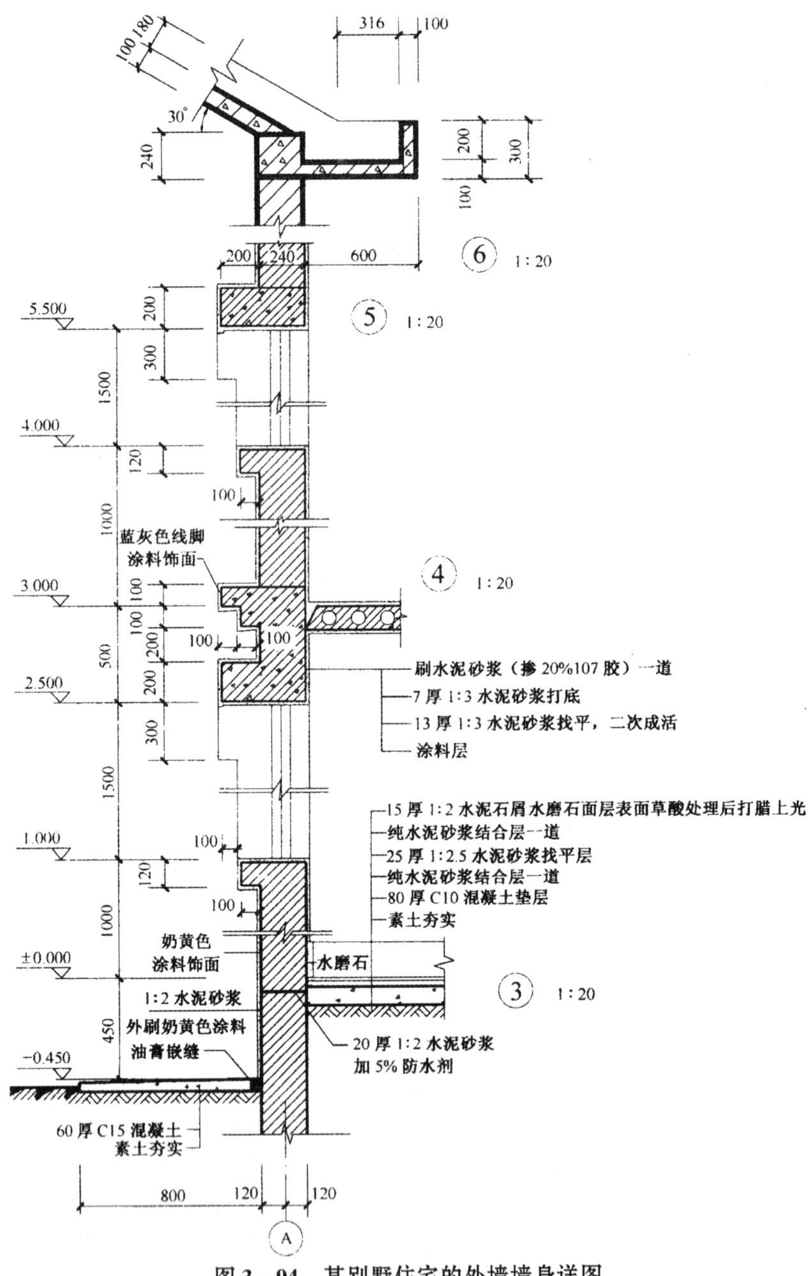

图3-94　某别墅住宅的外墙墙身详图

图3-94为某别墅住宅的外墙墙身详图，从图中可以了解以下内容：

1）它是分成三个节点来绘制的。

2）墙体厚度为240mm。底层窗下墙为900mm高，各层窗洞口均为1500mm高，室内地坪标高为±0.000，室外地坪标高-0.450，底层地面、散水、防潮层、各层楼面、屋面的标高及构造做法都可在图中看到。

实例 85：某别墅住宅的楼梯平面图识读

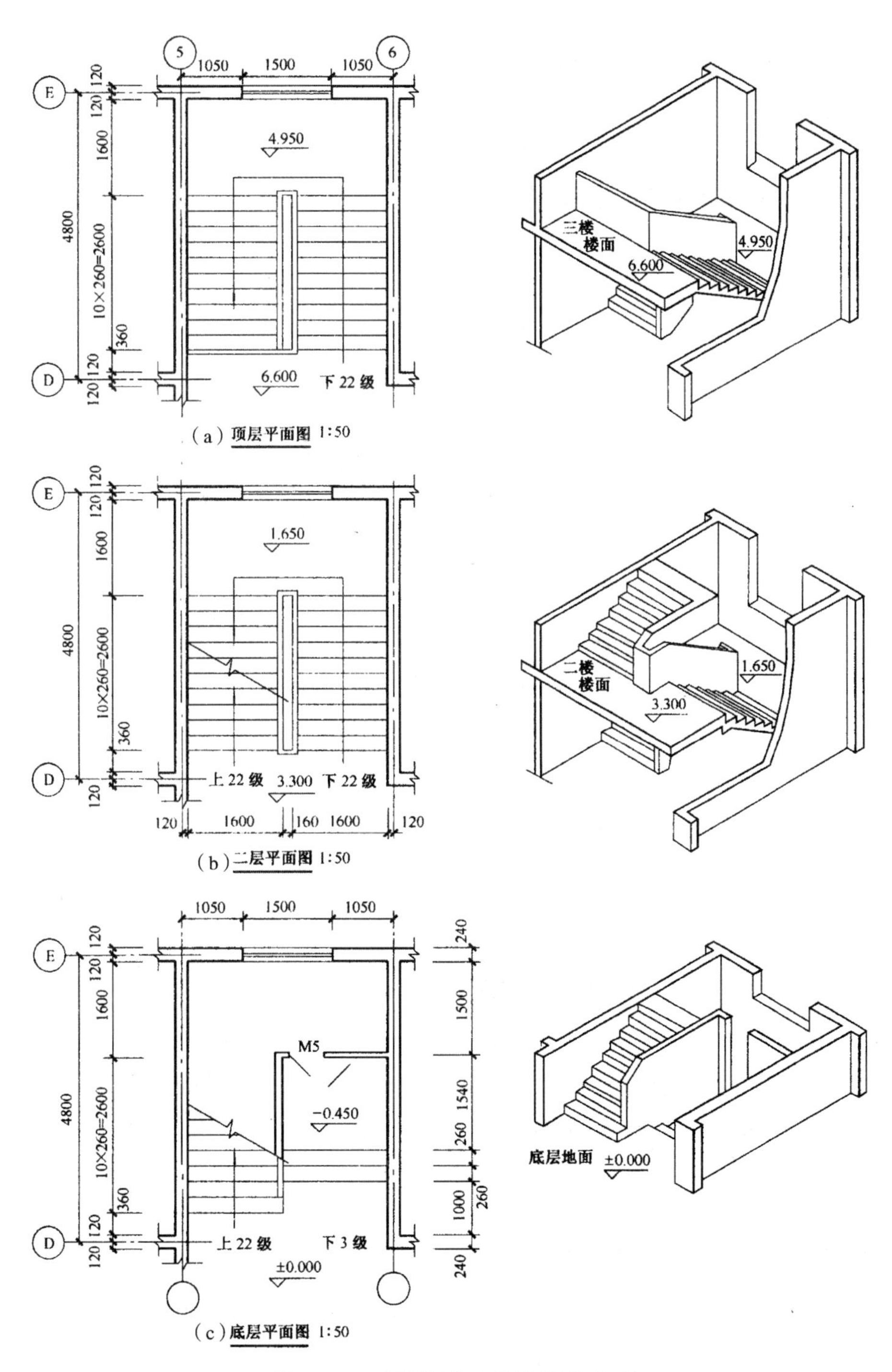

图 3－95　某别墅住宅的楼梯平面图

图 3－95 为某别墅住宅的楼梯平面图，从图中可以了解以下内容：

1）底层平面图中只有一个被剖到的梯段。标准层平面图中的踏面，上下两梯段都画成完整的。上行梯段中间画有一与踢面线成30°的折断线。折断线两侧的上下指引线箭头是相对的，在箭尾处分别写有“上22级”和“下22级”，是指从本层到上一层或下一层的踏步级数均为22级。

2）顶层平面图的踏面是完整的。只有下行，故梯段上没有折断线。楼面临空的一侧装有水平栏杆。

实例86：某别墅住宅的卫生间详图识读

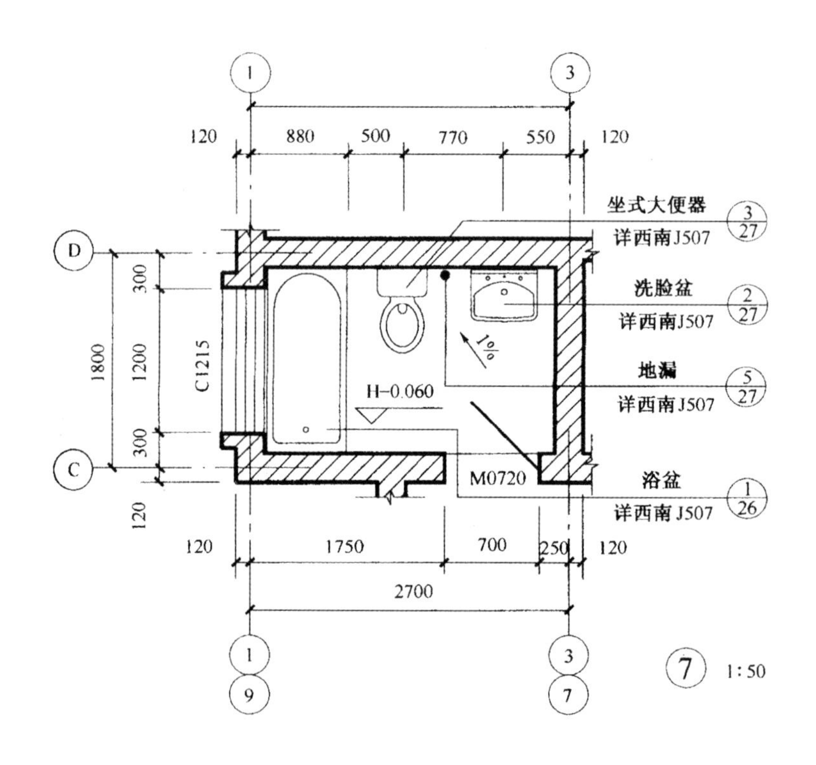

图3-96　某别墅住宅的卫生间详图

图3-96为某别墅住宅的卫生间详图，从图中可以了解以下内容：

1）卫生间内布置有标准的三大件设备：浴缸、坐式大便器及洗面盆。

2）从图中标注的尺寸还可以看出这三件设备的安装位置。具体的施工做法可以从西南J507标准图集中查到。

实例87：某住宅胶合板门详图识读

图3-97为某住宅胶合板门详图，从图中可以了解以下内容：

1）图（a）为胶合板门的外立面，即看到的是胶合板门外面的情况，可以看出这是一扇带腰窗（带亮）的单扇胶合板门，门宽880mm，门高2385mm，配合900mm×2400mm门洞口。

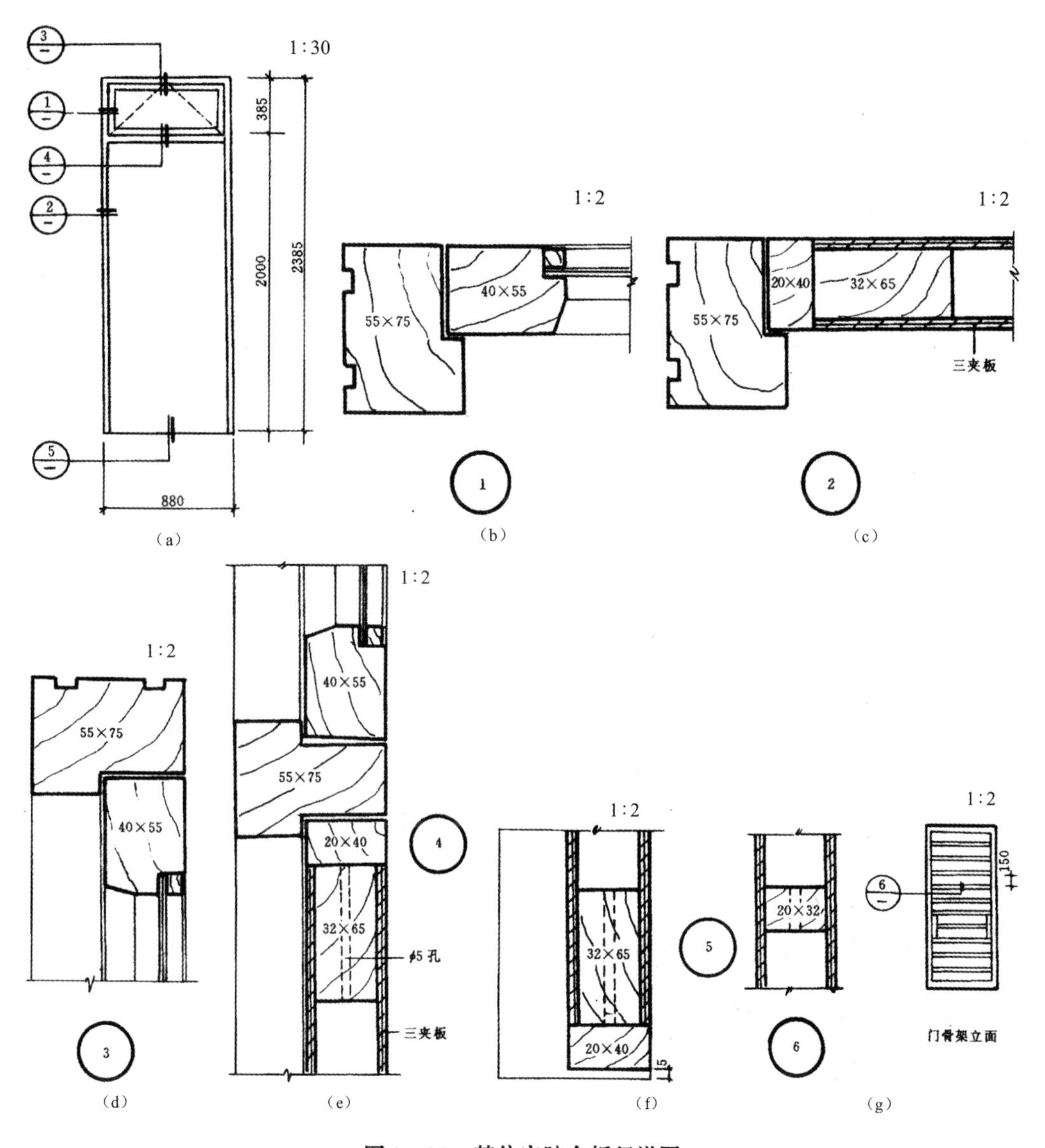

(a) (b) (c)
(d) (e) (f) (g)

图 3-97 某住宅胶合板门详图

2）胶合板门的立面图有 5 个索引符号，索引 5 个结点详图都在本图上。

3）详图 1 表示门框边梃与腰窗边梃结合情况，可以看出门框边梃断面为 55mm × 75mm，腰窗边梃断面为 40mm × 55mm。腰窗配一厚玻璃。

4）详图 2 表示门框边梃与门扇边梃结合情况，可以看出门框边梃断面为 55mm × 75mm，门扇边梃断面为 32mm × 65mm，两面钉三夹板，加 20mm × 40mm 保护边条。

5）详图 3 表示门框上坎与腰窗上冒结合情况，门框上坎断面为 55mm × 75mm，腰窗上冒断面为 40mm × 55mm，配一厚玻璃。

6）详图 4 表示腰窗下冒、门框中档与门扇上冒结合情况，腰窗下冒断面为 40mm × 55mm，门框中档断面为 55mm × 75mm，门扇上冒断面为 32mm × 65mm，两面钉三夹板，加 20mm × 40mm 保护边条。

7）详图 5 表示门扇下冒与室内地面结合情况，门扇下冒断面为 32mm × 65mm，两面钉三夹板，加 20mm × 40mm 保护边条。边条下面离室内地面 5mm。

8）图（g）为胶合板门骨架组成示意图，并有索引详图 6，从详图 6 中可以看出骨架的横档断面为 20mm × 32mm，两面钉三夹板。横档间距为 150mm。

9）为了门扇内部透气，在门扇的上冒、下冒及骨架横档的中央开设 ϕ5 气孔，气孔呈竖向，如胶合板门冷压加工时可取消此气孔。

10）为了使结合点构造清楚，详图比例与立面比例是不一致的，详图是按放大比例绘制的。本图中胶合板门立面比例为 1∶30，详图比例为 1∶2。腰窗立面上虚斜线表示里开上悬窗。

11）详图左侧为门的外面，右侧为门的里面，由此看出该胶合板门为里开门，腰窗为里开上悬窗。

实例 88：木门详图识读

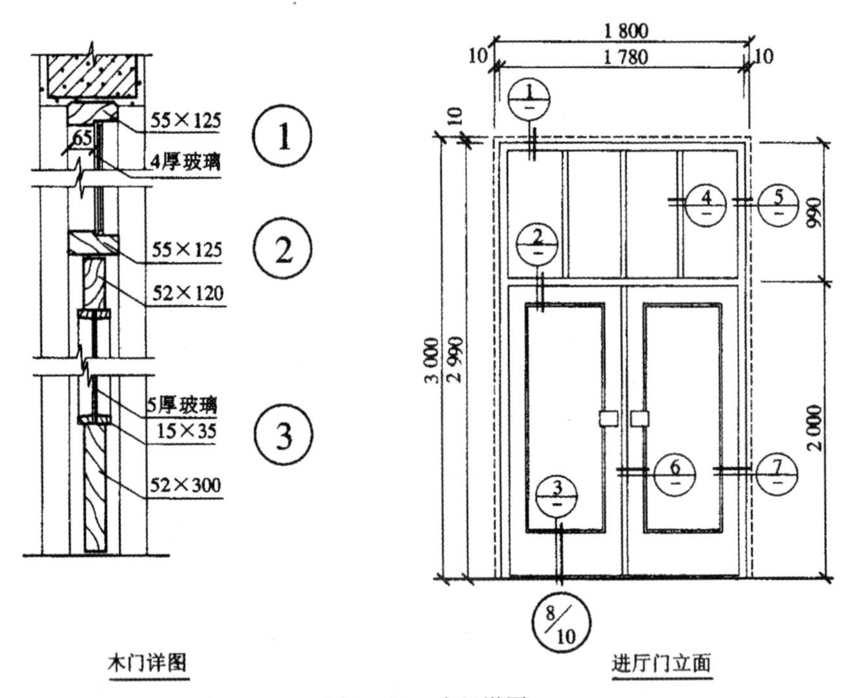

图 3－98　木门详图

图 3－98 为木门详图，从图中可以了解以下内容：

1）该图是由一个立面图与 7 个局部断面图组成，完整地表述出不同部位材料的形状、尺寸和一些五金配件及其相互间的构造关系。依据规定，该门的立面图是一幅外立面图。

2）在立面图中，最外围的虚线表示的是门洞的大小。木门被分成上下两部分，上部固定，下部为双扇弹簧门。在木门同过梁及墙体之间有 10mm 的安装间隙。

3）详图索引符号如 $\frac{2}{-}$ 中的粗实线表示剖切位置，细的引出线表示的是剖视方向，引出线在粗线之左，表示为向左观看；同理，引出线在粗线之下，表示向下观看，通常情况下，水平剖切的观看方向相当于平面图，竖直剖切的观看方向相当于左侧面图。

实例 89：楼梯踏步、栏杆、扶手详图识读

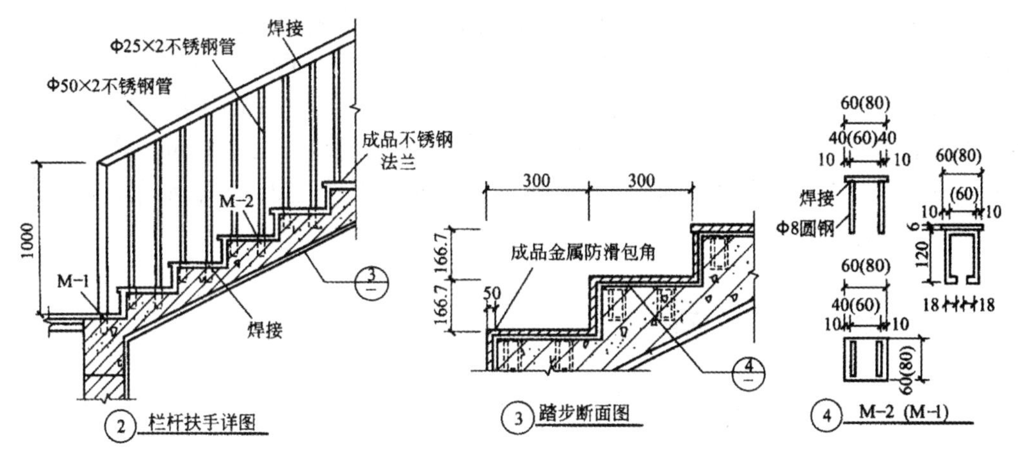

图 3－99　楼梯踏步、栏杆、扶手详图

图 3－99 为楼梯踏步、栏杆、扶手详图，从图中可以了解以下内容：

1）楼梯的扶手高 1000mm，使用直径 50mm、壁厚 2mm 的不锈钢管，扶手和栏杆连接方式采用焊接方式。

2）楼梯踏步的做法通常与楼地面相同。踏步的防滑使用成品金属防滑包角。

3）楼梯栏杆底部与踏步上的预埋件 M－1、M－2 通过焊接连接，连接后盖不锈钢法兰。预埋件详图用三面投影图表示出了预埋件的具体形状、尺寸以及做法，括号内的数字表示的是预埋件 M－1 的尺寸。

实例 90：楼梯节点详图识读

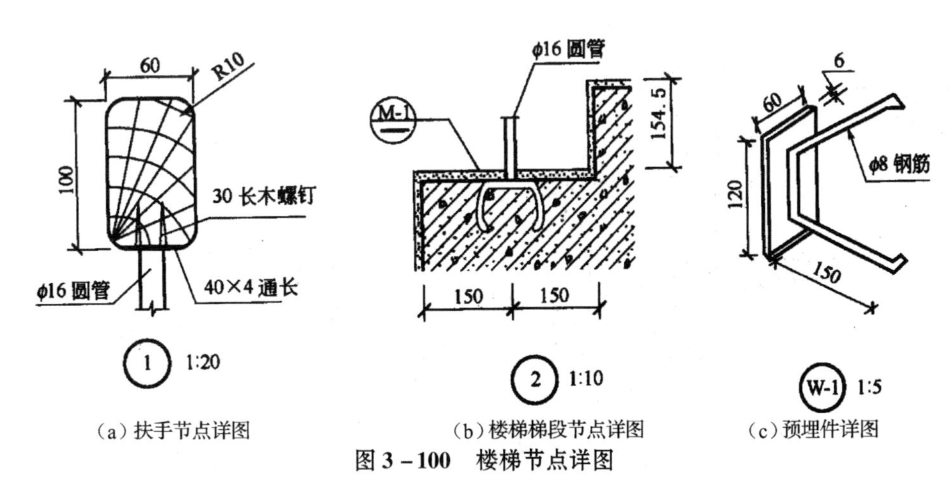

（a）扶手节点详图　（b）楼梯梯段节点详图　（c）预埋件详图

图 3－100　楼梯节点详图

图 3－100 为楼梯节点详图，从图中可以了解以下内容：

1）如图（a）所示，详图“①”是一个剖面详图，它主要表示扶手的断面形状、尺寸、材料以及它与栏杆柱的连接方式。

2）如图（b）所示，是栏杆柱与楼梯板的固定形式，也是楼梯梯段终端的节点详图。一般情况下，这样的详图还包括：室外台阶节点剖面详图、阳台详图以及壁橱详图等。

3）由于这类详图的尺寸相对较小，因此可以采用更大的绘图比例。通常这类详图的绘图比例有1:20、1:10，还有1:5和1:2等。其中详图“①”［图（a）］的比例为1:20，详图“②”［图（b）］的比例为1:10。详图“②”所表示的楼梯梯段为现浇钢筋混凝土板式楼梯，梯段中踏步的踏面宽为300mm，踢面高为154.5mm。另外，该图中还表明了栏杆与楼梯板的连接是通过钢筋混凝土中预埋件“M－1”，如图（c）所示为预埋件详图。

实例91：楼梯间平面图识读

图3－101为外墙剖面详图，图3－102为住宅建筑施工图示例剖面图，从图中可以了解以下内容：

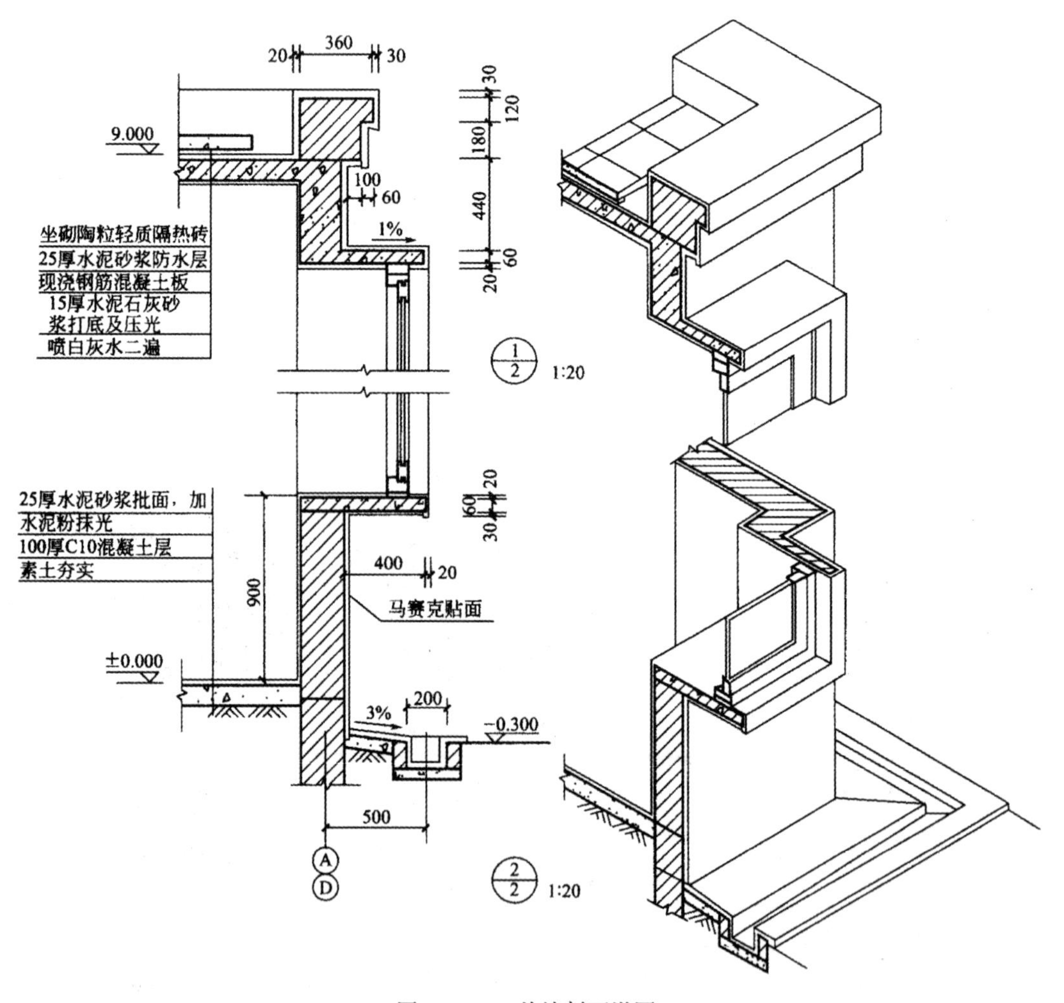

图3－101　外墙剖面详图

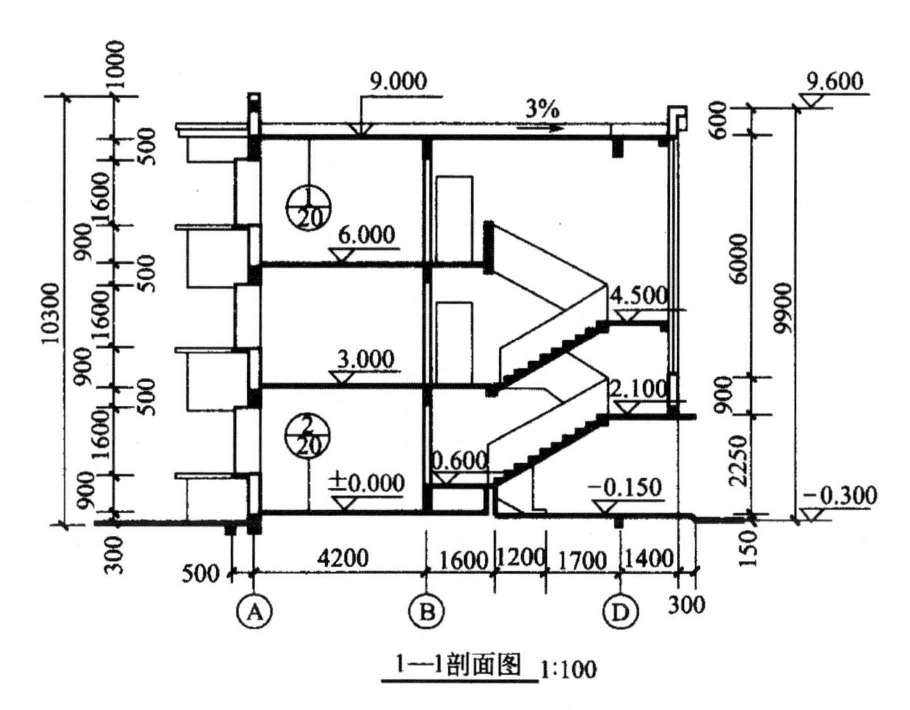

1—1剖面图 1:100

图 3－102 住宅建筑施工图示例剖面图

1）根据详图的编号，结合图 3－102 剖面图上相应的索引符号，可知道该详图的位置和投射方向。图中注上轴线的两个编号，表示这个详图适用于Ⓐ、Ⓓ两个轴线的墙身。即在横向轴线①～⑩的范围内，凡Ⓐ、Ⓓ两轴线上设置有 C1 的地方，墙身各相应部分的构造情况均相同。

2）对屋面、楼层以及地面的构造，在详图中采用多层构造说明方法来表示（本图没有画出楼层部分）。

3）详图的上半部为檐口部分。从图中可知道屋面的承重层为现浇钢筋混凝土板、砖砌女儿墙、水泥砂浆防水层、陶粒轻质隔热砖、水泥石灰砂浆顶棚以及带有飘板窗顶的构造做法。

4）详图的下半部为窗台及勒脚部分。从图中可知道如下的做法，有以 C10 素混凝土做底层的水泥砂浆地面，带有钢筋混凝土飘板的窗台，带有 3% 坡度散水的排水沟，以及内墙面与外墙面的装饰做法。

5）在详图中，还标注出有关部位的标高及细部的大小尺寸。由于窗框、窗扇的形状和尺寸另有详图表示，所以本图可简化或省略。

实例 92：门窗大样图识读

图 3－103 为门窗大样图，从图中可以了解以下内容：

1）窗户 C－4 的详细尺寸及分格情况：C－4 总高为 2550mm，上下可分为两部分，上半部分高 1650mm，下半部分高 900mm，横向总宽为 2700mm，可分为三个相等的部分，每部分宽 900mm。

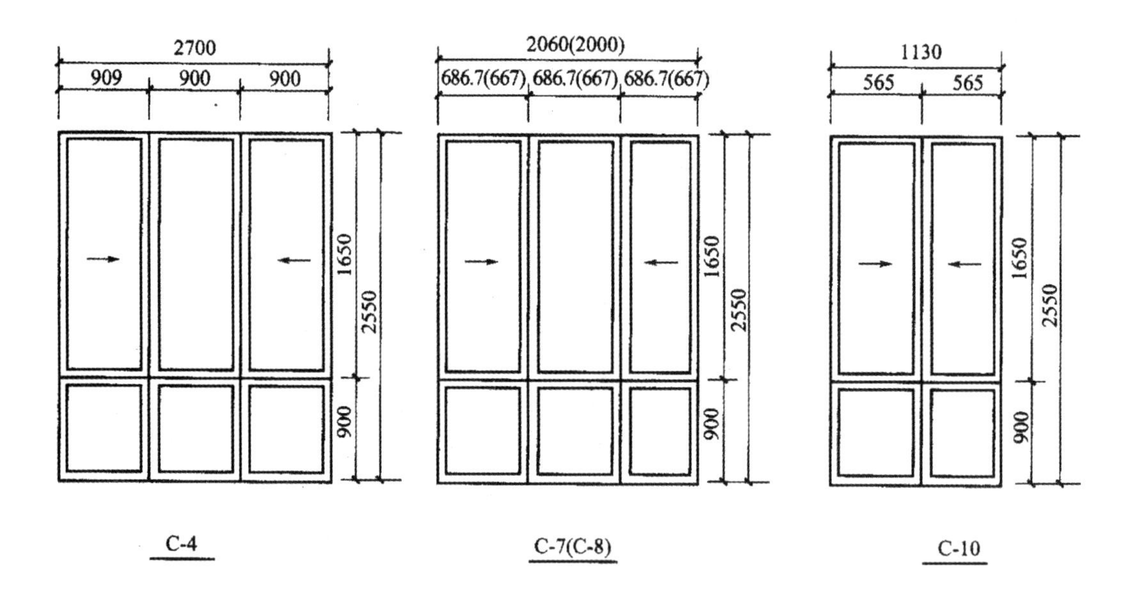

图3－103　门窗大样图

2）窗户C－7（C－8）的详细尺寸及分格情况：C－7（C－8）总高2550mm，上下可分为两部分，上半部分高1650mm，下半部分高900mm，横向总宽为2060mm与2000mm，可分为三个相等的部分，每部分宽686. 7mm和667mm。

3）窗户C－10的详细尺寸及分格情况：C－10的竖向分格和前面两个一样，都是2550mm，上下分为两部分，只是横向较窄，总宽1130mm，分两部分，每格565mm。

实例93：铝合金推拉窗详图识读

图3－104为铝合金推拉窗详图，从图中可以了解以下内容：

1）所使用比例较小（1:20），只表示窗的外形、开启方式及方向、主要尺寸以及节点索引符号等内容，如图（a）所示。立面图尺寸通常有三道：第一道为窗洞口尺寸；第二道为窗框外包尺寸；第三道为窗扇、窗框尺寸。窗洞口尺寸应同建筑平、剖面图的窗洞口尺寸一致。窗框和窗扇尺寸均为成品的净尺寸。立面图上的线型，除轮廓线用粗实线外，其余均是用细实线。

2）一般画出剖面图和安装图，并分别注明详图符号，以便与窗立面图相对应。节点详图比例较大，能表示各窗料的断面形状、定位尺寸、安装位置和窗扇与窗框的连接关系等内容，如图（b）所示。

3）断面图用较大比例（1:5、1:2）将各不同窗料的断面形状单独画出，注明断面上各截口的尺寸，以便于下料加工，如图（c）的L060503详图。有时，为减少工作量，往往将断面图与节点详图结合画在一起。

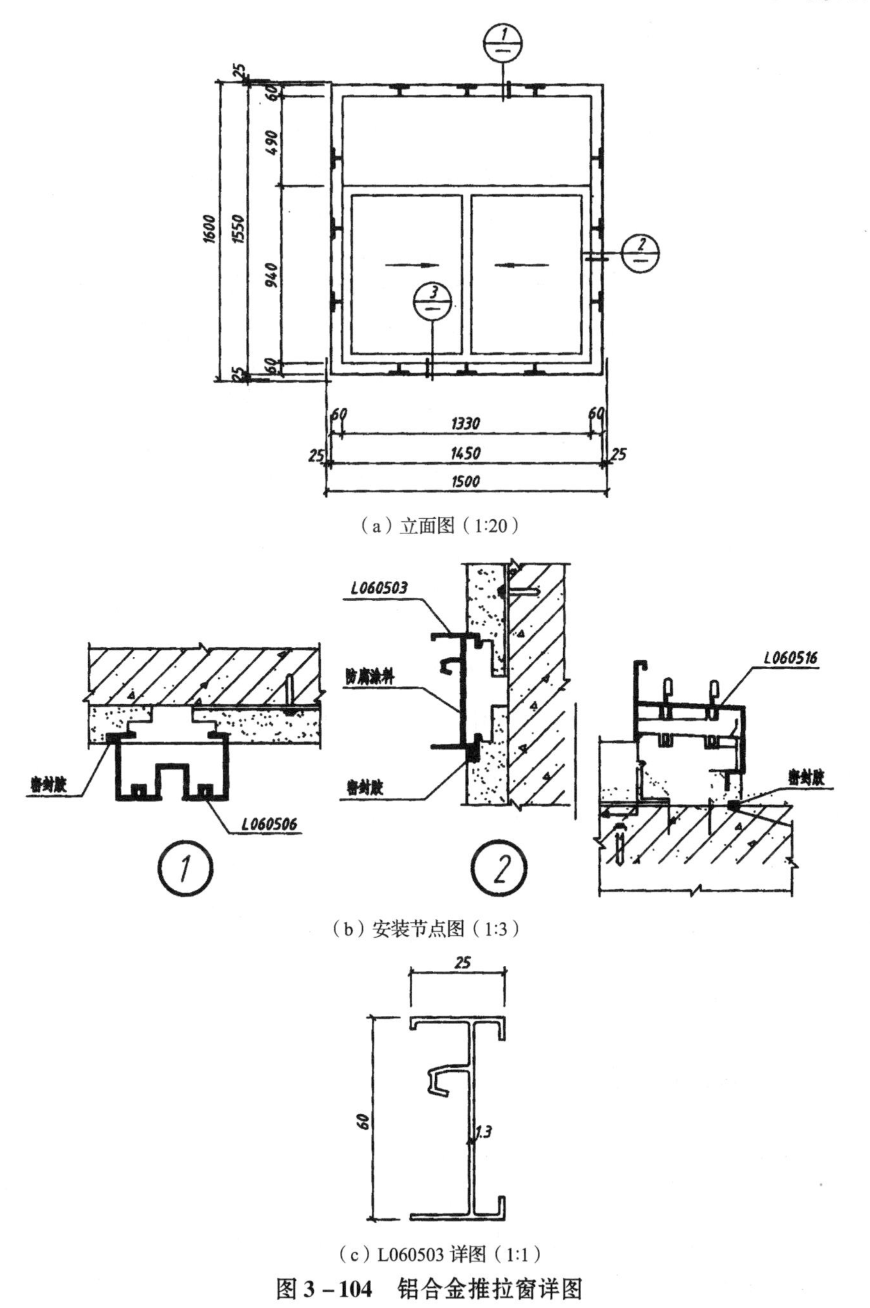

（a）立面图（1:20）

（b）安装节点图（1:3）

（c）L060503 详图（1:1）

图 3－104 铝合金推拉窗详图

实例 94：厨卫大样图识读

图 3－105 为厨卫大样图，从图中可以了解以下内容：

1）此厨卫大样图显示的是④、⑤、⑦轴线和㊵、㊴、㊳轴线间厨房与卫生间相邻布置的情况；

2）在左侧的是 1# 卫生间，门宽 800mm，距④、㊵墙轴线之间的距离为 250mm，Ⓝ、Ⓜ上的窗宽为 1200mm，在④与⑤轴线之间居中布置，房间内进门沿⑤、㊴轴线

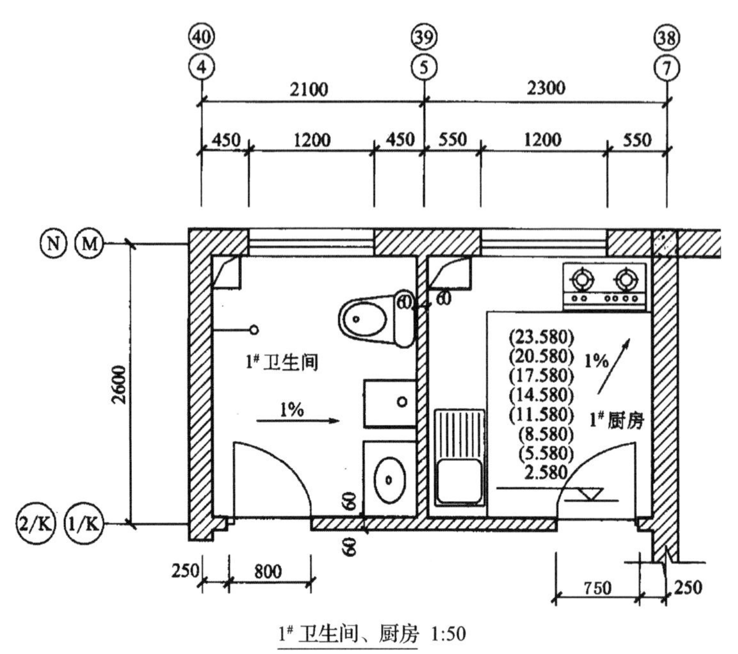

1# 卫生间、厨房 1:50

图 3－105　厨卫大样图

依次布置的有洗脸盆、拖布池、坐便器，对面沿④轴布置的有淋浴喷头，在④、㊵轴和Ⓜ、Ⓝ轴交角的位置是卫生间排气道，可选用图集 2000YJ205 的做法。

3）在右侧的是 1#厨房，门宽为 750mm，距⑦、㊳墙轴线间距为 250mm，窗宽 1200mm，布置在⑤与⑦轴线间居中位置，房间内进门沿⑤、㊴轴线布置的有洗菜池，在Ⓝ、Ⓜ轴与⑦、㊳交角的位置布置煤气灶，对面沿⑤、㊴轴与Ⓜ、Ⓝ轴交角的位置是厨房排烟道。

实例 95：某外墙剖视详图识读

图 3－106 为某外墙剖视详图，从图中可以了解以下内容：

1）该详图是由某剖面图中索引出的四个外墙节点详图。

2）由图（a）可以看出：屋面采用水泥聚苯保温板保温；水泥焦渣找坡，现制钢筋混凝土屋面板；砖砌的女儿墙厚 120mm，其上压顶厚 80mm，宽 240mm，两边个挑 60mm。顶层过梁采用三个预制矩形过梁组合而成。

3）由图（b）可以看出：楼面为细石混凝土楼面，钢筋混凝土楼板；窗顶过梁采用三个预制矩形过梁组合而成，高 180mm。

4）由图（c）可以看出：该图窗台构造比较简单，采用不悬挑窗台。为防止积水，在外窗台一侧的砂浆粉刷层做成一定的向外斜度。内窗台采用预制水磨石窗台板，宽 200mm，高 40mm。

5）由图（d）可以看出：散水采用 C15 混凝土面层、下为 3：7 灰土；散水与外墙面之间留有 10mm 宽的缝，用沥青砂浆灌缝。

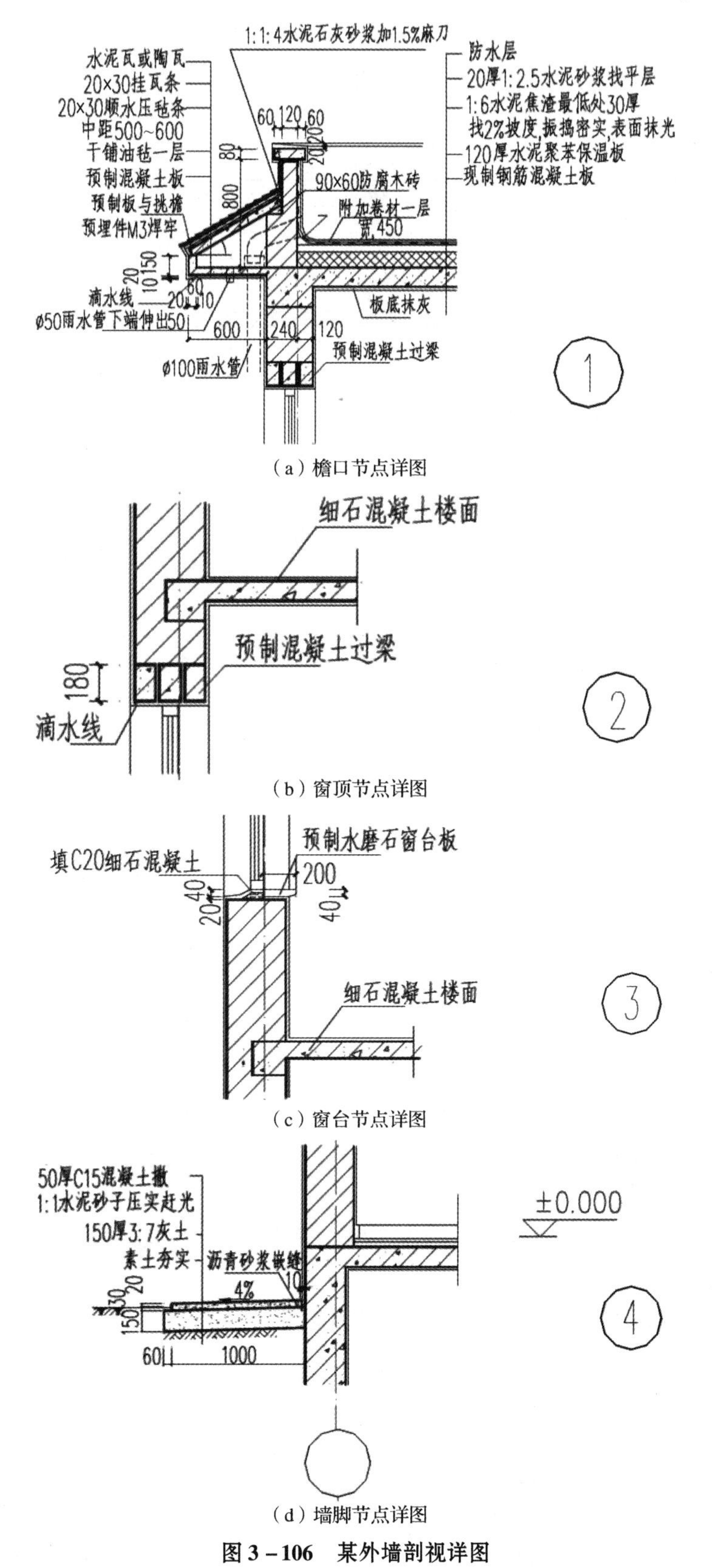

图 3-106　某外墙剖视详图

实例96：某别墅厨房、餐厅平面大样图识读

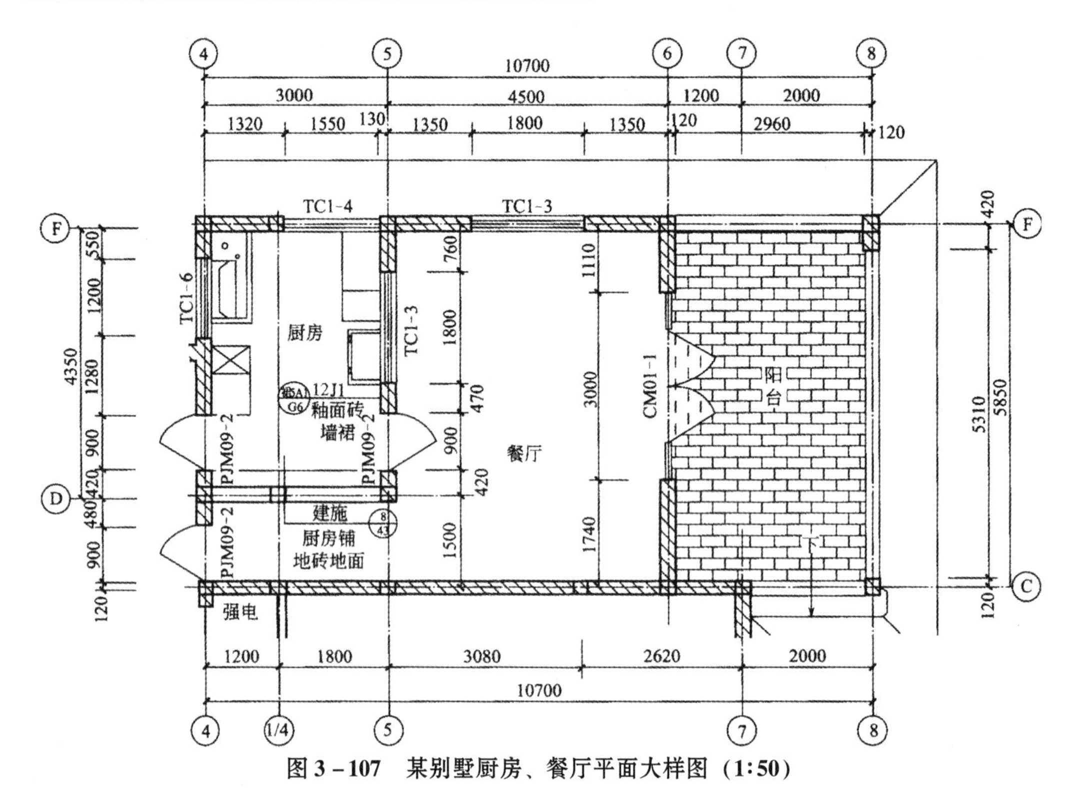

图3－107　某别墅厨房、餐厅平面大样图（1:50）

图3－107为某别墅厨房、餐厅平面大样图，从图中可以了解以下内容：

1）厨房、餐厅位于别墅的一层东北角，建筑面积约62.6m^2。

2）厨房餐厅设置有阳台，阳台宽3.2m，长5.85mm。

实例97：某别墅主人套房平面大样图识读

图3－108为某别墅主人套房平面大样图，从图中可以了解以下内容：

1）主人套间设置在别墅二层东北角，在主人套房设有卫生间、整理间、小书房以及阳台等。

2）主人套间比儿童套房和老人套房多置一间小书房，这是为了方便主人学习而设置的。

3）主人套间的平面布置及尺寸，详见图示标注。

实例98：客房大样图识读

图3－109为客房大样图，从图中可以了解以下内容：

1）卫生间内有坐便器、洗面台、淋雨喷头、通风道等。

2）客房内有电视柜、电视、台灯、两个单人床、桌头柜、两个单人沙发、小圆桌。

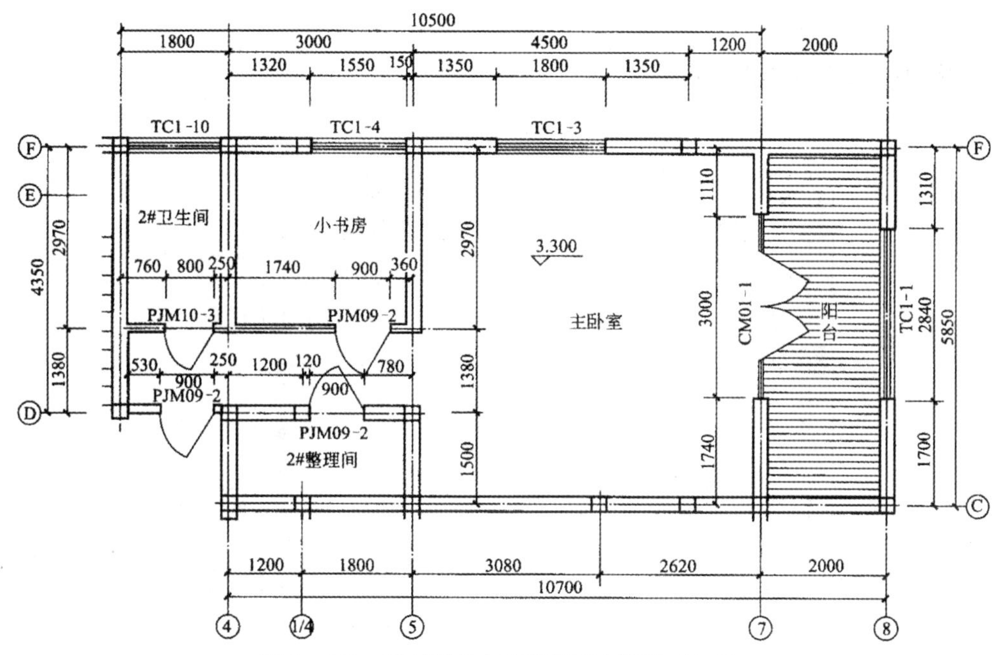

图 3－108　某别墅主人套房平面大样图（1∶50）

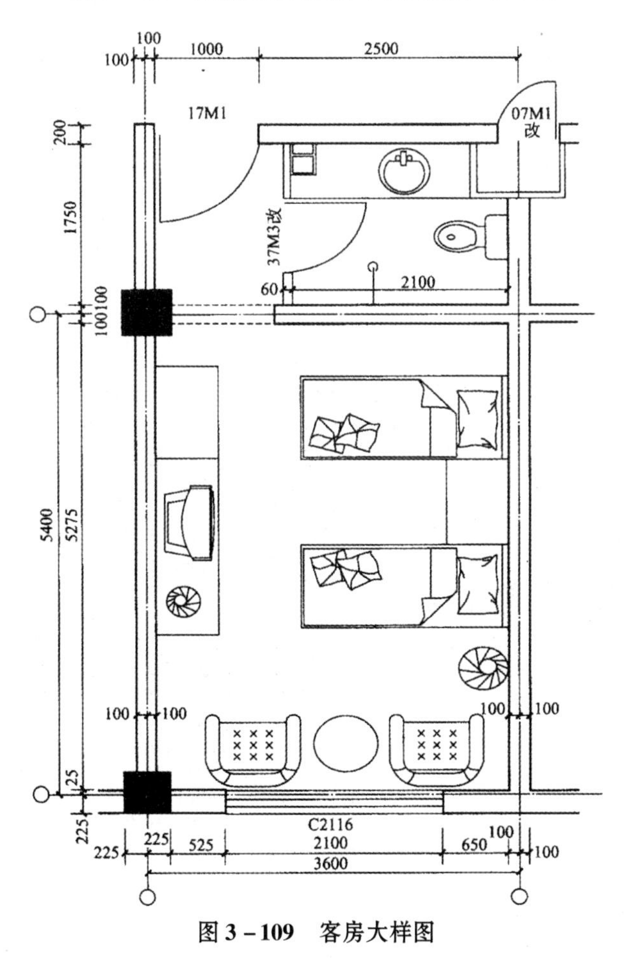

图 3－109　客房大样图

实例99：外墙大样图识读

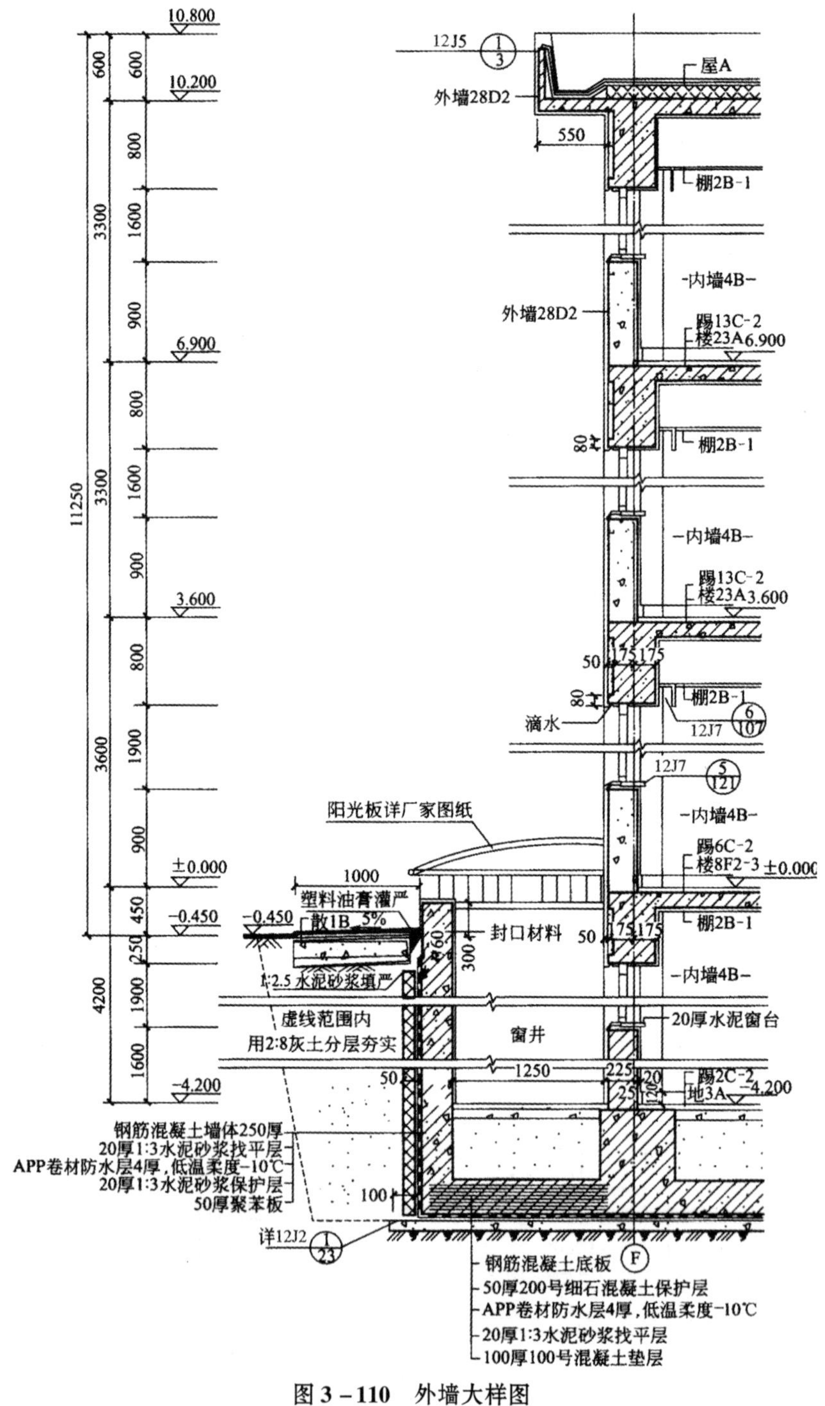

图3-110 外墙大样图

图3-110为外墙大样图，从图中可以了解以下内容：

1）表明外墙详图的轴线号。外墙详图要与平面图和立面图上的剖切位置上的内容一致。

2）表明尺寸与标高。三道尺寸及各处的标高要表示清楚，尤其是墙厚与定位轴线的关系和挑出部分的挑出长度。

3）表明三大节点构造。

①表明室内、外地坪处的外墙节点构造。如基础墙厚，室内外标高，散水、明沟或采光井，台阶或坡道，暖气管沟、暖气槽，踢脚、墙裙，首层室内外窗台，室外勒脚等做法。图 3 – 110 反映了地下室地面与采光井的构造做法，尤其是反映了地下室的外包防水层，采光井上的阳光板做法及采光井外侧的散水做法。

②表明楼层处的外墙节点构造。本图反映了楼板与主梁整体浇筑，承担了窗洞口之上的墙身重量。但由于钢筋混凝土材料的热导率较大，易出现冷桥（或热桥）现象，使墙身受损，影响人们的正常使用，故常需在钢筋混凝土外墙的外侧或内侧做保温材料。本图是做 50mm 厚的外保温材料。由于本工程是框架结构，故窗台墙采用陶粒混凝土砌块，其重量由其下的楼板及主梁承担，梁再将荷载传递给其下的框架柱。Ⓕ轴墙厚的最左侧和最右侧的细竖线，就是看到的柱子的外轮廓线。

③表明屋顶处的外墙节点构造，如过梁、圈梁、主梁、次梁、窗帘盒、顶棚、楼板、屋面、雨罩、挑檐板、女儿墙、天沟、下水口、雨水斗、雨水管等做法。本图反映的是挑檐板与屋顶楼板整体浇筑，挑出 550mm。

4）表明各处的材料做法，如内墙 4B、棚 2B – 1，屋 A、外墙 28D2 等。对不易表达的细部做法可标注文字说明或用详图索引符号。

参 考 文 献

［1］中华人民共和国住房和城乡建设部．房屋建筑制图统一标准　GB/T 50001—2010［S］．北京：中国计划出版社，2010.

［3］中华人民共和国住房和城乡建设部．总图制图标准　GB/T 50103—2010［S］．北京：中国计划出版社，2010.

［4］中华人民共和国住房和城乡建设部．建筑制图标准　GB/T 50104—2010［S］．北京：中国计划出版社，2010.

［5］黄梅．建筑工程快速识图技巧［M］．北京：化学工业出版社，2012.

［6］张建新．怎样识读建筑施工图［M］．北京：中国建筑工业出版社，2012.

［7］魏明．建筑构造与识图［M］．北京：机械工业出版社，2011.

［8］杨福云．建筑构造与识图［M］．北京：中国建材工业出版社，2011.

［9］朱缨．建筑识图与构造［M］．北京：化学工业出版社，2010.

［10］陈梅，郑敏华．建筑识图与房屋结构［M］．武汉：华中科技大学出版社，2010.

［11］尚久明．建筑识图与房屋构造［M］．北京：电子工业出版社，2006.

［12］刘仁传．建筑识图［M］．北京：中国劳动社会保障出版社，2012.

［13］焦鹏寿．建筑制图［M］．北京：中国电力出版社，2004.